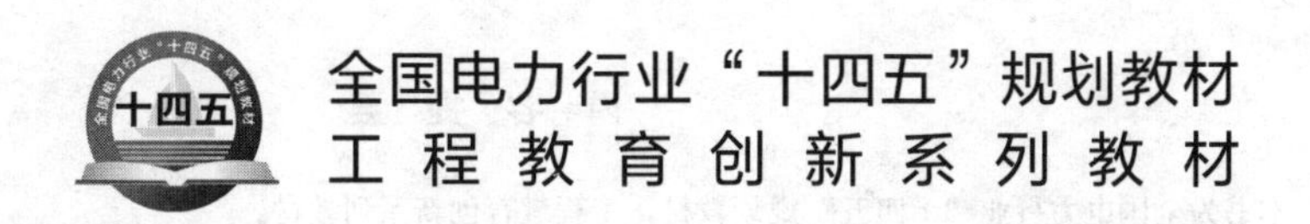

MATLAB 在电力系统中的应用

主　编　蔡超豪
副主编　谢冬梅　徐　利
编　写　冷　雪　谷彩连
主　审　鲍洁秋

中国电力出版社
CHINA ELECTRIC POWER PRESS

内 容 提 要

本书为全国电力行业“十四五”规划教材，工程教育创新系列教材。

本书系统地讲述了 MATLAB 的基本技术及其应用，书中配有丰富的例题和练习题。书中内容分两篇。第 1 篇为 MATLAB 基础，包括 MATLAB 的基本使用方法、数值运算、MATLAB 符号运算、计算结果可视化、MATLAB 的程序设计、MATLAB/Simulink 仿真，通过该部分的学习，力求使学生快速入门 MATLAB。第 2 篇为 MATLAB 在电力系统中的应用，包括 MATLAB 在电工技术、电力电子、电机、电力系统分析、电力系统继电保护等技术领域中的应用，通过该部分的学习，力求使学生学以致用，提高实践应用能力。

本书可作为与电气相关专业的理工科院校的教材，也可供工程技术人员学习参考。

图书在版编目（CIP）数据

MATLAB 在电力系统中的应用/蔡超豪主编．—北京：中国电力出版社，2022.1（2022.11重印）
ISBN 978-7-5198-5369-3

Ⅰ.①M… Ⅱ.①蔡… Ⅲ.①电力系统－系统仿真－Matlab 软件－高等学校－教材 Ⅳ.①TM7

中国版本图书馆 CIP 数据核字（2021）第 272529 号

出版发行：中国电力出版社
地　　址：北京市东城区北京站西街 19 号（邮政编码 100005）
网　　址：http://www.cepp.sgcc.com.cn
责任编辑：牛梦洁（mengjie-niu@sgcc.com.cn）
责任校对：黄　蓓　马　宁
装帧设计：郝晓燕
责任印制：吴　迪

印　　刷：三河市航远印刷有限公司
版　　次：2022 年 1 月第一版
印　　次：2022 年 11 月北京第二次印刷
开　　本：787 毫米×1092 毫米　16 开本
印　　张：11.5
字　　数：284 千字
定　　价：35.00 元

序

近年来，计算机、通信、智能控制等前沿技术的日新月异给高等教育的发展注入了新活力，也带来了新挑战。而随着中国工程教育正式加入《华盛顿协议》，高等学校工程教育和人才培养模式开始了新一轮的变革。高校教材，作为教学改革成果和教学经验的结晶，也必须与时俱进、开拓创新，在内容质量和出版质量上有新的突破。

教育部高等学校电气类专业教学指导委员会按照教育部的要求，致力于制定专业规范或教学质量标准，组织师资培训、教学研讨和信息交流等工作，并且重视与出版社合作编著、审核和推荐高水平的电气类专业课程教材，特别是“电机学”“电力电子技术”“电气工程基础”“继电保护”“供用电技术”等一系列电气类专业核心课程教材和重要专业课程教材。

因此，2014年教育部高等学校电气类专业教学指导委员会与中国电力出版社合作，成立了电气类专业工程教育创新课程研究与教材建设委员会，并在多轮委员会讨论后，确定了“十三五”普通高等教育本科系列教材（工程教育创新系列）的组织、编写和出版工作。这套教材主要适用于以教学为主的工程型院校及应用技术型院校电气类专业的师生，按照工程教育认证和国家质量标准的要求编排内容，参照电网、化工、石油、煤矿、设备制造等一般企业对毕业生素质的实际需求选材，围绕“实、新、精、宽、全”的主旨来编写，力图引起学生学习、探索的兴趣，帮助其建立起完整的工程理论体系，引导其使用工程理念思考，培养其解决复杂工程问题的能力。

优秀的专业教材是培养高质量人才的基本保证之一。此次教材的尝试是大胆和富有创造力的，参与讨论、编写和审阅的专家和老师们均贡献出了自己的聪明才智和经验知识，引入了“互联网+”时代的数字化出版新技术，也希望最终的呈现效果能令大家耳目一新，实现宜教易学。

胡敏強

教育部高等学校电气类专业教学指导委员会主任委员

2018年1月于南京师范大学

前　言

MATLAB可进行数据分析处理，在很多领域获得了成功的应用。国内外许多知名院校引入MATLAB内容与所学专业课相结合，能够促进学生对专业课理解和学习，也使专业课理论知识应用到实际工程当中。

本书主要讲述MATLAB基础知识和其在电力系统中的应用，适用于在校电气相关专业本科生学生学习时使用，也适合电气方面工程技术人员和科研人员的初学者学习和参考。

本书可用作课堂教学和实训。本书的特点是内容简洁，书中有实例、练习，结合电力系统工程实际，可以用在课堂教学，也可以用于实训、课程设计等教学环节。书中通过简明的实例，讲解了MATLAB的构成，主要命令和主要编程方法以及仿真方法，书中实例以二维码扫描的形式供使用者使用。

本书内容以MATLAB2016a版本为基础编写。书中内容分两篇，第1篇是MATLAB基础，包括MATLAB的基本使用方法，MATLAB的数值运算，MATLAB符号运算，计算结果可视化，以及程序设计和MATLAB/Simulink仿真，通过该部分的学习，力图使读者在短时间内能够入门。第2篇讲述MATLAB在电力系统中的应用，包括电工学和电力电子中的应用，在电机学中的应用，在电力系统分析、电力系统继电保护中的应用等。通过该部分的学习，力图使读者学以致用，提高实践应用能力。本书由多年从事电力系统方面教学的一线教师编写，第1篇的第1、2、5、6章由蔡超豪编写，第3章由谢冬梅编写，第4章由徐利编写；第2篇各实例由冷雪、蔡超豪、谷彩连、谢冬梅、徐利分别编写；全书由蔡超豪统稿。全书由鲍洁秋博士主审。

由于MATLAB的内容丰富，电力系统相关内容也非常广泛，本书涉及的内容不可能涵盖全面，仅起到抛砖引玉的作用。由于作者水平所限，不当之处恳请读者批评指正。

编写过程中，得到学校领导的支持，在此深表感谢。本书参阅了一些论文、著作，主要的列举在参考文献部分，在此向相关作者表示深深的谢意。

目　录

第2篇 MATLAB 在电力系统中的应用

第1篇　MATLAB基础

第1章　MATLAB的基本使用方法

教学目标

掌握MATLAB的基本知识和上机环境。

学习要求

教师讲解，学生通过上机练习掌握MATLAB的语言特点，常用函数，基本运算等方面的知识。

1.1　MATLAB简介和构成视窗

1.1.1　MATLAB的历史

MATLAB软件是由美国新墨西哥大学教学和研究人员开发的，用于解决线性代数中的计算问题。它是一款基于矩阵计算的数据处理软件，分别取Matrix（矩阵）和Laboratory（实验室）前三个字母的大写构成其名称MATLAB。1984年Mathworks公司将MATLAB软件商品化并不断完善其功能，期间经历若干版本。MATLAB软件功能已从单一的矩阵计算拓展到算法开发、数值分析、图像处理、图形可视化、建模仿真等各个方面，应用于科学研究、工程、教学等的许多领域。

1.1.2　MATLAB语言的特点

1. 计算功能强大

MATLAB既是一种语言，又是一种编程环境。在MATLAB语言中将矩阵作为数据的储存单元，运算时直接对矩阵操作。MATLAB语言的每个变量都可以用矩阵形式表示，而矩阵中每个元素都可以看作复数，这些特点有利于提高的运算功能。

2. 绘图非常方便

相对于其他科学计算语言，MATLAB能够更方便地将程序计算结果或计算过程中的变量以用户需要的图形形式显示出来，也可以方便地将仿真模型的仿真结果以图形形式显示出来。

3. 工具箱的利用使其功能强大而专业

工具箱一般分为两大类，即功能性工具箱和学科性工具箱。功能性工具箱包括扩充其符号计算功能、建模仿真功能、与硬件实时交互功能等；学科性工具箱是包括控制、信号处理、图形识别等许多专业领域的工具箱，用户可以利用工具箱直接针对该领域的问题开展研究。

4. 可扩展性

通过用户的编写或修改，MATLAB可以由用户自定义函数和工具箱。

5. 使用方便

人机交互界面适合科技人员，语言规则与笔算式相似，使用更方便。

1.1.3　MATLAB的构成视窗

MATLAB的各个版本视窗界面略有区别，本书基于MATLAB2016a版本编写。MATLAB主界面视窗包含多个功能不同的窗口，其布局可以由用户的使用习惯来设置调整，如图1-1所示界面为“三列”布局形式。

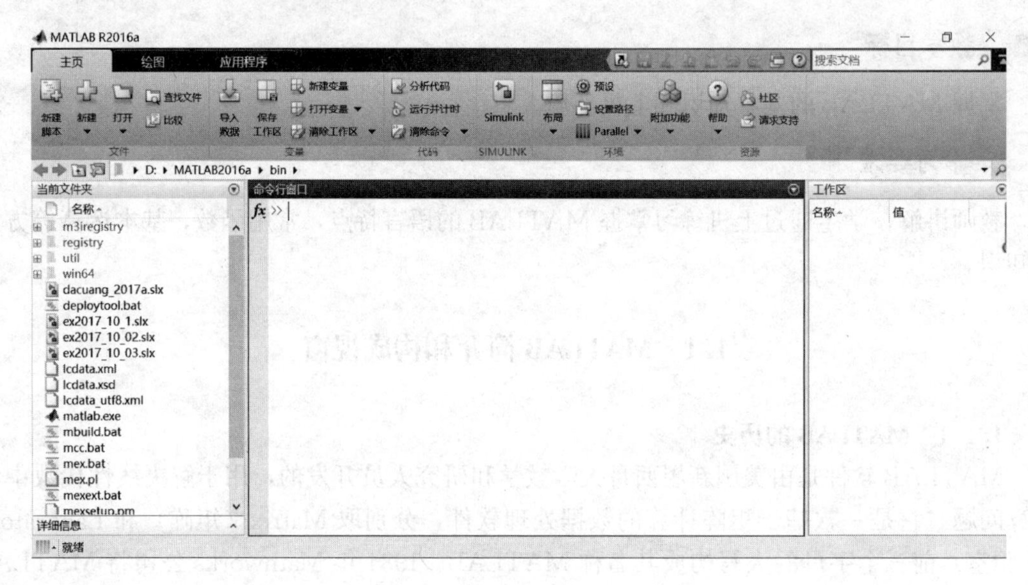

图1-1　MATLAB2016a主界面

1. MATLAB标签

MATLAB的菜单/工具栏包含3个标签，即主界面（主页）、绘图和应用程序。从各标签进入相应的功能部分，应用程序部分包括：MATLAB在曲线拟合、优化、PID控制、系统模式识别、信号分析等许多领域的应用。MATLAB主页视窗包含多个功能不同的窗口，主页主要窗口为命令行窗口、工作区窗口、当前文件夹窗口等。

（1）命令行窗口。命令行窗口用于输入和执行比较基本、简单的MATLAB命令并进行操作，如果进行比较复杂的MATLAB编程，需要在其他窗口进行，命令行窗口也用于显示MATLAB语言工作的执行结果和报警等信息。

“>>”是该窗口的运算提示符，用户可以在该提示符后输入MATLAB的各种命令、语句，并可按回车键执行。“>>”前的“fx”是函数查询提示符，点击它可以浏览查询MATLAB丰富的内置函数。在命令行窗口输入clc命令可以清除命令行窗口的内容。

（2）工作区（工作空间）窗口。工作区用于显示当前内存中所有的变量的信息，这些变量由MATLAB运行程序或者执行行命令而产生，用户可以观察各变量的信息。根据需要用户可以在命令行窗口使用规定的命令来保存、清除和导入变量信息：①保存变量使用save命令，后加文件名，文件类型默认为“.mat”；②清除变量使用clear命令，导入变量使用load命令，后加储存变量的文件名。

如果不使用命令，可使用主页标签中的相应菜单，能更方便地完成变量的保存、清除和导入操作。

在命令行窗口显示工作区的所有变量名，使用who命令；使用whos命令，可以显示变量名及其数据类型等更详细的信息。

（3）当前文件夹窗口。当前文件夹窗口用于表示用户当前文件的路径及具体位置。默认为（安装）磁盘符：\MATLAB2016a\bin。

2. 其他窗口

在“新建”菜单下可以打开多个窗口，主要有脚本文件编辑窗口、函数文件编辑窗口、类编辑窗口、图形窗口和仿真模型编辑窗口以及Stateflow Chart窗口，其中Stateflow是MATLAB中利用有限状态机理论（Fiinite State Machine）对事件驱动系统进行建模和仿真的可视化设计工具，主要用于针对控制系统中的复杂控制逻辑进行建模与仿真。

3. 系统的帮助

help命令加函数名可以获得对该函数的帮助文件；demo或demos命令可以调用演示帮助文件，便于用户学习。

1.2　MATLAB的基本算术运算符、常用函数和变量的有关规定

1.2.1　MATLAB的基本算术运算符

MATLAB的基本算术运算符见表1-1。

表1-1　MATLAB的基本算术运算符

运算	符号	范例	运算	符号	范例
加	＋	a＋b	除	/	a/b
减	－	a－b	幂次方	∧	a∧b
乘	*	a*b			

1.2.2　MATLAB常用函数

MATLAB常用函数见表1-2，算式的求值次序和一般的数学求值次序相同。

表1-2　MATLAB常用函数

函数	含义	函数	含义
abs（x）	求绝对值	atan（x）	反正切
sqrt（x）	求平方根	log（x）	自然对数
exp（x）	指数运算	log10（x）	常用对数
sin（x）	正弦值	imag（x）	取出复数的虚部
cos（x）	余弦值	real（x）	取出复数的实部
asin（x）	反正弦	conj（x）	复数共轭
acos（x）	反余弦	lcm（x，y）	整数x和y的最小公倍数
tan（x）	正切	gcd（x，y）	整数x和y的最大公约数

除了表1-2中常用函数外，MATLAB还有大量的高等数学函数，使用函数时要注意：

(1) 函数名后必须加圆括号“()”，括号内是自变量或常数。函数允许嵌套。

(2) 要注意括号内的自变量或常数的单位，例如sin函数单位是rad（弧度），sind单位是°（度）。

1.2.3 MATLAB中变量的相关规定

(1) 量名应由字母、数字、下划线组成，第一个字符必须是字母。

(2) 变量名中英文大小写是有区别的。

(3) 变量名长度不超过规定值。

(4) 不得用关键字做变量名。MATLAB中关键字是指预先定义的有特别意义的标识符，MATLAB程序设计中用于流程控制的关键字如break、if、for、return、switch、try等不能作为变量名使用。

1.2.4 MATLAB的特殊变量

特殊变量是系统已经定义好的变量，MATLAB启动后，不必用户赋值特殊变量就已存在。MATLAB特殊变量见表1-3，这些特殊变量即可用于MATLAB程序中，也可用于MATLAB仿真参数的设置。

表1-3 MATLAB的特殊变量

特殊变量	意义	特殊变量	意义
ans	用于存计算结果的默认变量	eps	浮点数精度2.2204e-16（这种表示方法是MATLAB语言格式，即2.2204×10^{-16}）
pi	圆周率	NaN或nan	不定量（Not-a-Number）
inf	无穷大	i或j	虚数单位

1.3 应用举例

MATLAB语句书写简便，变量类型不必事先声明，计算结果数据类型默认为双精度(double)类型，如果采用其他数据类型，可使用format命令。

[**例1-1**] 上街采购水果，水果重量为自变量，苹果3斤，橘子4斤。价格是苹果每斤4元，橘子每斤3.5元，请用MATLAB求总花费。

解 键入如下命令并运行：

```
>> apples = 3;                 %该行为赋值语句。注意如果语句以‘;’号结尾运行，
                               %系统给出该语句的运行结果。如果不以“;”号结尾,直接回车,
                               %运行后系统不在命令行窗口显示该语句的运行结果。

>>oranges = 4;
>> y = 4 * oranges + 3.5 * apples   %计算购物总花费。
y =
26.5000
```

[例1-1] 中，“%”为注释符的符号，其后边的内容起到对该语句的注释作用。注释部分是不可执行的部分，运行程序自动被忽略掉。注释定义符“%”仅能影响一行，即“%”之后到本行结束的内容。

运行上例过程中注意工作区窗口中变量的信息，运行后产生 oranges、apples 和 y 三个变量，并且已被赋值。使用相应的命令，或者使用主页标签中的相应菜单，读者可以练习对于这些变量的保存、清除和导入的操作。例如点击菜单“保存工作区”，把这些变量的信息存储在用户自己取名（ex _ jisuan01）的文件下。

[例1-2] 设两个复数 $a=2+2i$，$b=3-3i$，请用MATLAB计算$(a+b)/(a-b)$和$(a+b)\times(a-b)/2$的值。

解 键入如下命令并运行：

```
>>a = 2 + 2i,b = 3 - 3i
a = 2.0000 + 2.0000i
b = 3.0000 - 3.0000i
>>(a + b)/(a - b)
ans =    - 0.3846 - 0.9231i
>>(a + b) * (a - b)/2
ans =  0.0000  + 13.0000i
```

[例1-3] 请用 MATLAB 求$[\sin(x)-\sin(y)]/\sin(x^2)$的绝对值，其中 $x=45°$，$y=30°$。

解 键入如下命令并运行：

```
>> x = 45 * pi/180,y = 30 * pi/180
x = 0.7854
y = 0.5236
>> z = abs(sin(x) - sin(y))/sin(x^2)
z =   0.3580
```

[例1-4] 正弦函数 $y=\sin(2\pi ft)$，$f=50\text{Hz}$，其每个周期内时间被12等分，请用MATLAB求对应每个等分点瞬间 t 对应的正弦量的瞬时值。

解

```
clc,clear                      %清除命令行窗口,清除工作区
    t = 0:1/(12 * 50):1/50     %生成13个点构成的等间距(1/(12 * 50))时间向量
    y = sin(2 * pi * 50 * t)   %计算求值
```

本例的语句可以在命令行窗口中运行，也可以在MATLAB编辑器窗口先编辑为脚本文件后再运行，为了使读者初步熟悉使用编辑器窗口，选择后者。首先，点击编辑器标签进入编辑器窗口，按行输入上述程序并运行。然后，点击编辑器窗口下的运行键则程序运行，在命令行窗口显示运行结果。本例中，要注意冒号“:”的作用和使用方法、特殊向量“pi”的引用方法以及运算符号的使用方法。

另外，要注意先生成向量 t，而最后一句语句计算求值是对向量 t 的操作。

(1) 设 $a=2.1$，$b=5.2$，$c=1.3$，$d=\dfrac{-b+\sqrt{b^2-4ac}}{2a}$，$D=3.5$。计算 $\arctan(d\times D\times\pi)$。

(2) 设 $x=60°$，计算 $\dfrac{4\sin x+\sqrt{28}}{\sqrt[3]{72}}$。

(3) 设 $a=3.44$，$b=8.69$，计算 $e^a\log_{10}(a+b)$。

(4) 设 $f=50$，求 $2-8\sin(2\pi f\times 0.45+\pi/6)$ 的绝对值。

(5) 用 MATLAB 清屏命令清屏，再用赋值语句将 1 到 10 整数赋值给向量 t，计算对应 t 的每个整数的余弦值并赋值给 y。

(6) 用 MATLAB 的变量查询命令查询工作区的变量，将工作区的所有变量储存到名字为 ex001 的文件。

第 2 章　MATLAB 的数值运算

教学目标

掌握 MATLAB 的基本数值运算：矩阵运算、数组运算及多项式运算等。

学习要求

通过上机练习掌握基本运算方法，会使用主要的函数求解一些典型问题。

2.1　矩阵运算与数组运算

矩阵运算和数组运算是 MATLAB 的两种基本数值运算。MATLAB 以矩阵为基本变量单元，所有参与运算的数都被看作矩阵，例如常数被看作 1×1 矩阵，向量被看作 $1\times n$ 或 $n\times1$ 矩阵，因此矩阵运算是 MATLAB 的基础。矩阵中的元素可以是实数或者复数。MATLAB 支持线性代数所定义的全部矩阵运算，用户可使用 MATLAB 方便地处理线性代数问题，能够很容易完成原来复杂费时的运算工作。数组运算与矩阵运算概念和方法不同，也有广泛用途。

2.1.1　矩阵的构造

在 MATLAB 下输入矩阵有 4 种方式：用直接输入赋值构成矩阵，用内部函数产生矩阵，利用外部数据文件装入指定矩阵和利用 M 文件产生矩阵。

1. 用直接输入赋值构成矩阵

用直接输入赋值构成矩阵时用中括号［　］把所有矩阵元素括起来，同一行的数据元素之间用空格或逗号间隔，用分号指定行结束。

［例 2-1］ 请用 MATLAB 构成矩阵 $\begin{bmatrix}2 & 2 & 3\\1 & 1 & 2\end{bmatrix}$，并赋值给 $\mathbf{A}_1$。

解　在命令行窗口提示符“>>”后输入：A1=［2 2 3；1 2 2］

输出结果为

```
>> A1 =
2  2  3
1  1  2
```

也可以在工作区窗口单击下拉菜单选新建，输入新建的矩阵。

大矩阵可以分成几行进行输入，用回车符代替分号。

---

2. 用内部函数产生矩阵

使用内部函数可以很方便地产生一些常用的特殊矩阵，主要的函数见表 2-1。

表 2-1　　用于产生特殊矩阵的内部函数

函数	功能
eye	产生单位矩阵
zeros	产生全部元素为0的矩阵
ones	产生全部元素为1的矩阵
[ ]	产生空矩阵
rand	产生随机元素的矩阵
linspace	产生一个向量，其各元素为初值和终值之间的线性等分点
compan	产生一个向量的伴随矩阵
magic	产生一个魔术矩阵

[例 2-2] 在MATLAB中，分别用内部函数产生三阶单位阵、3×4的随机元素的矩阵和一个向量（其元素是从0到10的整数）。

解
```
>>eye(3)    % 产生三阶单位阵
ans =
    1    0    0
    0    1    0
    0    0    1
>>rand(3,4)       % 产生3×4的随机元素的矩阵
ans =
    0.6557    0.9340    0.7431    0.1712
    0.0357    0.6787    0.3922    0.7060
    0.8491    0.7577    0.6555    0.0318
>>linspace(0,10,11)
ans =
    0    1    2    3    4    5    6    7    8    9    10
```

[例 2-3] 请用MATLAB计算与多项式$(x-1)(x-2)(x-3)=x^3-7x+6$相对应的伴随矩阵。

解
```
>>u=[1 0 -7 6];
A=compan(u)
A =
    0    7   -6
    1    0    0
    0    1    0
```

3. 利用外部数据文件装入指定矩阵

使用MATLAB R2016a主页的导入数据菜单，容易将文件里各种类型的数据导入MATLAB，所以，可先将当前文件夹设置正确，再单击导入数据菜单，出现当前文件夹下MATLAB可识别的数据文件，它们可能是音频、电子表格、各种文本等不同格式类型的文件。例如读取ex0201.txt文件的数据，双击文件名ex0201会出现图示窗口，在相关选项中

选数值矩阵，单击导入所选内容，可以导入该文件中的数据如图 2-1 所示，工作区内有新生成的变量 ex0201 如图 2-2 所示，根据需要也可以生成相应的脚本文件或函数文件。

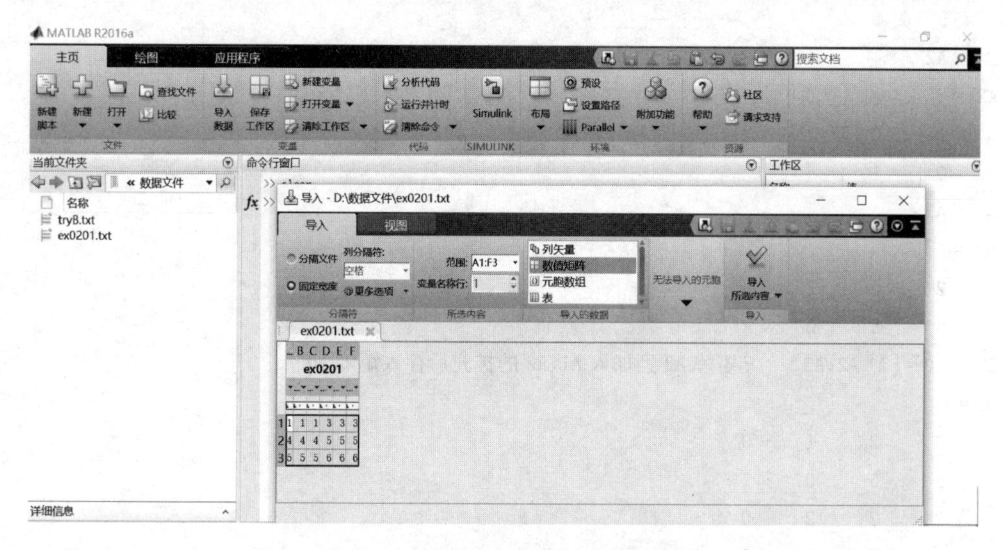

图 2-1　利用主页菜单导入数据文件

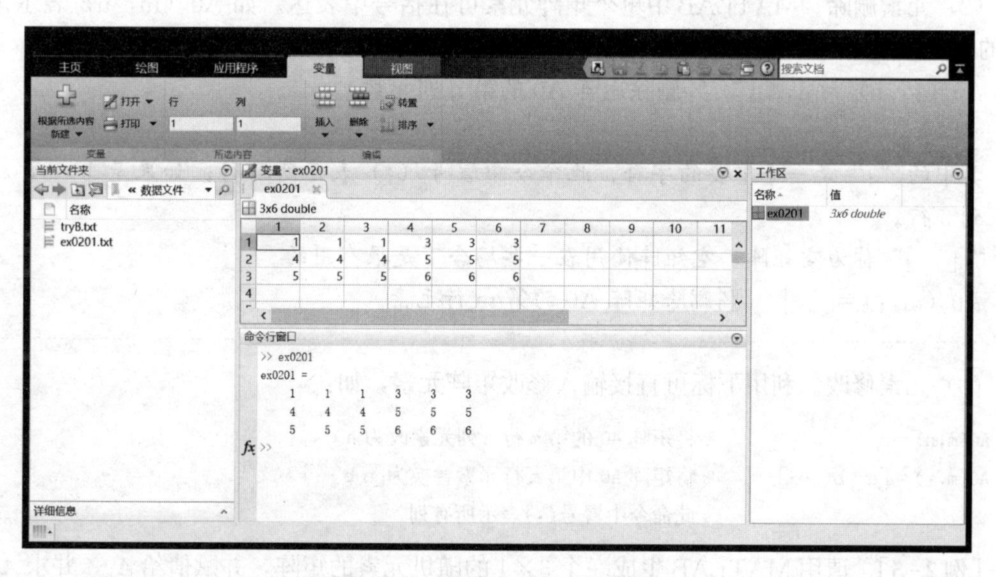

图 2-2　工作区内新生成的变量

2.1.2　矩阵的基本操作

矩阵元素的操作如下。

（1）矩阵元素扩充的方法举例。

［例 2-4］　矩阵 $\boldsymbol{A}_1=\begin{bmatrix}2&2\\5&5\end{bmatrix}$、$\boldsymbol{A}_2=\begin{bmatrix}1&0\\0&1\end{bmatrix}$、$\boldsymbol{A}_3=\begin{bmatrix}2&2&2&0\\5&5&0&2\end{bmatrix}$，用命令 $\boldsymbol{A}_0=[\boldsymbol{A}_1\ \boldsymbol{A}_2;\ \boldsymbol{A}_3]$，进行元素扩充。

解　>>A1

```
A1 =
     2     2
     5     5
>> A2
A2 =
     1     0
     0     1
>> A3
A3 =
     2     2     2     0
     5     5     0     2
>> A0 = [A1 A2;A3]    %矩阵A3经加入A1、A2的扩充后存入矩阵A0
A0 =
     2     2     1     0
     5     5     0     1
     2     2     2     0
     5     5     0     2
```

（2）元素删除。MATLAB中单个矩阵元素可在括号中表达。如A0（m，n）表示矩阵A_0的m行n列元素。删除元素的语句例子如下。

A0（:，n）=［ ］ %删除矩阵A0的第n列元素。

其中的“:”是一个重要的字符，此命令中冒号（:）表示所有行；如果是1：3，就表示1到3行。

“［ ］”称为空矩阵，空矩阵使用在一些场合下是很有用的。

A0（m，:）=［ ］ %删除矩阵A0的第m行元素。

（3）元素修改。利用下标可直接输入修改矩阵元素，如：

```
A0(m,n) = a              %将矩阵A0的第m行n列元素改为a
A0(m,:) = [a  b  …]      %将矩阵A0中第m行元素替换为[a b …]
                         %此命令中冒号(:)表示所有列
```

［例2-5］ 请用MATLAB生成一个3×4的随机元素的矩阵，并赋值给A_1，并求A_1的右下角2×2方阵赋值给C。

解

```
>>clear
>>A1 = rand(3,4)
A1 =
       0.8147    0.9134    0.2785    0.9649
       0.9058    0.6324    0.5469    0.1576
       0.1270    0.0975    0.9575    0.9706
>>C = A1(2:3,3:4)
```

```
C =
      0.5469    0.1576
      0.9575    0.9706
```

［例 2-6］　在 MATLAB 中，删除矩阵 **A**＝magic（4）中第二行，再将 **A** 的第三行各元素都置 1。

解

```
>> A = magic(4)
A =
    16     2     3    13
     5    11    10     8
     9     7     6    12
     4    14    15     1
>>A(2,:) = []
A =
    16     2     3    13
     9     7     6    12
     4    14    15     1
>>A(3,:) = 1
A =
    16     2     3    13
     9     7     6    12
     1     1     1     1
```

（4）数据取整和取余。对矩阵 **A**0 的数据取整和取余的常用操作命令见表 2-2。

表 2-2　　　　用于对矩阵中元素取整和取余的函数

函数	含义
floor（A0）	所有元素向下取整
ceil（A0）	所有元素向上取整
round（A0）	所有元素四舍五入取整
fix（A0）	所有元素按相对零就近的原则取整
R＝rem（A0，x）	表示矩阵 **M** 的各元素对 x 取余
R＝mod（A0，x）	表示矩阵 **M** 的各元素对 x 取模

［例 2-7］　**A**＝［162 3 13；9 7 6 12；11 1 1］，确定 **A** 的各元素的奇数还是偶数［使用函数 rem()］。

解

```
>>A(3,:) = 1
A =
16    2    3    13
9     7    6    12
1     1    1     1
>> A0 = rem(A,2)
```

```
A0 =
0    0    1    1
1    1    0    0
1    1    1    1
```

矩阵 $\boldsymbol{A}_0$ 中为0的元素对应的矩阵 $\boldsymbol{A}$ 的元素为偶数，矩阵 $\boldsymbol{A}_0$ 中为1的元素对应的矩阵 $\boldsymbol{A}$ 的元素为奇数。

2.1.3 矩阵的基本运算

（1）矩阵转置。实数矩阵的转置也可以由简单命令求出。复数矩阵的常规转置则可以调用 transponse（）函数来获得。如果矩阵 $\boldsymbol{A}$ 为复数矩阵，则 $\boldsymbol{A}'$ 为 $\boldsymbol{A}$ 的共轭矩阵的常规转置，又称为 Hermit 转置。

［例2-8］ 矩阵 $\boldsymbol{A}=\begin{bmatrix}1+i & 1-i\\2-3i & 2-i\end{bmatrix}$，求其共轭转置和常规转置。

解

```
>> A=[1+i 1-i;2-3i 2-i]        % A为复数矩阵
A =
    1.0000+1.0000i   1.0000-1.0000i
    2.0000-3.0000i   2.0000-1.0000i
>> A'                          %求A的共轭转置
ans =
    1.0000-1.0000i   2.0000+3.0000i
    1.0000+1.0000i   2.0000+1.0000i
>> transpose(A)                %调用函数求A的常规转置
ans =
    1.0000+1.0000i   2.0000-3.0000i
    1.0000-1.0000i   2.0000-1.0000i
```

（2）矩阵加减法运算。除了直接地使用“＋”和“－”号进行运算之外，两个矩阵 $\boldsymbol{A}$ 和 $\boldsymbol{B}$ 的加减法运算还可以通过函数 plus（$\boldsymbol{A}$，$\boldsymbol{B}$）和 minus（$\boldsymbol{A}$，$\boldsymbol{B}$）来实现。

（3）矩阵乘法运算。设有两个矩阵 $\boldsymbol{A}$ 和 $\boldsymbol{B}$，其中 $\boldsymbol{A}$ 的列数与 $\boldsymbol{B}$ 矩阵的行数相等，或其一为标量，则矩阵 $\boldsymbol{A}$ 和 $\boldsymbol{B}$ 是可乘的。在 MATLAB 下，矩阵 $\boldsymbol{A}$ 和 $\boldsymbol{B}$ 的乘积可以简单地由运算式 $\boldsymbol{C}=\boldsymbol{A}*\boldsymbol{B}$ 算出。

（4）矩阵的左除和右除运算。MATLAB 定义了除法运算，它与矩阵的求逆运算相关，要区别矩阵的左除及右除的用法。在 MATLAB 中用“\”运算符号表示两个矩阵的左除，A\B 为方程 $\boldsymbol{AX}=\boldsymbol{B}$ 的解 $\boldsymbol{X}$。

MATLAB 中用“/”符号表示两个矩阵的右除，B/A 相当于求方程 $\boldsymbol{XA}=\boldsymbol{B}$ 的解。$\boldsymbol{A}$ 为非奇异方阵时 B/A 为 $\boldsymbol{BA}^{-1}$。MATLAB 矩阵的右除运算也可以使用函数 mrdivide（A，B）计算出。

（5）矩阵乘方运算。矩阵的乘方使用运算符“^”，如果 $\boldsymbol{A}$ 是一个方阵，$\boldsymbol{P}$ 是一个大于1的整数，表示 $\boldsymbol{A}$ 自乘 $\boldsymbol{P}$ 次。

［例2-9］ 矩阵 $\boldsymbol{A}$ 和 $\boldsymbol{B}$ 满足关系式 $\boldsymbol{AB}=\boldsymbol{A}+2\boldsymbol{B}$，已知 $\boldsymbol{A}$=[4 2 3；1 1 0；－1 2 3]，请用 MATLAB 求矩阵 $\boldsymbol{B}$。

解 由 AB＝A＋2B 可得（A－2E）B＝A，$B=(A-2E)^{-1}A$。

```
>>  A = [4 2 3;1 1 0;-1 2 3]
A =
  4     2     3
  1     1     0
 -1     2     3
>> B = inv(A - 2 * eye(3)) * A
B =
  3.0000   -8.0000   -6.0000
  2.0000   -9.0000   -6.0000
 -2.0000   12.0000    9.0000
```

（6）矩阵的逻辑运算。在 MATLAB 语言中，如果一个矩阵元素的值为 0，则可以认为它为逻辑 0，否则为逻辑 1。矩阵 **A** 和 **B** 能够进行逻辑运算的条件是：矩阵 **A** 和 **B** 都为 $m\times n$ 矩阵，或者其中一个量为标量。其相关的逻辑运算语句可使用运算符表示或函数表示见表 2-3。

表 2-3　　矩阵的逻辑运算语句

逻辑关系	运算语句	逻辑关系	运算语句
与	C=A&B 或者 C=and（A，B）	非	C=～A 或者 C=not（A）
或	C=A｜B 或者 C=or（A，B）	异或	C=xor（A，B）

在 MATLAB 语言中，有时也用运算符“&&”表示“与”运算，用运算符“‖”表示“或”运算，但这种情况下要求运算符的操作数必须是逻辑标量值。如 A&&B 运算中，要求 **A** 和 **B** 是逻辑标量值，不能是矩阵。A&B 首先判断 **A** 的逻辑值，然后判断 **B** 的值，最后进行逻辑与的计算。A&&B 首先判断 **A** 的逻辑值，如果 **A** 的值为假，就可以判断整个表达式的值为假，就不需要再判断 **B** 的值。这种用法在 **A** 是一个计算量较小的函数，**B** 是一个计算量较大的函数的情况下，首先判断 **A** 对减少计算量是有好处的。

（7）矩阵的关系运算。在使用关系运算前，应该保证两个矩阵的维数一致或其一为标量。关系运算对两个矩阵运算进行比较，若关系满足则将结果矩阵相应位置的元素置为 1，不满足则置 0。矩阵的关系运算符见表 2-4。

表 2-4　　矩阵的关系运算符

关系	运算符	关系	运算符
大于	>	小于	<
等于	==	不等于	～=
大于或等于	>=	小于或等于	<=

［例 2-10］ 矩阵 $\boldsymbol{B}_1$=［3 －4 1；－4 5 2；5 1 －1］，$\boldsymbol{B}_2$=［1 1 1；2 2 2；3 3 3］。试确定：

（1）$\boldsymbol{B}_1$ 中大于零的元素；

（2）$\boldsymbol{B}_1$ 中大于零且小于 $\boldsymbol{B}_2$ 中对应元素的各元素。

解

```
(1)B1 = [3 -4 1; - 4 5 2;5 1 -1];
```

```
C=B1>0          %检查条件是否满足,并将结果赋值给矩阵C
f1=find(C)      %find函数的作用是找出符合条件的元素的位置
                %元素编号按"列"为顺序
```

运行结果如下：

```
C =

     1     0     1
     0     1     1
     1     1     0
f1 =
     1
     3
     5
     6
     7
     8
(2)B1=[3 -4 1;-4 5 2;5 1 -1];
B2=[1 1 1;2 2 2;3 3 3];
C1=(B1>0)&(B1<B2) %检查条件是否满足,并将结果赋值给矩阵C1
f2=find(C1)
```

运行结果如下：

```
C1 =
    0     0     0
    0     0     0
    0     1     0
f2 =
    6
```

MATLAB中上述条件关系式不应写为0<B1<B2的形式，应该使用关系运算符“&”，写成（B1>0）&（B1<B2）。

2.1.4 数组的运算

1. 数组运算与矩阵运算的区别

MATLAB中数组的一般形式和矩阵类似，也是由一组实数或复数排成的长方阵列，但数组运算所强调的是元素与元素的代数运算，而矩阵采取的则更多体现线性运算的特性；在符号方面的表现就是数组运算为点运算，而矩阵默认的一般运算是线性运算，矩阵运算符前加点才会使之成为元素与元素间的运算。也就说，在MATLAB中，数组与矩阵的主要差异体现在运算符上，在形式表达上则有高度的一致性。某些工程应用常采用数组运算，因此要将数组运算区别与矩阵运算。要注意数组运算与矩阵运算中运算符的区别见表2-5，除了加减运算外的其他运算，数组运算符应加“.”。

表 2-5　数组运算与矩阵运算中运算符的区别

运算含义	矩阵运算	数组运算	运算含义	矩阵运算	数组运算
加/减	+/−	+/−	右除	/	./
乘	*	.*	左除	\	.\
乘方	^	.^	转置	'	.'

[例 2-11] $\boldsymbol{A}_1$=[2 2; 5 5]，$\boldsymbol{A}_2$=[1 0; 0 1]，请用 MATLAB 计算 $\boldsymbol{A}_1$ 与 $\boldsymbol{A}_2$ 的矩阵乘积和数组乘积。

解
```
>> A1 = [2 2;5 5],A2 = [1 0;0 1]
A1 =
     2     2
     5     5
A2 =
     1     0
     0     1
>> A1 * A2
ans =
     2     2
     5     5
>> A1. * A2
ans =
     2     0
     1     5
```

2. 数组的生成

数组可以有不同的维数，有一维数组、二维数组和多维数组，在图像处理、多变量控制等许多方面有具体应用。

一维数组的形式和构造方法与向量的形式和构造方法类似，可以用直接输入法或用相应的命令获得。例如如下的数组采用定步长设定构成。

[例 2-12] 用 linspace()函数定步长设定数组 $\boldsymbol{B}_1$，$\boldsymbol{B}_1$ 有 11 个元素，$\boldsymbol{B}_1(1)=0$，$\boldsymbol{B}_1(11)=10$。

解
```
>> B1 = linspace(0,10,11)   %用函数构成数组 B1,B1(1) = 0, B1(11) = 10 该数组有 11
                            %个元素
B1 =
     0     1     2     3     4     5     6     7     8     9    10
```

或者用“:”符号方法获得数组。

```
>> B2 = 0:1:10              % 用“:”符号方法获得数组 B2
B2 =
     0     1     2     3     4     5     6     7     8     9    10
```

二维数组和多维数组构造方法与矩阵的构成方法类似。

[例2-13] x=[2 3 4 5]，请用MATLAB分析x^2和x.^2的不同结果。

解 >>x^2

这里是矩阵平方计算算式，x必须为标量和方阵。

命令行窗口显示如下信息：

错误使用^

输入必须为标量和方阵。

要按元素进行POWER计算，请改用POWER（.^）。

```
>> x.^2
```

这里是数组平方计算算式，能得出正确结果。

```
  ans =
4     9     16     25
```

[例2-14] 已知 $y=t^4-2t^3+2$，t=1、2、3、4、5、6、7、8、9、10，请用MATLAB求与 t 各点对应的 y 的值。

解
```
>> t = linspace(1,10,10)
t =
 1    2    3    4    5    6    7    8    9    10
>> y = t.^4 - 2 * t.^3 + 2
y =
    1 至 8 列
1          2          29          130          377          866          1717          3074
        9 至 10 列
5105          8002
```

2.2 MATLAB数值运算的应用

MATLAB求解应用问题有求解解析解和数值解两种方法。数学问题的数值解法在许多领域有成功的应用。在力学领域，常用有限元法求解偏微分方程；在航空、航天与自动控制领域，常用到数值线性代数和常微分方程的数值解法等解决实际应用问题；在数字信号处理领域，离散的快速傅里叶变换（FFT）也是重要工具。本节介绍求数值解的一些主要的应用。

2.2.1 多项式的运算

MATLAB有一些对多项式处理的函数，这些函数主要是面向向量的操作。

MATLAB用按降幂排列的多项式系数构成的行向量来表示多项式，如多项式 $2x^3-3x^2+1$ 用向量［2 −3 0 1］来表示。

常用的函数poly的用法：poly（A），其中的A可以是矩阵或者是向量。如果A为矩阵，可用poly求A的特征多项式的系数。

多项式运算常用函数见表2-6。

表2-6　多项式运算常用函数

函数	函数的作用	函数	函数的作用
roots	求多项式的根	polyfit	多项式数据拟合
poly	用根构造多项式	polyder	微分
polyval	计算多项式的值	conv	乘法
polyvalm	计算参数为矩阵的多项式的值	deconv	除法
residue	部分分时展开		

［例2-15］ $\boldsymbol{A}=\begin{bmatrix}1 & 2 & 3\\4 & 5 & 6\\7 & 8 & 0\end{bmatrix}$ 求 **A** 的特征多项式的系数。

解

```
>> A=[1 2 3; 4 5 6 ;7 8 0];
>>p=poly(A)
p =
1.0000    -6.0000   -72.0000   -27.0000
```

即特征多项式为 $s^3-6s-72s-27$。

［例2-16］ 请使用roots函数求解特征方程 $s^3-6s^2-72s-27=0$ 得到矩阵 **A** 的特征值。

解

```
>> r=roots(p)
r =
12.1229
 -5.7345
 -0.3884
```

［例2-17］ 利用特征根，在MATLAB中重构p2=poly(r)多项式。

解

```
>> p2=poly(r)
p2 =
          1.00   -6.0000   -72.0000   -27.0000
```

当函数poly用于对向量操作，poly与roots是互为逆运算的。

［例2-18］ **A**=［1:4］，求poly（A）和roots（ploy（A））。

解 >>poly(1:4)

```
ans =
      1   -10    35   -50    24
>>roots(poly(1:4))
ans =
      4.0000
      3.0000
      2.0000
      1.0000
```

［例2-19］ 请用MATLAB将表达式 $(x-2)(x+4)(x^2-6x+9)$ 展开为多项式形式，并求其对应的一元 n 次方程的根。

解

```
>> P3 = conv([1 -2],conv([1 4],[1 -6 9]))
P3 =
1    -4   -11    66   -72
>>roots(P3)
ans =
  -4.0000
3.0000
3.0000
   2.0000
```

2.2.2 数据插值和曲线拟合

1. 数据插值

数据插值是由已知的观测点的物理量建立一个简单、连续的解析型模，以便能根据该模型推测出该物理量在其他观测点的特性。数据插值在数据分析、信号处理、图像处理等许多领域都有着重要的应用。

MATLAB使用interp1函数来实现一维插值。interp1函数的调用格式如下。

```
Vq = interp1(X,V,Xq,METHOD)。
```

其中：X为自变量的取值点构成向量；V为对应X的函数值向量；Xq为插值点向量；METHOD用来选择插值的具体方法，可以是linear、nearest、spline等多种方法，每种方法具有不同的特点，如果这个选项不输入，则默认为采用线性插值法（linear）。

例如：对正弦函数的插值，给出采样点和相应的采样值。相应的插值语句如下，结果如图2-3所示。

```
>>X = 0:0.5:10;V = sin(X);Xq = 0:.25:10;
Vq = interp1(X,V,Xq);plot(X,V,'o',Xq,Vq,'*')
```

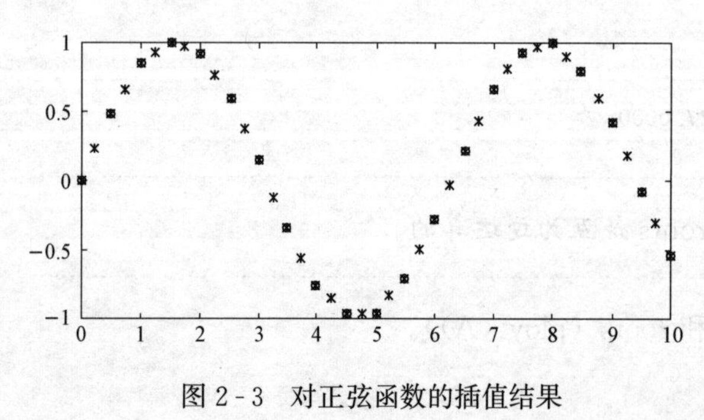

图2-3 对正弦函数的插值结果

2. 曲线拟合

MATLAB中也用曲线拟合方法处理数据并得到和已知数据相对应的连续的解析型模，是通过拟合的方法（如最小二乘法），把平面上一系列的点用一条光滑的曲线连接起来。因为这条曲线有无数种可能，从而有各种拟合方法。拟合的曲线一般可以用函数表示。

曲线拟合与数据插值在图像上的区别是：数据插值形成的图像曲线一定要通过已知数据点，而曲线拟合形成的图像要看总体效果，拟合得到的函数曲线不一定要通过已知数据点。

多项式曲线拟合函数 polyfit( )，其调用格式为 p＝polyfit(X，V，n)：其中，X、V 为数据点，n 为多项式阶数。

［例 2 - 20］ 已知数据为 ***X***＝［1 2 3 4 5 6 7 8 9 10］，

```
V0 = X.^2 - 3. * X + 3
V1 = V0 + 20. * (rand(size(V0)) - 0.5) = [-6.8049     9.6752    -3.2508
2.323618.9566    20.7521    36.3792    40.920152.4588    63.7447]
```

（1）应用数据插值法（线性插值）求插值点数据，插值点步长取 0.5。

（2）应用 2 阶线性曲线拟合方法求拟合的曲线。

解　程序如下：

```
(1) clc,clear,close all
X = [1 2 3 4 5 6 7 8 9 10]
V0 = X.^2 - 3. * X + 3
V1 = V0 + 20. * (rand(size(V0)) - 0.5)      % 生成数据

Xq  =  0:.5:10
Vq  =  interp1(X,V1,Xq)                     % 应用插值方法
T1 = figure(1)
hold on
plot(X,V1,'ob')
plot(Xq,Vq,'* r')

(2) T2 = figure(2)
p = polyfit(X,V1,2)                         %应用曲线拟合方法
                                            % p 为多项式函数系数
hold on
plot(X,V1,'ob')
Vn = polyval(p,Xq)
plot(Xq,Vn)
```

程序运行结果如图 2 - 4 所示，应注意因为每次随机误差不同，每次的运行结果和 ***P*** 值不同。

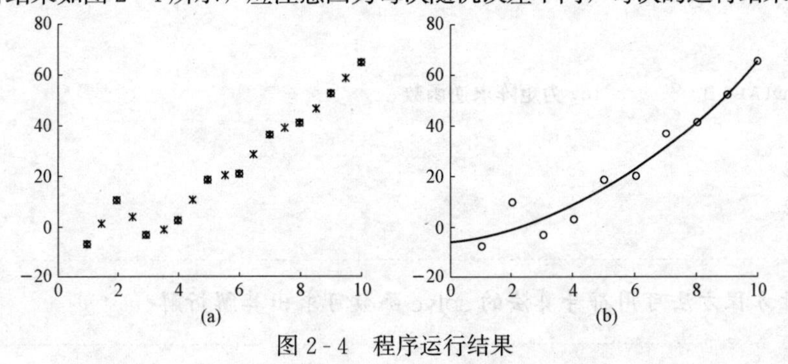

图 2 - 4　程序运行结果

(a) 数据插值结果；(b) 曲线拟合结果

多项式函数系数 $\boldsymbol{P}$=[0.5807 1.2445 −5.6850]

使用应用程序的curve fitting工具箱可以更方便地实现数据的曲线拟合，对正弦函数的数据插值例子，结果如图2-5所示，并且在result窗口里给出了所建立连续的解析模型。

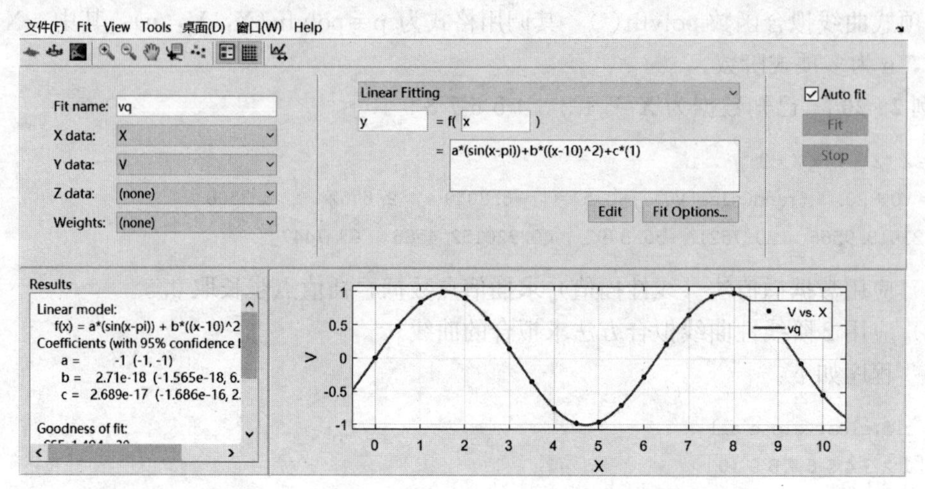

图2-5 利用插值工具箱对正弦函数的插值

2.2.3 方程求解

1. 线性代数的求解方法

线性代数方程组 $\boldsymbol{AX}=\boldsymbol{B}$，解可用 X=A\B 或 X=inv(A)*B 语句求得。

[例2-21] 用MATLAB语句求解方程组 $\begin{cases}2x_1+3x_2=4\\3x_1-2x_2=1\end{cases}$。

解

```
>> A=[2 3;3 -2],B=[4;1]
A =
    2     3
    3    -2
B =
    4
    1
>> x=A\B              %B左除A
x =
    0.8462
    0.7692
>> x=inv(A)*B         % inv为矩阵求逆函数
x =
    0.8462
    0.7692
```

求解线性方程方法可用符号算法的solve函数可求出其解析解。

---

2. 常微分方程的求解

常微分方程的数值解法是动态系统仿真领域的数学基础。解常微分方程或常微分方程组的数值方法一般都采用迭代方法，常用欧拉（Eule）算法和龙格 - 库塔（Runge - Kutta）算法。可以由给定的初值条件逐步求出在所选择的时间段内原问题数值解。采用适当的步长需同时考虑计算速度和计算精度的要求。

ode45 表示采用四阶—五阶 Runge - Kutta 算法，是一种自适应步长（变步长）的常微分方程数值解法。函数 ode45 用来求解非刚性微分方程的首选，而函数 ode15s（45）用来求解刚性常微分方程。

ode45 的一个使用格式如下：

```
[t,x] = ode45(odefun,tspan,x0)
```

变量 tspan 一般为仿真范围，例如取 tspan=［t0，tf］，其中 t0 和 tf 分别为用户指定的起始和终止计算时间。变量 x0 为系统的初始状态变量的值。odefun 是函数句柄，可以是函数文件名，匿名函数句柄或内联函数名。

@是定义句柄的运算符，例如 f=@(x)acos(x) 相当于按如下的程序建立了一个函数文件 f：

```
function  y = f(x)
y = acos(x);
```

［例 2 - 22］ 用 MATLAB 求解一阶微分方程$\frac{dU_c}{dt}+2\times10^5\times\left(\frac{1}{30}+\frac{1}{60}\right)U_c+6\times10^4=0$。

解

```
tspn = 1e - 4,y0 = 0
[t,y] = ode45(@(t,y) - 2 * 10e5 * (1/30 + 1/60) * y - 6e4, tspan, y0);
plot(t,y,'- *')
```

运行结果如图 2 - 6。

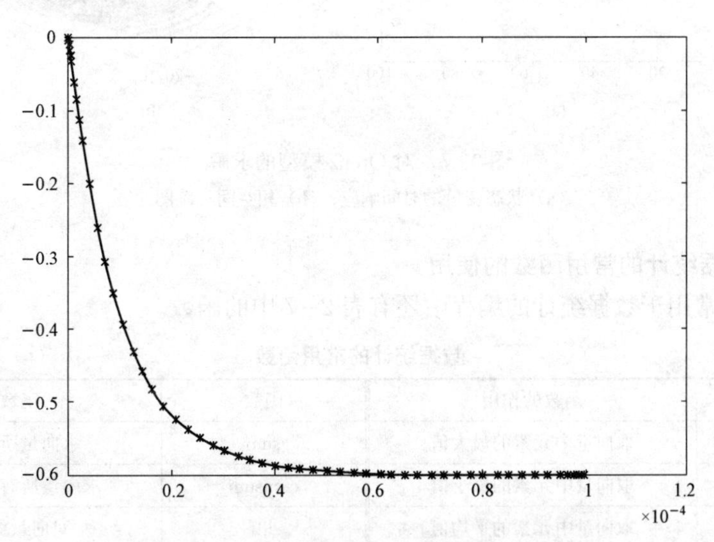

图 2 - 6　［例 2 - 22］对常微分方程的求解结果

［例 2-23］ 请用 MATLAB 对著名的 Orenz 模型的求解。

解 Orenz 模型的状态方程为

$$\begin{cases}\dot{x}_1(t)=-8x_1(t)/3+x_2(t)x_3(t)\\ \dot{x}_2(t)=-10x_2(t)+10x_3(t)\\ \dot{x}_3(t)=-x_1(t)x_2(t)+28x_2(t)-x_3(t)\end{cases}$$

在函数编辑窗口编写函数文件 lorenzeq. m。

```
    function xdot = lorenzeq(t,x )
    xdot = [ - 8/3 * x(1) + x(2) * x(3);
- 10 * x(2) + 10 * x(3);
- x(1) * x(2) + 28 * x(2) - x(3)];
    end
```

在命令行输入下列语句并执行：

```
>>t_final = 100;x0 = [0;0;1e - 10];
>>[t,x] = ode45('lorenzeq',[0,t_final],x0);
>>plot(t,x)
>>figure;plot3(x(:,1),x(:,2),x(:,3));axis([10 40 - 20 20 - 20 20]);
```

对 Orenz 模型的求解运行结果如图 2-7 所示。

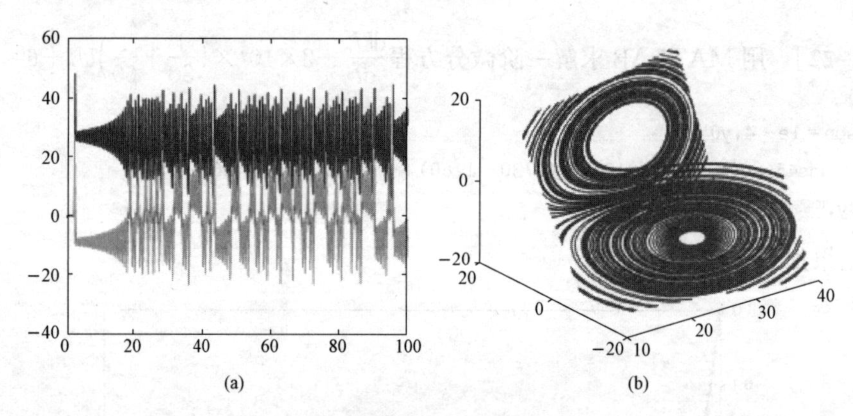

图 2-7 对 Orenz 模型的求解

(a) 状态变量的时间响应；(b) 相空间三维图

2.2.4 数据统计的常用函数的使用

MATLAB 常用于数据统计的编程中还有表 2-7 中的函数。

表 2-7 **数据统计的常用函数**

函数	函数的作用	函数	函数的作用
max	取向量中元素的最大值	sum	求向量所有元素的和
min	取向量中元素的最小值	cumsum	求向量所有元素的累积和
mean	取向量中元素的平均值	diff	对向量做差分运算
sort	对向量中元素的排序	quad	一元函数定积分运算

当自变量为向量时，这些函数对行向量或列向量都能正确处理。但当自变量为矩阵时，这些函数是面向列处理的，即如采用 max 函数，则可得到一个行向量，其每个元素为列中元素的最大值。

［例 2-24］ 请用 MATLAB 构造一个 3 阶魔方矩阵 $\boldsymbol{A}$，并对 $\boldsymbol{A}$ 的每列元素求最大值；对 $\boldsymbol{A}$ 其每列元素求累积和。

解
```
>> A = magic(3)          % 构造一个魔方矩阵
A =
      8     1     6
      3     5     7
      4     9     2
>> max(A)                % 对 A 的每列元素求最大值
ans =
      8     9     7

>> B = cumsum(A)         % 对 A 的每列元素求累积和
B =
      8     1     6
     11     6    13
     15    15    15
```

［例 2-25］ $\boldsymbol{A}_1$ 为一个 3 阶单位阵，矩阵 $\boldsymbol{C}$=［1 2 3；5 8 3 ；3 6 9］，$\boldsymbol{A}_2=\boldsymbol{C}-3\times\boldsymbol{A}_1$，请用 MATLAB 求 $\boldsymbol{A}_2$ 中的最大元素。

解
```
>> A1 = eye(3);
>> C = [1 2 3;5 8 3 ;3 6 9];
ans =
      5     8     9
>> A2 = C - 3 * A1
A2 =
     -2     2     3
      5     5     3
      3     6     6
>> D = max(A2)
D =
      5     6     6
>>max(D)
ans =
      6
```

2.3 应 用 举 例

［例 2-26］ 用 rand 命令产生一个含有 8 个元素的随机向量 $\boldsymbol{a}_0$，求其所有元素的平均值

并赋值给变量 $\boldsymbol{m}$。用矩阵关系运算比较 $\boldsymbol{m}$ 是否大于 $\boldsymbol{a}_0$ 中各元素，并将比较的结果赋值给变量 $\boldsymbol{b}$。

解

```
>> a0 = rand(1,8)
a0 =
0.9572    0.4854    0.8003    0.1419    0.4218    0.9157    0.7922    0.9595
>>mean(a0)
ans =
0.6842
>> m = mean(a0)
m =
0.6842
>> b = m>a0
b =
0    1    0    1    1    0    0    0
>> b1 = (m>a0)      % m>a0 加上圆括号也可以获得相同结果。
b1 =
0    1    0    1    1    0    0    0
```

[例 2-27] 请用 MATLAB 分析如下程序中 $\boldsymbol{y}$ 和 $\boldsymbol{x}$ 的函数关系。

```
k = 0.25
x = linspace(0,15,100)
y = 0.8. * (x> = 0&x< = 1) + (0.8 + k. * (x - 1)). * (x>1&x< = 5) + (0.8 + k * 4). * (x>5)
plot(x,y)
axis ([080.42])
```

解 运行结果如图 2-8 所示。该例题中用到了数组运算和矩阵的关系运算及逻辑运算。

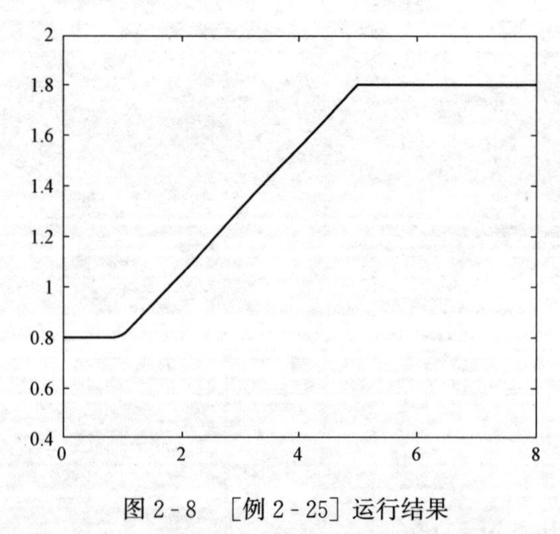

图 2-8 [例 2-25] 运行结果

y 和 x 的函数关系为分段函数，当 $0\leqslant x\leqslant 1$ 时，关系运算式（x>=0&x<=1)=1。

而（x>1&x<=5）=0，（x>5)=0；因此 $y=0.8$；同样可分析得当 $1<x\leqslant 5$ 时，$y=k\times(x-1)$；当 $x>5$ 时，$y=0.8+4\times k$。分析与图 2-8 结果一致。

[例 2-28] 两个多项式的系数分别为两个向量 $\boldsymbol{y}_1=[2\quad -3\quad 0]$ 和 $\boldsymbol{y}_2=[6\quad -2]$，即 $\boldsymbol{y}_1=2x^2-3x$ 和 $\boldsymbol{y}_2=6x-2$，试分别计算 x=1、2、3、4、5、6、7、8、9、10 时的对应的 $\boldsymbol{y}$ 值。

解 分别用数组计算的方法和用 polyval 函数计算的方法进行计算。

运行程序结果如图 2-9 所示，可见这两种计算方法的结果相同。

```
y1 = [2 -3 0]                     % 多项式系数
y2 = [6 -2]                       % 多项式系数

x = 1:10
y1n = 2.*x.^2-3.*x                % 用数组计算的方法
figure(1)
plot(y1n)
hold on
y2n = 6.*x-2
plot(y2n)
y1m = polyval(y1,[1:10])          % 用 polyval 函数计算的方法
y2m = polyval(y2,[1:10])
figure(2)
plot(y1m)
hold on
plot(y2m)
```

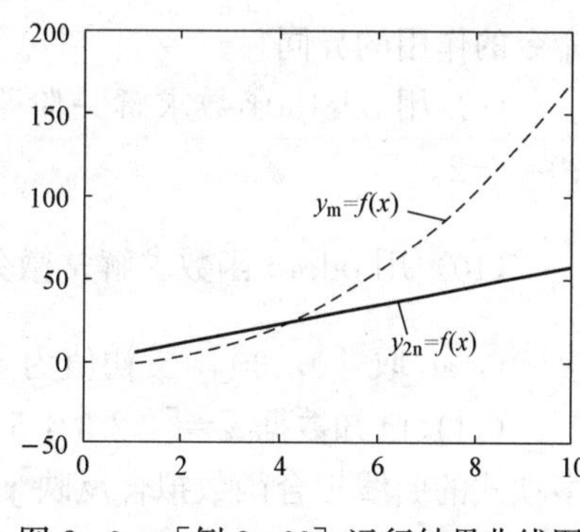

图 2-9　[例 2-28] 运行结果曲线图

练　习　题

(1) 矩阵 $A_1=\begin{bmatrix}1 & 1 & 4 & 7\\ 0 & 1/4 & 0 & 4\\ 0 & 0 & 4 & 2\\ 1 & 4 & 6 & 6\end{bmatrix}$，如何将其第 2～3 行，第 2 列～3 列的方阵取出赋值给矩阵 A_2，然后将 A_2 中第 1 行第 1 列元素赋值给变量 x。

(2) 设三阶矩阵 A、B，满足 $A^{-1}BA=6A+BA$，$A=\begin{bmatrix}1/2 & 0 & 0\\ 0 & 1/4 & 0\\ 0 & 0 & 1/2\end{bmatrix}$，求矩阵 B。

(3) 求解线如下性方程组的特解

$$\begin{cases}x_1+x_2=1\\ x_1-x_2=-1\end{cases}$$

(4) 在 MATLAB 命令行窗口操作，清除工作区所有变量，清除命令行窗口内容。读取桌面记事本文件中的 3 行 5 列数据并赋值给矩阵 data1，用 save 命令保存该数据到文件 filedata01。

(5) 求线性组 $X_1=(1\ 2\ 3\ 4)$，$X_2=(-1\ 3\ 8\ 9)$，$X_3=(7\ 7\ 4\ 1)$，$X_4=(2\ 3\ 0\ 4)$ 的线性相关性。

(6) 已知 $y=2t^4+3t^3-5t-4$，$t=0$、1、2、3、4、5、6、7、8、9，求与 t 各点对应的 y 的值。

(7) 用 rand 命令产生一个含有 10 个元素的随机向量 a_0，将 a_0 中各元素四舍五入取整，用矩阵关系运算确定 a_0 中各元素是否为零，并将比较的结果赋值给变量 b_1。

(8) 用 help 命令调用 MATLAB 的函数用法帮助文件，例如查看比较 mod 命令与 rem

命令的作用的异同。

(9) 用 ode45 函数求解一阶常微分方程 $t^2 y' = y + 3t$ 的数值解，tspan＝[1，4]；初值 $y0 = -2$。

(10) 用 ode45 函数求解常微分方程组：$\begin{cases} \dot{x}_1(t) = -x_1(t)^3 - x_2(t) \\ \dot{x}_2(t) = x_1(t) - x_2(t)^3 \end{cases}$

tspan 取 [0，30]，x 初值为 [1；0.5]。

(11) 已知数据 $\boldsymbol{x}$＝[1 2 3 4 5 6]，$\boldsymbol{y}$＝[−6.1 −2.6118.8 73.1 172.5 340]，试用多项式的曲线拟合函数拟合反映 $\boldsymbol{y}$ 与 $\boldsymbol{x}$ 各元素对应关系的二阶函数和三阶函数。

第3章　MATLAB符号运算

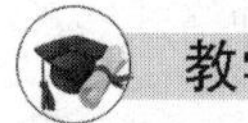

教学目标

本章的教学目的是使学生在已学习的高等数学、线性代数和程序设计等课程基础上，通过对MATLAB高级语言的学习，进一步了解在MATLAB符号运算方面的知识，掌握MATLAB中的基本函数和语句命令，并能结合实际问题进行一些数学计算，从而提高学生分析和解决问题的能力。

学习要求

熟悉MATLAB中的语言符号对象和MATLAB的工作环境，并通过实际教学，进行相关的习题训练和上机练习；能够在MATLAB中根据脚本文件上机运行，运用MATLAB命令和函数求解方程组和进行符号运算。

3.1　符号对象的创建和符号表达式的建立

MATLAB的符号运算是指数学表达式及方程的求解不是在离散化的数值点上进行，而是凭借一系列恒等式和数学定理，通过推理和演绎获得解析结果。符号运算是建立在数值完全准确表达和推演严格解析的基础之上，因此所得结果是完全准确的。

本章简要介绍MATLAB中符号数学工具箱的主要功能，包括符号对象和表达式的创建，符号的基本运算及方程求解等。需要指出的是，有很多工程和科学中的问题是无法用符号运算求解的，而且有时符号运算的求解时间过长。因此，在实际的科学计算、工程分析和设计中，符号运算的适用范围远远小于数值运算。

3.1.1　符号对象的创建

在MATLAB中，数学表达式所用到的变量必须事先被赋值。这一点对于符号运算而言同样不例外，首先也要定义基本的符号对象，然后利用这些基本符号对象去构成新的表达式，进而才能进行符号运算。

符号对象是一种数据结构，包括符号常量、符号变量和符号表达式，用来存放代表符号的字符串。MATLAB规定：任何包含符号对象的表达式或方程将继承符号对象的属性。换句话说，任何包含符号对象的表达式或方程也一定是符号对象，而且任何基本符号对象（数字、参数、变量、表达式）都必须借助于专门的符号函数指令定义。

MATLAB提供的两个建立符号对象的函数指令为sym和syms。这两个函数的用法不同。sym函数用来建立单个符号量，并且一次只能定义一个符号变量；而syms一次可以定义多个符号变量。sym、syms常用的调用格式为：

（1）f＝sym（arg）（把数字、字符串或表达式arg定义为符号对象f）。

（2）f＝sym（argn，flagn）（把数值或数值表达式argn定义为flagn格式的符号对象）。

（3）argv＝syms（'argv1'，flagv）（按 flagv 指定的要求把字符串'argv'定义为符号对象 argv）。

（4）syms（'argv1'，'argv2'，…，'argvk'，flagv）。（把字符'argv1'，'argv2'，…，'argvk' 定义为基本符号对象）。

syms argv1 argv2…argvk，flagv 为上诉格式的简洁形式。

当 f＝sym（argn，flagn）中的 argn 是数值表达式时，flagn 可以取为以下 4 种格式。

（1）'d'：用最接近的十进制数格式表示符号量。

（2）'e'：用最接近的带有误差的有理数格式表示符号量。

（3）'f'：用最接近的浮点格式表示符号量。

（4）'r'：用有理数格式（系统默认格式）表示符号量。

当 sym（'argv'，flagv）中的'argv'是字符时，flagn 可以取下列“限制性”选项。

（1）'positive'：限定 argv 为“正、实”符号变量。

（2）'real'：限定 argv 为“实”符号变量。

（3）'unreal'：限定 argv 为“非实”符号变量。

如果不限制，则 flagv 可以省略。

syms（'argv1'，'argv2'，…，'argvk'，flagv）中的 flagv 与 sym（'argv'，flagv）中的一致。

sym、syms 的最后一种调用格式中简洁形式的各符号变量名之间只能用空格分隔。

sym 和 syms 指令也可以创建符号数组。

［**例 3-1**］ 在 MATLAB 中，创建数值常量和符号常量。

解

```
>>a1 = 2 * sqrt(5) + pi                           % 创建数值常量
a1 =
7.6137
>>a2 = sym('2 * sqrt(5) + pi')                    % 创建符号常量
a2 =
pi + 2 * 5^(1/2)
>>a3 = sym(2 * sqrt(5) + pi)                      % 按最接近的有理数型表示符号常量
a3 =
2143074082783949/281474976710656
>>a4 = sym(2 * sqrt(5) + pi,'d')                  % 按最接近的十进制浮点数表示符号常量
a4 =
7.6137286085893727261009189533070
>>a31 = a3 - a1                                   % 数值常量和符号常量的计算
a31 =
0
>>a5 = '2 * sqrt(5) + pi'                         % 字符串常量
a5 =
2 * sqrt(5) + pi
```

［**例 3-2**］ 在 MATLAB 中，创建符号变量，用参数设置其特性。

解

```
>>syms x y real                          %创建实数符号变量
>>z = x + i * y;                         %创建 z 为复数符号变量
>>real(z)                                %复数 z 的实部是实数 x
ans = x
>> syms x y                              %重新设置符号变量,不限制其为实数
>z1 = x + i * y;                         %计算 z1
>>real(z1)                               %求复数 z1 的实部
ans = real(x) - imag(y)
```

3.1.2　符号表达式的建立

含有符号对象的表达式称为符号表达式。建立符号表达式常用有以下 2 种方法。

（1）用 sym 函数建立符号表达式。例如：

```
U = sym('3 * x^2 - 5 * y + 2 * x * y + 6')
U =
3 * x^2 - 5 * y + 2 * x * y + 6
```

该命令建立符号表达式 $3x^2-5y+2xy+6$，此时不需要定义变量 x、y。

（2）使用已经定义的符号变量组成符号表达式。例如：

```
syms x y;
V = 3 * x^2 - 5 * y + 2 * x * y + 6
ans =
3 * x^2 - 5 * y + 2 * x * y + 6
```

3.2　基　本　运　算

在求解一般的数学问题时，用符号函数的方法比数值方法更加有效。MATLAB 工具箱中提供了很多符号函数用来求解各类数学问题。

3.2.1　求极限

极限是微积分学的基础，因此，在介绍微积分之前先介绍极限的求解方法。极限的定义为

$$f'(x)=\lim_{h\to 0}\frac{f(x+h)-f(x)}{h}$$

在 MATLAB 中求函数极限的函数是 limit，可用来求函数在指定点的极限值和左右极限。对于极限值为“没有定义”的极限，MATLAB 给出的结果为 NaN，极限值为无穷大时，MATLAB 给出的结果为 inf。limit 函数的调用格式如下：

（1）limit(F，x，a)：求当 x 趋近于 a 时表达式 F 的极限。

（2）limit(F，a)：求当 F 中的自变量趋近于 a 时 F 的极限，自变量由 symvar 函数查看。

（3）limit(F)：求当 F 中的自变量趋近于 0 时 F 的极限，自变量由 symvar 函数查看。

（4）limit(F，x，a，'right')：求当 x 从右侧趋近于 a 时 F 的极限。

(5) limit(F, x, a, 'left')：求当 x 从左侧趋近于 a 时 F 的极限。

[例3-3] 请在MATLAB中用符号表达式求极限。

解

```
>>syms h n x                              %定义符号
>>limit ((cos(x+h)-cos(x))/h,h,0)         %求cos导数表达式极限
ans =
-sin(x)
>>limit((1+x/n)^n,n,inf)                  %求e表达式极限
ans =
exp(x)
```

[例3-4] 请用MATLAB分别求 $1/x$ 在0处从两边趋近、从左侧趋近和从右边趋近的3个极限。

解

```
>>f = sym('1/x')
f =
1/x
>>limit(f)                                %对x求趋近于0的极限
ans =
NaN
>>limit(f,'x',0)                          %对x求趋近于0的极限
ans =
NaN
>>limit(f,'x',0,'left')                   %左趋近于0
ans =
-inf
>> limit(f,'x',0,'right')                 %右趋近于0
ans =
inf
```

3.2.2 微积分

1. 微分函数

在符号数学工具箱中，表达式的微分由函数diff实现，其调用格式如下。

(1) diff(f)：求 f 对自由变量的一阶微分。

(2) diff(f, t)：求 f 对符号变量的一阶微分。

(3) diff(f, n)：求 f 对自由变量的 n 阶微分。

(4) diff(f, t, n)：求 f 对符号变量 t 的 n 阶微分。

[例3-5] 已知 $f(x)=ax^2+bx+c$，请用MATLAB求 $f(x)$ 的微分。

解

```
>>f = sym('a*x^2+b*x+c')
f =
a*x^2+b*x+c
```

```
>>diff(f)                        %对默认自由变量x求一阶微分
ans =
2*a*x+b
>>diff(f,'a')                    %对符号变量a求一阶微分
ans =
x^2
>>diff(f,'x',2)                  %对符号变量x求二阶微分
ans =
2*a
>>diff(f,3)                      %对默认自由变量x求三阶微分
ans =
0
```

2. 积分函数

积分分为定积分和不定积分。运用函数int可以求得符号表达式的积分，即找出一个符号表达式F，使得diff(F)=f，也可以说是求微分的逆运算，其格式如下。

（1）int(f，'t')：求符号变量t的不定积分。

（2）int(f，'t'，a，b)：求符号变量t的积分。

（3）int(f，'t'，'m'，'n')：求符号变量t的积分。

说明：函数中，t为符号变量，若t省略则为默认自由变量；a和b为数值，[a，b]为积分区间；m和n为符号对象，[m，n]为积分区域。

函数的积分有时可能不存在，即使存在，也有可能由于限于很多条件，MATLAB无法顺利得出。当MATLAB不能找到积分时，将给出警告并返回该函数的原表达式。

[例3-6]　请用MATLAB求$\int \cos(x)$和$\iint \cos(x)$的积分。

解

```
>>f = sym('cos(x)');
>>int(f)                         %求不定积分
ans =
sin(x)
>>int(f,0,pi/3)                  %求定积分
ans =
1/2 * 3^(1/2)
>>int(f,'a','b')                 %求定积分
ans =
sin(b) - sin(a)
>>int(int(f))                    %求多重积分
ans =
- cos(x)
```

diff和int命令也可以直接对字符串f进行运算。

```
>>f = 'cos(x)';
```

则微积分计算的结果是一样的。

3.2.3 方程求解

1. 代数方程

代数方程是指未涉及微积分运算的方程，相对比较简单。通常，代数方程包括线性方程、非线性方程和超越方程。当方程不存在解析解又无其他自由参数时，MATLAB可以用slove命令给出方程的数值解。其调用格式如下。

（1）slove(s)：求解符号表达式 *eq* 的代数方程，求解变量为默认变量。

（2）slove('eq，'v')：求解符号表达式 *eq* 的代数方程，求解变量为 *v*。

（3）slove('eq1'，'eq2'，'v1'，'v2'，…)：求解符号表达式 *eq*1、*eq*2、…、*eqn* 组成的代数方程组，求解变量分别为 *v*1、*v*2、…、*vn*。

说明：slove命令中，eq可以是含等号的符号表达式的方程，也可以是不含等号的符号表达式，但所指的仍是令 eq=0 的方程；若参数 v 省略，则默认为方程中的自由变量；输出结果为结构数组类型。

［例3-7］ 请用MATLAB求方程 $ax^2+bx+c=0$ 和 $\sin x=0$ 的解。

解

```
>>f1 = sym('a * x^2 + b * x + c')                 % 无等号
f1 =
a * x^2 + b * x + c
>>solve(f1)                                       % 求方程的解 x
ans =
-(b + (b^2 - 4 * a * c)^(1/2)/(2 * a)
-(b + (b^2 - 4 * a * c)^(1/2)/(2 * a)
>>f2 = sym('sin(x)')
f2 =
sin(x)
>>solve(f2,'x')
ans =
0
```

当 sinx=0 有多个解时，只能得出零附近的有限几个解。

［例3-8］ 请用MATLAB求三元线性方程组 $\begin{cases}x^2+2x+1=0\\x+3z=4\\yz=-1\end{cases}$ 的解。

解

```
>>eq1 = sym('x^2 + 2 * x + 1');
>>eq2 = sym('x + 3 * z = 4');
>>eq3 = sym('y * z = - 1');
>>[x,y,z] = solve(eq1,eq2,eq3)                    % 解方程组并赋值给 x、y、z
x =
-1
```

```
y =
 - 3/5
z =
5/3
```

2. 常微分方程

在 MATLAB 中，用大写字母 D 表示导数。例如，Dy 表示 y'，D^2y 表示的是 y''，Dy(0)＝5 表示 $y'(0)=5$，$D^3y+D^2y+Dy-x+5=0$ 表示的微分方程是 $y'''+y''+y'-x+5=0$。符号常微分方程求解可以通过函数 dsolve 来实现，其调用格式如下。

（1）dsolve('eq'，'con'，'v')：求解微分方程。

（2）dsolve('eq1，eq2，…'，'con1，con2，…'，'v1，v2，…')：求解微分方程组。

说明：dsolve 命令中，'eq'为微分方程；'con'是微分初始条件，可省略；'v'为指定自由变量，若省略则默认为 x 或 t 为自由变量。

（1）当 y 是因变量时，微分方程'eq'的表述规定为：

1）y 的一阶导数 $\frac{dy}{dx}$ 或 $\frac{dy}{dt}$ 表示为 Dy。

2）y 的 n 阶导数 $\frac{d^ny}{dx^n}$ 或 $\frac{d^ny}{dt^n}$ 表示为 D^ny。

（2）微分初始条件'con'应写成 $y'(a)=b$，$Dy(c)=d$'的格式；当初始条件少于微分方程数时，在所得解中将出现任意常数符 $C1$、$C2$、…，解中任意常数符的数目等于所缺少的初始条件数。

［例 3-9］ 用 MATLAB 求微分方程 $x\frac{d^2y}{dx^2}-3\frac{dy}{dx}=x^2$，$y(1)=0$，$y(0)=0$ 的解。

解

```
>>y = dsolve('x * D2y - 3 * Dy = x^2','x')                    % 求方程通解
y =
C3 * x^43x^3/3 + C2
>>y = dsolve('x * D2y - 3 * Dy = x^2','y(1) = 0,y(0) = 0','x')      % 求方程特解
y =
x^4/3 - x^3/3
```

［例 3-10］ 用 MATLAB 求微分方程组 $\frac{dy}{dt}=y$，$\frac{dy}{dt}=-x$ 的解。

解

```
>>[x,y] = dsolve('Dx = y,Dy = - x')
x =
C2 * cos(t) + C1 * sin(t)
y =
C1 * cos(t) - C2 * sin(t)
```

默认的自由变量是 t，C1，C2 为任意常数，程序也可指定自由变量，结果相同。

```
[x,y] = dsolve('Dx = y,Dy = - x','t')
```

3.2.4 符号积分变换

积分变换是通过积分运算把一个函数 f（原函数）变成另外一个函数 F（像函数），变换过程为

$$F(t)=\int_a^b f(x)K(x,t)\mathrm{d}x$$

其中二元函数 $K(x, t)$ 称为变换的核，变换的核决定了变换的不同名称。在一定条件下，像函数 $F(x)$ 和原函数 $f(x)$ 之间是一一对应的，可以相互转化。积分变换的一项基本应用是求解微分方程，求解过程是基于这样一种想法：假如不容易从原方程直接求得解 f，则对原方程进行变换，如果从变换以后的方程中求得解 F，则对 F 进行逆变换，即可求得原方程的解 f。当然，在选择变换的核时，应使得变换以后的方程比原方程容易求解。

常见的积分变换有傅里叶变换、拉普拉斯变换和 Z 变换。

1. 傅里叶变换

当积分变换的核 $K(x, t)=\mathrm{e}^{-\mathrm{i}tx}$（其中 i 为虚数单位）时，称积分变换为傅里叶变换，有

$$F(t)=\int_{-\infty}^{+\infty} f(x)\mathrm{e}^{-\mathrm{i}tx}\mathrm{d}x$$

其逆变换为

$$f(x)=\frac{1}{2\pi}\int_{-\infty}^{+\infty} F(t)\mathrm{e}^{\mathrm{i}xt}\mathrm{d}t$$

傅里叶变换和逆变换可以利用积分函数 int 实现，同时也可以直接使用 fourier 或 ifourier 函数实现，函数表示如下。

（1）fourier(f，x，t)：求函数 $f(x)$ 的傅里叶像函数 $F(t)$。

（2）ifourier(F，t，xt)：求傅里叶像函数 $F(t)$ 的原函数 $f(x)$。

［**例 3-11**］ 在 MATLAB 中计算 $f(t)=\dfrac{1}{t}$的傅里叶变换 F 及 F 的傅里叶逆变换。

解

```
>>syms t w
>>F = fourier(1/t,t,w)                    % Fourier 变换
F =
- pi * sign(w) * 1i
>>f = ifourier(F,t)                       % Fourier 逆变换
f =
1/t
>>f = ifourier(F)                         % Fourier 逆变默认 x 为自变量
f =
1/x
```

2. 拉普拉斯（Laplace）变换

拉普拉斯变换在微分方程、信号分析及自动控制方面有广泛的应用。当积分变换的核为 $K(x, t)=\mathrm{e}^{-tx}$时，称积分变换为拉普拉斯变换，有

$$F(t)=\int_0^{+\infty} f(x)\mathrm{e}^{-xt}\mathrm{d}x$$

其逆变换为

$$f(x)=\int_{0}^{+\infty}F(t)\mathrm{e}^{xt}\,\mathrm{d}t$$

与傅里叶变换相同，拉普拉斯变换和逆变换也可以利用积分函数 int 实现。在 MATLAB 中，也可以利用以下函数进行变换。

（1）laplace(fx，t，x)：求函数 $f(x)$ 的拉普拉斯像函数 $F(t)$。

（2）ilaplace(Fw，t，x)：求拉普拉斯像函数 $F(t)$ 的原函数 $f(x)$。

［**例 3 - 12**］　在 MATLAB 中，计算 $y=x^3$ 的拉普拉斯变换及其逆变换。

解

```
syms x t;
y = x^3;
Ft = laplace(y,x,t)                %对函数 y 进行拉普拉斯变换
Ft =
6/t^4
fx = ilaplace(Ft,t,x)              %对函数 Ft 进行拉普拉斯逆变换
fx =
x^3
```

3. Z 变换

当函数 $f(x)$ 呈现为一个离散的数列 $f(n)$ 时，称变换为 Z 变换

$$F(z)=\sum_{n=0}^{+\infty}f(n)\mathrm{e}^{-n}$$

其逆变换为

$$f(n)=\frac{1}{2\pi\mathrm{i}}\oint_{\Gamma}F(z)z^{n-1}\mathrm{d}z$$

对数列 $f(n)$ 进行 Z 变换的 MATLAB 函数如下。

（1）ztrans(fn，n，z)：求 fn 的 Z 变换像函数 $F(z)$。

（2）iztrans(Fz，z，n)：求 Fz 的 Z 变换原函数 $f(n)$。

［**例 3 - 13**］　请用 MATLAB 求数列 $f(n)=\mathrm{e}^{-2n}$ 的 Z 变换及其逆变换。

解

```
syms n z
fn = exp( - 2 * n);
Fz = ztrans(fn,n,z)                %求 fn 的 Z 变换
Fz =
z/exp( - 2)/(z/exp( - 2) - 1)
f = iztrans(Fz,z,n)                %求 Fz 的 Z 逆变换
f =
exp( - 2)^n
```

3.3　符号可变精度计算

数值计算受计算机字长的限制，每次数值操作都可能带有截断误差，因此任何一次数值

计算不管采用什么算法都可能产生累积误差。在MATLAB中，符号计算结果是绝对准确的，不包含任何计算误差。本节介绍与数值精度计算有关的内容。

[例3-14] 计算误差实例。

```
>>a=0
>>for n=1:100000
    a=a+0.1;
end
>>format long                    %以 long 型显示结果
>>a
a=
1.000000000001885e+004
```

在本例中，因为截断误差的存在，100000个0.1相加并不等于10000。需要指出的是：这个误差是由计算机本身二进制的设计模式造成的，并不是MATLAB软件造成的。

在MATLAB的符号运算工具箱中，提供了如下3种不同类型的运算方式。

(1) 数值类型：MATLAB浮点数计算。

(2) 有理数类型：MuPAD软件中的精确符号计算。

(3) VPA类型：MuPAD软件中的任意精度计算。

这3种不同的运算方式各有利弊，需要在使用的过程中根据计算精度、消耗时间和占用内存等方面的要求来选择。

[例3-15] MATLAB中3种运算方式的区别示例。

解

```
>>format long
>>1/2+1/3                        %数值计算
ans=
0.833333333333333
另外,还可以使用符号工具箱中的函数进行计算。
>>sym(1/2)+1/3                   %精确符号计算
ans=
5/6
>>digits(25)                     %设置计算精度
>>vpa('1/2+1/3')                 %以指定的精度进行计算
ans=
0.8333333333333333333333333
```

本例中，浮点数值计算是3种运算方式中计算速度最快的一种，并且需要的内存最少，但是计算的结果并不准确。MATLAB显示double型计算结果的格式是由format函数确定的，但是在后台的计算过程中总是由8字节浮点表示法进行计算。

MATLAB提供有digits和vpa两个函数来实现任意精度的符号运算。两个函数的调用语法如下。

（1）digits(D)：用于设置数值计算的精度为D位，其中D为一个整数。

（2）D=digits：返回当前设定的数值精度，返回值D是一个整数。

（3）R=vap(s)：用于显示符号表达式s在当前精度值下的值。当前精度可以使用digits函数进行设置或查看。

（4）vpa(s，D)：用于显示符号表达式s在精度D下的值，这里的D可以不是当前精度值，而是临时使用digits函数设置的D位精度。

［例3-16］ MATLAB中符号可变精度计算示例。

解

```
>>digits                              %现实默认符号计算精度
Digits = 32
>>p0 = ('(1 + sqrt(5))/2');           %'(1 + sqrt(5))/2'精确值
>>p1 = (1 + sqrt(5) /2)               %1 + sqrt(5) /2 数值计算值
p1 =
7286977268806824 * 2^( - 52)
>>e01 = vpa(abs(p0 - p1))             %查看精确值与数值计算值之间的误差
e01 =
0.0000000000000000543211520368250588370066858837071
>>p2 = vpa(p0)                        %在32位精度下的p0值
p2 =
1.6180339887498948482045868343656
>>e02 = vpa(abs(p0 - p2),40)          %在40位精度下查看误差
e02 =
- 0.00000000000000000000000000000000000000001778346854777788959928263911992190539077
>>digits                              %验证vpa运算对默认计算精度的影响
Digits = 32
```

3.4 符号表达式的运算

1. 符号表达式的四则运算

符号表达式的四则运算和其他表达式的运算并无不同，但要注意，其运算结果依然是一个符号表达式。符号表达式的加、减、乘、除运算可分别由symadd、symsub、symmul和symdiv函数来实现，幂运算可以由sympow来实现。例如：

```
f = '2 * x^2 + 3 * x - 5'             %定义符号表达式
f =
2 * x^2 + 3 * x - 5
g = 'x^2 - x + 7'
g =
```

```
x^2-x+7
symadd(t,g)                          %求 f+g
ans =
3*x^2+2*x+2
symsub(f,g)                          %求 f-g
ans = x^2+4*x-12
symmul(f,g)                          %求 f*g
ans =
(2*x^2+3*x-5)*(x^2-x+7)
symdiv(f,g)                          %求 f/g
ans =
(2*x^2+3*x-5)*(x^2-x+7)
sympow(f,'3*x')                      %求 f^(3x)
ans =
(2*x^2+3*x-5)*(3*x)
```

另外，与数值运算一样，也可以用“+、-、*、/、^”运算符实现符号运算。符号表达式四则运算示例如下。

```
syms x y z;
(1)f = 2*x+x^2*x-5*x+x^3+exp(2)
   f =
   -3*x+2*x^3+4159668786720471/562949953421312
(2)f = 2*x/(5*x)
   f =
   2/5
(3)f = (x*x-y*y)/(x-y)
   f =
   (x^2-y^2)/(x-y)
```

有时，MATLAB并未将结果化为最简形式。例如，上述符号表达式四则运算示例（3）中符号表达式的结果不是$x+y$，而是$(x^2-y^2)/(x-y)$。

2. 符号表达式的提取分子和分母运算

如果符号表达式是一个有理分式或可以展开为有理分式，可利用numden函数来提取符号表达式中的分子或分母。其一般调用格式为：

```
[n,d] = numden(s)
```

该函数提取符号表达式s的分子和分母，分别将它们存放在n与d中。例如：

```
a = sym(0.333)
a =
333/1000
[n,d] = numden(a)
n =
333
```

```
d = 1000
f = sym('a * x^2/(b + x)')
f = a * x^2/(b + x)
[n,d] = numden(f)
n =
a * x^2
d =
b = x
```

numden 函数在提取各部分之前，将符号表达式有理化后，返回所得的分子和分母。例如：

```
g = sym(' (x^2 + 3)/(2 * x - 1) + 3 * x/(x - 1)')
g =
(x^2 + 3)/(2 * x - 1) + 3 * x/(x - 1)
[n,d] = numden(g)
n =
x^3 + 5 * x^2 - 3
d =
(2 * x - 1) * (x - 1)
```

3. 符号表达式的因式分解与展开

MATLAB 提供了符号表达式的因式分解与展开的函数，函数的调用格式如下。

（1）factor(s)：对符号表达式 s 分解因式。

（2）expand(s)：对符号表达式 s 进行展开。

（3）collect(s)：对符号表达式 s 合并同类项。

（4）collect(s，v)：对符号表达式 s 按变量 v 合并同类项。

例如：

```
syms a b x y;
A = a^3 - b^3;
factor(A)
ans =
(a - b) * (a^2 + a * b + b^2)
s = ( - 7 * x^2 - 8 * y^2) * ( - x^2 + 3 * y^2);
expand(s)
ans =
7 * x^4 - 13 * x^2 * y^2 - 24 * y^4
collect(s,x)
ans =
7 * x^4 - 13 * x^2 * y^2 - 24 * y^4
factor(sym('420'))
ans (2)^2 * (3) * (5) * (7)
```

4. 符号表达式的化简

MATLAB 提供的对符号表达式化简的函数如下。

（1）simplify（s）：应用函数规则对 s 进行化简。

（2）simple（s）：调用 MATLAB 的其他函数对表达式进行综合化简，并显示化简过程。

例如：

```
syms x y a
s = log(2 * x/y);
simplify(s)
ans =
log(2) + log(x/y)
s = ( - a^2 + 1)/(1 - a);
simplify(s)
ans =
a + 1
```

函数 simple 试用了几种不同的化简工具，然后选择在结果表达式中含有最少字符的那种形式。例如表达式 $\cos(x)+\sqrt{-\sin^2 x}$ 的化简过程如下。

```
syms x
s = cos(x) + sqrt( - sin(x)^2)
s =
cos(x) + ( - sin(x)^2)^(1/2)
simple(s)                    % 自动调用多种函数对 s 进行化简,并显示每步结果,以下是化简过程
simplify:
cos(x) + ( - sin(x)^2)^(1/2)
radsimp:
cos(x) + i * sin(x)
combine(trig):
cos(x) + 1/2 * ( - 2 + 2 * cos(2 * x))^(1/2)
factor:
cos(x) + ( - sin(x)^2)^(1/2)
expand:
cos(x) + ( - sin(x)^2)^(1/2)
combine:
cos(x) + 1/2 * ( - 2 + 2 * cos(2 * x))^(1/2)
convert(exp):
1/2 * exp(i * x) + 1/2exp(i * x) + 1/4 * 4^(1/2) * ((exp(i * x) - 1/exp(i * x))^2)^(1/2)
convert(sincos):
cos(x) + ( - sin(x)^2)^(1/2)
convert(tan):
(1 - tan(1/2 * x)^2)/(1 + tan(1/2 * x)^2) + ( - 4 * tan(1/2 * x)^2/(1 + tan(1/2 * x)^2)^2)^(1/2)
collect(x):
cos(x) + ( - sin(x)^2)^(1/2)
ans =
cos(x) + i * sin(x)
```

3.5　符号与数值格式转换

有时符号运算的目的是得到精确的数值解，这样就需要对得到的解析解进行数值转换。在 MATLAB 中这样转换主要由两个函数实现，即 digits 和 vpa。而这两个函数在实际中经常同变量替换函数 subs 配合使用。另外，在 MATLAB 旧版本中的数值转换函数 numeric 仍然有效。

（1）Digits 函数，它的调用格式如下。

```
digits(D)                  %函数设置有效数字个数为D的近似解精度
```

（2）vpa 函数，它的调用格式如下。

```
R = vpa(S)                 %符号表达式S在digits函数设置下的精度的数值解
vpa(S,D)                   %符号表达式S在digits函数设置下的数值解
```

（3）sub 函数，它的主要调用格式如下。

```
sub(S,OLD,NEW)             %将符号表达式中的OLD变量替换为NEW变量
```

（4）numeric 函数，它的调用格式如下。

```
n = numeric(S)             %将不含自由变量的符号表达式转换为数值形式
```

［例 3-17］　请用 MATLAB 求方程 $3x^2-e^x=0$ 的精确解和各种精度的近似解。

解

```
>>s = solve('3 * x^2 - exp(x) = 0')
s =
[ - 2 * lambertw( - 1/6 * 3^(1/2))]
[ - 2 * lambertw( - 1, - 1/6 * 3^(1/2))]
[ - 2 * lambertw(1/6 * 3^(1/2))]
>>vpa(s)
ans =
[.91000757248870906065733829575944]
[3.7330790286328142006199540298434]
[ - .45896226753694851459857243243408]
>>vap(s,6)
ans =
[.910008]
[3.73308]
[ - .458962]
```

［例 3-18］　设函数为 $f(x)=x-\cos(x)$，请用 MATLAB 求此函数在 $x=\pi$ 点的值的各种精度的数值近似形式。

解

```
>>syms x                              %定义函数
>>f = x - cos(x)
```

```
f =
x - cos(x)
>>f1 = subs(f,x,'pi')              %字符替代
f1 =
pi + 1
>>vpa(f1)
ans =
4.14159265358979323846264З
>>double(f1)
ans =
4.1416
```

3.6 应 用 举 例

［例 3 - 19］ 对符号表达式 $f=\sin x$，$g=\frac{y}{e^{-2t}}$进行操作。

解

（1）创建符号表达式 f、g，使用 syms 命令创建 f、g。

```
>>syms x y t
>>f = sym(sin(x))
f =
sin(x)
>>g = sym(y/exp( - 2 * t))
g = y/exp( - 2 * t)
```

（2）符号微积分和极限。

1）对 f 和 g 用 diff 求微分，有

```
>>diff(f)
ans =
cos(x)
>>diff(g)
ans =
exp(2 * t)
>>diff(g,'t')
ans =
2 * y * exp(2 * t)
```

2）用 limit 也可以求微分，有

```
>>sym t x
>>limit ((sin(x + t) - sin(x)/t,t,0)
ans =
cos(x)
```

3）对 f 和 g 用 int 求积分，有

```
>>int(f)
ans =
 - cos(x)
>>int(g)
ans =
1/2 * y^2/exp( - 2 * t)
>>int(g,'t')
ans =
(y^2/exp( - 2 * t))/2
>>int(g,'t',0,10)
ans =
(y * (exp(20) - 1))/2
```

[例 3 - 20]　请用 MATLAB 对符号表达式 $f=x^2+3x+2$ 和 $g=x^3-1$ 进行运算化简。

解

（1）符号表达式的代数运算。

```
>>f = sym('x^2 + 3 * x + 2')
f =
>>g = sym('x^3 - 1')
g =
x^3 - 1
>>f + g
ans =
x^2 + 3 * x + 1 + x * 3
>>f~ = g                                  %判断 f 与 g 不等
ans =
1
```

（2）符号表达式化简。

```
>>pretty(f)
                    2
                   x + 3x + 2
f1 = horner(f)
f1 =
x * (x + 3) + 2
>>f2 = factor(f1)
f2 =
(x + 2) * (x + 1)
>>simple(g)
simplify:
x^3 - 1
radsimp:
```

```
x^3 - 1
combine(trip):
x^3 - 1
factor:
(x - 1) * (x^2 + x + 1)
expand:
x^3 - 1
combine:
x^3 - 1
convert(exp):
x^3 - 1
convert(sincos):
x^3 - 1
convert(tan):
x^3 - 1
collect(x):
x^3 - 1
ans =
x^3 - 1
```

[例3-21] 在MATLAB中，对方程组$\begin{cases}2x_1-3x_2+2x_4=8\\x_1+5x_2+2x_3+x_4=2\\3x_1-x_2+x_3-x_4=7\\4x_1+x_2+2x_3+2x_4=12\end{cases}$进行求解。

解

```
>>eq1 = sym('2 * x1 - 3 * x2 + 2 * x4 = 8')
eq1 =
2 * x1 - 3 * x2 + 2 * x4 - 8
>>eq2 = sym('x1 + 5 * x2 + 2 * x3 + x4 = 2')
>>eq3 = sym('3 * x1 - x2 + x3 + 2 * x4 = 7')
>>eq4 = sym('4 * x1 + x2 + 2 * x3 + 2 * x4 = 12')
>>[x1,x2,x3,x4] = solve(eq1,eq2,eq3,eq4)
x1 =
3
x2 =
0
x3 =
 - 1
x4 =
1
```

[例3-22] 在MATLAB中，对符号微分方程$\begin{cases}\dfrac{\mathrm{d}y}{\mathrm{d}x}-z=\cos x\\\dfrac{\mathrm{d}z}{\mathrm{d}x}+y=1\end{cases}$求解。

解

```
>>[y,z] = dsolve('Dy - z = cos(x),Dz + y = 1' ,'x')
y =
cos(x)^2 + sin(x)^2 + sin(x)^3/2 + C2 * cos(x) + (cos(x)^2 * sin(x))/2 + C1 * sin(x) + (x * cos(x))/2
z =
C1 * cos(x) - C2 * sin(x) - (x * sin(x))/2
```

练 习 题

(1) 创建符号表达式 $f=ax^3+bx^2+cx+d$。

(2) 执行 sym(pi/3)、sym(pi/3, 'd')、sym('pi/3') 语句，然后将 exp(2) 和 sin(0.3 * pi) 代替 pi/3，分别执行前面三个语句，并观察结果。

(3) 分别对矩阵 $\boldsymbol{A}$ 和 $\boldsymbol{B}$ 进行加、减、乘、除运算。

(4) 将 $f=\sin^2 x+\cos^2 x$ 用 simple 命令进行化简。

(5) 符号函数 $f=ax^3+by^2+cy+d$，分别对 x、y、c、d 进行微分，对 y 趋向于 1 求极限。并计算对 x 的二次、三次微分。

(6) 符号函数 $f=x^{(-y)}$，分别对 x 和 y 进行定积分和不定积分，对 y 的定积分区间为 (0, 1)。

(7) 求 $F(s)=\dfrac{2s^2+3s+3}{(s+1)(s+3)^3}$ 的分子和分母，并求出拉普拉斯逆变换。

(8) 求 $f(k)=k\mathrm{e}^{-kt}$ 的 Z 变换表达式。

(9) 解微分方程 $\dfrac{\mathrm{d}y}{\mathrm{d}x}+y\tan x=\cos x$ 的通解。

(10) 已知表达式 $f=x^3+3x^2-6x+5$，将其转换为多项式系数并将 f 中的 x 用 5、a 代替。

第4章 计算结果可视化

教学目标

掌握二维绘图、三维绘图以及特殊图形绘制，能够熟练编程将数据计算的结果以准确、完整的图形展示出来。

学习要求

用本书的例子，使用MATLAB帮助里的例子等熟悉绘图函数的使用流程和参数设置对图形效果的控制作用。

4.1 绘图函数功能概述

MATLAB的特点之一是能把数据结果转变成图形、图标，实现数据可视化。MATLAB的强大的绘图功能，提供了丰富的灵活、简单二维和三维图形函数，用户只需要给出一些基本参数就能得到所需图形。使用MATLAB绘图时，为了让计算数据的结果在图像展示中特点明晰，需要合理的选择图形表达方式，比如线面形式、图形颜色、线条类型、标记符号和文本等，结合使用坐标轴标注、图形曲线标注、标题标注，以及重要数据点标注等，让图像展示的数据特征更丰富、易读。

完成绘图后生成的典型程序，包括图形管理类函数，线面生成类函数，注释和特征类函数三部分，见表4-1。除了图形管理类函数，其余函数可以采用任意的顺序。而且，注释和特征类函数是可选择省略的。

表4-1　绘图函数分类

维度	图形管理类	线面生成类	注释和特征类
二维函数	figure subplot zoom hold	plotbar plotyy semilogx，semilogy，loglog quiver pie bar contour polar	xlabel ylabel text title legend box set grid axis，axis equal，axis off

续表

维度	图形管理类	线面生成类	注释和特征类
三维函数	view rotate	plot3 surf mesh contour3 bar3 pie3 contour3 quiver3	text3 zlabel colorbar colormap shading

表4-1列举的函数中，很多二维函数可以直接用于三维绘图编程，但是三维函数不能用于二维绘图编程中。

绘制一个典型的MATLAB图形，一般需要数据准备、设置当前绘图区、绘图并设置曲线属性、设置坐标轴属性、添加图形标注或文字注释、保存或导出图形6个流程，见表4-2。

表4-2　　MATLAB绘图典型流程

绘图流程	编程例句	注释
第一步，数据准备	x=0：0.1：10； y=sin（x）；	设置x、y为等长一维数组
第二步，设置当前绘图区（选择绘图窗口，并将图形定位）	myfig=figure（1）； subplot（2，1，1）；	创建新的图形窗口，并绘制2行1列个子图，当前绘图区为第1行1列
第三步，绘图并设置曲线属性（用函数绘图，并设置线形、颜色特性等）	plot（x，y，'—b'）	以x为横坐标y为纵坐标画曲线，线形为实线、蓝色
第四步，设置坐标轴属性	axis（［0 10 —2 5］） grid on	设置显示数值显示区域x在［0，10］，y在［—2，5］上
第五步，添加图形标注或文字注释	xlabel（'time'），ylabel（'year'）	x轴名称为'time'，y轴名称为'year'
第六部，保存或输出图形	saveas（gcf，'picname'，'jpg'）	保存当前图为'picname. jpg'

［例4-1］ 用MATLAB绘图函数在不同的作图区按要求分别画正弦函数和余弦函数。

解 把表4-2例句合并如下。

```
x = 0:0.1:10;
y = sin(x);
myfig = figure(1);
subplot(2,1,1);
plot(x,y,'- b')
subplot(2,1,2);
y = cos(x);
plot(x,y)
axis ([0 10 -2 5])
```

```
grid on
xlabel('time'),ylabel('year')
saveas(gcf,'picname','jpg')
```

该程序执行结果如图 4-1 所示。

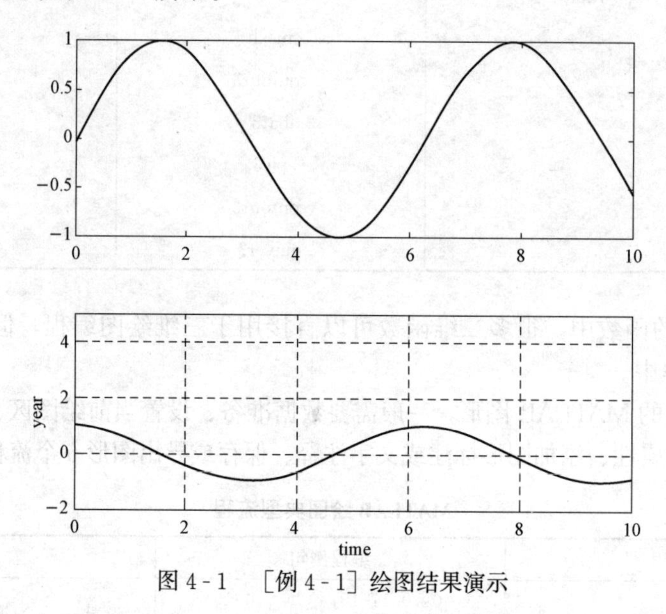

图 4-1 ［例 4-1］绘图结果演示

4.2 二 维 平 面 图

在 x-y 直角坐标系里，任何一条曲线都是由一组或多组（x，y）有序数对标注的点连线而成。在 MATLAB 绘图中，plot 函数是把这些点绘制出来的基本函数，其他绘图函数的语法结构与它类似，学生学习时应注意类比。

4.2.1 基本绘图函数

1. plot 函数

plot 函数有以下几种用法。

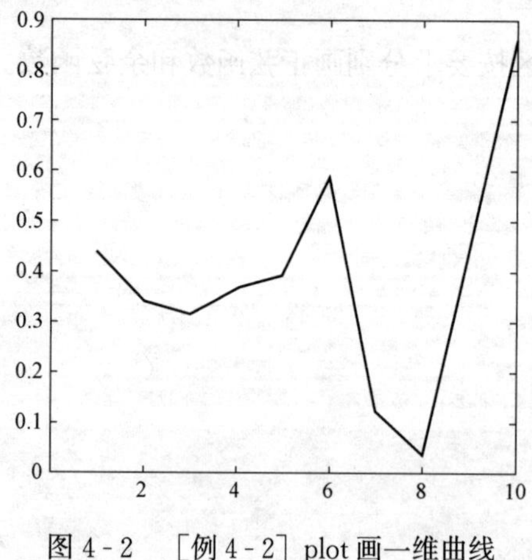

图 4-2 ［例 4-2］plot 画一维曲线

（1）plot(y)：如果 **y** 为实向量时，则绘制的曲线以向量的下标为横坐标，以向量元素的值为纵坐标；如果 **y** 为实数矩阵，则 **y** 的每个列向量代表一条曲线，这些曲线绘制到一个窗口中；若 **y** 为复数向量，则绘制的图形以复向量的实部向量为横坐标值，以虚部向量为纵坐标值。上述用法分别见［例 4-2］、［例 4-3］、［例 4-4］。

［例 4-2］ plot 函数用一维实向量绘图。

解

```
y = rand(1,10);        % 随机生成 10 个实数。
plot(y);               % 生成图像如图 4-2 所示。
```

［例 4-3］ plot 函数用 20×3 的矩阵数据绘图。

```
t = linspace(0,2 * pi,20);        % 生成 1×20 的数组
yy = [t;sin(t);cos(t)]';          % 20 行 3 列矩阵
plot(yy)                          % 生成图像如图 4-3 所示。
```

［例 4-4］ plot 函数用一维复向量绘图。

```
x = 0:0.1:2 * pi;
uu = exp(i * x);       % 生成复向量。
plot(uu)               % 画图如图 4-4 所示。
```

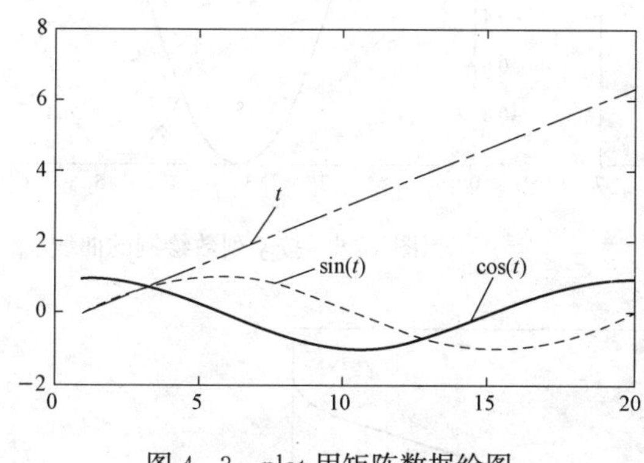

图 4-3 plot 用矩阵数据绘图

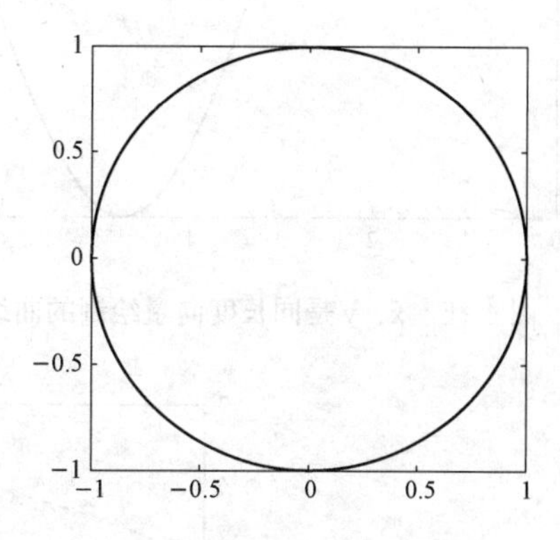

图 4-4 plot 用复数画曲线

(2) plot(x, y)：当 ***x***、***y*** 为等长向量时，MATLAB 分别以 ***x***、***y*** 为横、纵坐标绘制曲线。见［例 4-5］。

当 ***x*** 是向量，***y*** 是二维矩阵，其某维长度与 ***x*** 长度相同的矩阵时，MATLAB 绘制多个连续曲线，曲线个数等于 ***y*** 矩阵的另外一个维长度，曲线的颜色各不相同，曲线组的横坐标为 ***x*** 向量。见［例 4-6］。

当 ***x*** 是矩阵、***y*** 是向量时，情况与上一项相似，***y*** 是曲线组的纵坐标。见［例 4-7］。

［例 4-5］ ***x***、***y*** 为等长数组时，在 MATLAB 中绘制曲线 ***y***＝sin***x***。

```
x = linspace(0,2 * pi,100);        % x 为 0 到 2π 长度为 100 的等步长向量
y = sin(x);                        % y 生成与 x 等长的正弦曲线数组
plot(x,y)                          % 绘图见图 4-5 所示。
```

［例 4-6］ ***x*** 为向量，***y*** 为矩阵，***y*** 的列数与 ***x*** 相同，同时绘制 ***y*** 中各列与 ***x*** 对应关系形成函数的曲线。

```
x = linspace(0,2 * pi,100);        % x 为 0 到 2π 长度为 100 的等步长向量
y = [sin(x);cos(x)];               % y 是 2 维数组,列数与 x 等长
plot(x,y)                          % y 的每列数据绘一条曲线,绘图见图 4-6 所示。
```

［例 4-7］ ***x*** 是矩阵，***y*** 是行向量，它们列数相同时，试同时绘制 ***x***＝sin***y*** 和 ***x***＝cos***y*** 曲线。

解

```
y = linspace(0,2 * pi,100);        % y 为 0 到 2π 长度为 100 的等步长行向量
```

```
x=[sin(y);cos(y)];               %x是2行100列的数组,其列数与y等长
plot(x,y)                        %曲线绘图见图4-7所示。
```

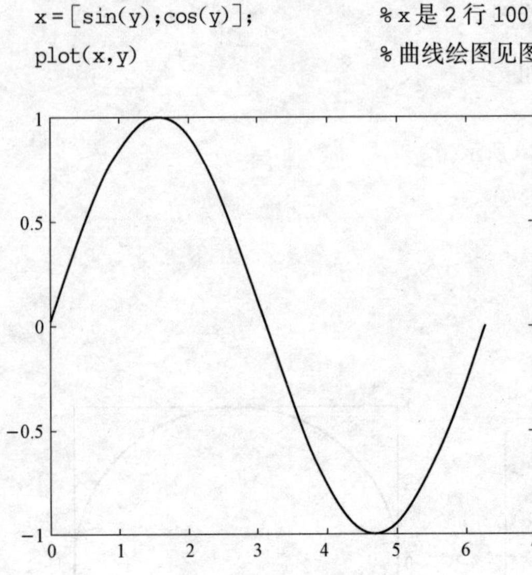

图 4-5 x、y是同长度向量绘制的曲线

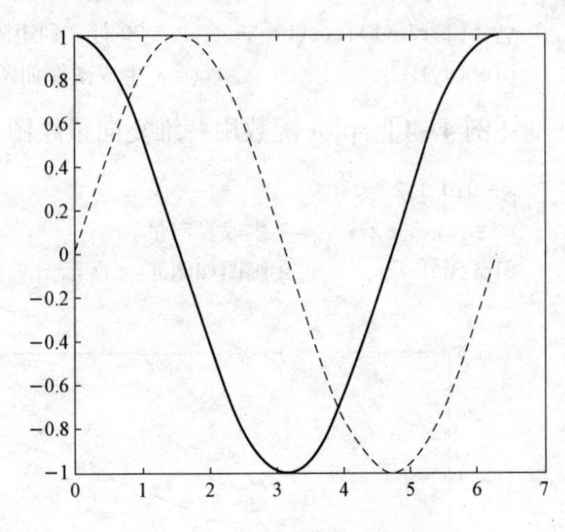

图 4-6 按y列数绘制的曲线

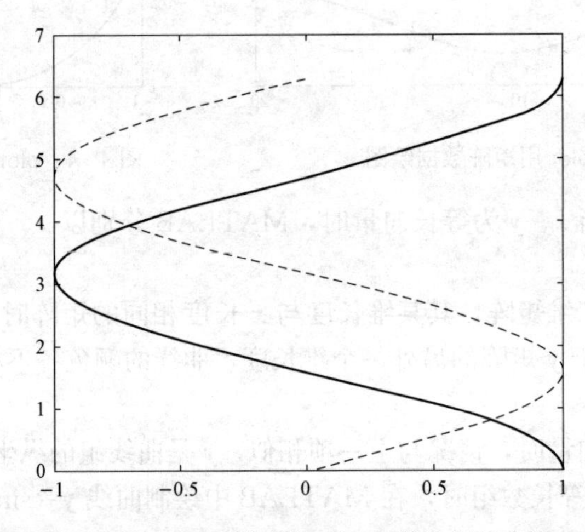

图 4-7 x、y列数相同 plot 函数绘制的曲线

（3）plot（x，y，'PropertyName'，PropertyValue，…）。其中，'PropertyName'表示图形的属性选项字符串，它的单引号要在半角方式下输入。PropertyValue 表示对应属性的选值。其说明见表 4-3。实例编程见［例 4-8］。

表 4-3　　线属性设置

PropertyName 可选项	选项及 PropertyValue 说明
LineStyle	线形，见表 4-4
LineWidth	指定线条的宽度（以点为单位）
Color	颜色，见表 4-4
MarkerType	标记点的形状，见表 4-4
MarkerSize	以点为单位指定标记的大小

续表

PropertyName 可选项	选项及 PropertyValue 说明
MarkerFaceColor	指定已标记的填充颜色
MarkerEdgeColor	指定填充标记（圆形、方形、菱形、五角星、六角形和四个三角形）的标记颜色或边缘颜色

［例 4-8］ 在 MATLAB 中绘制含有属性和属性值的二维曲线。

解

```
x = -2*pi:pi/10:2*pi;      % 设置等步长数组,步长为π/10 ,范围是[-2π,2π]
y = tan(sin(x)) - sin(tan(x));% 根据 x 值,生成的一维数组 y
% 对函数图形的线型的属性进行如下设置:
%'—rs':采用双划线,数据点型为方形,边界色为红色
%'LineWidth',2:设置线宽为 2 个点
%'MarkerEdgeColor','r':设置数据点型和边界为红色
%'MarkerFaceColor','g':设置数据点型的填充色为绿色
%'MarkerSize',10:设置数据点的宽度为 10 个点
plot(x,y,'—rs','LineWidth',2,'MarkerEdgeColor','r','MarkerFaceColor','g','MarkerSize',10);
```

生成图形如图 4-8 所示。

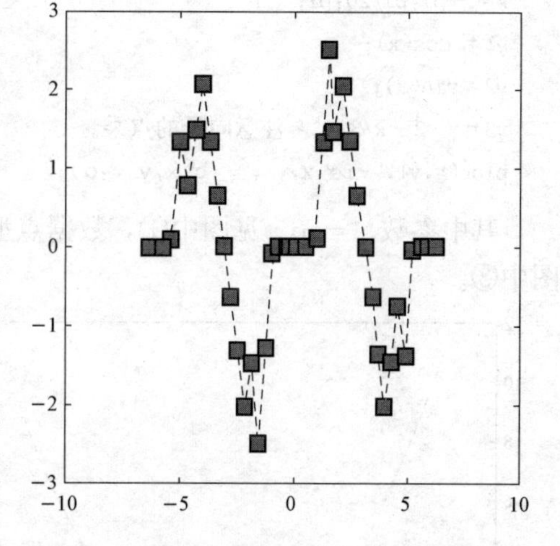

图 4-8　设置多属性 plot 绘制的二维曲线

（4）含有多个输入参数的 plot 函数：plot 函数包含多组的向量对，每对向量绘制一条曲线，其调用格式如下。

```
plot(x1,y1,x2,y2,…,xn,yn)
```

其中，“x1，y1”，“x2，y2”，…，“xn，yn”各组分别对应一条曲线。各组之间向量长度可以不相等。

（5）含有选项的 plot 函数：MATLAB 提供一些绘图选项，用于指定所绘制曲线的线形、颜色和数据点标记符号。这些选项中使用的符号见表 4-4，每一条曲线用一组描述符，其调用格式如下。

plot（x1，y1，选项 1，x2，y2，选项 2 …xn，yn，选项 n）

例如，选项 1 为‘b—.’，表示“x1，y1”对应的曲线为蓝色点划线。如果某选项省略，默认线形为实线，颜色将根据表 4-4 所示的颜色顺序的前 7 种，依次显示。

表 4-4　MATLAB 中线形描述字符

线形（LineStyle）		颜色（Color）		数据点标记类型（MarkerType）	
标记符号	意义	标记符号	意义	标记符号	意义
—	实线	b	蓝色	.	点
—.	点划线	g	绿色	o	圆圈
——	双划线	r	红色	x	叉号

续表

线形（LineStyle）		颜色（Color）		数据点标记类型（MarkerType）	
标记符号	意义	标记符号	意义	标记符号	意义
:	点线	c	青色	+	加号
		m	品红	*	星号
		y	黄色	s	方块符
		k	黑色	d	菱形符
		w	白色	p	五角星
				h	六角星
				v	向下三角
				^	向上三角
				<	向左三角
				>	向右三角

［**例 4 - 9**］ 用 plot 函数绘制多条曲线，并分别设置各曲线选项。

解

```
x = - pi:pi/20:pi;
y1 = cos(x);
y2 = sin(x);
y3 = x.^2 - x/3;   % 注意向量的点乘。
plot(x,y1,'- ro',x,y2,'- . b',x,y3,':g');
```

其中参数‘－ro’见图中①，数据点型采用圆圈图，参数‘－. b’见图中②，‘: g’见图中③。

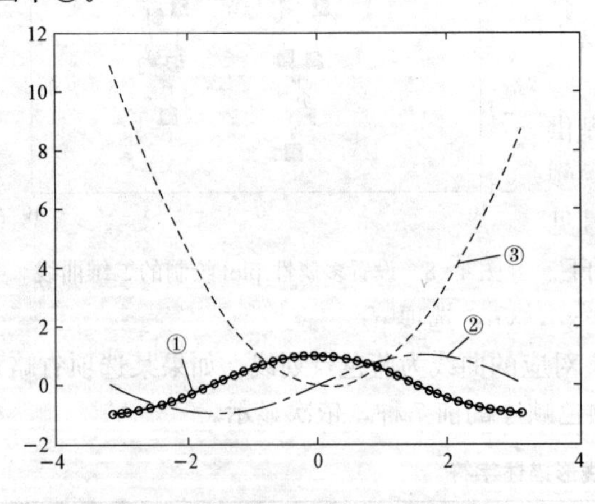

图 4 - 9 各曲线属性分别设置的绘图

生成图形如图 4 - 9 所示。

2. plotyy 函数

plotyy 函数用于绘制具有不同纵坐标标度的两个图形，调用格式如下。

```
plotyy(x1,y1,x2,y2)
```

其中 x1，y1 对应一条曲线，x2，y2 对应另一条曲线。横坐标的刻度相同，纵坐标有两个，左纵坐标用于 x1，y1 数据对，右纵坐标用于 x2，y2 数据对。该函数可以让 y 轴取值范围相差悬殊的 2 个曲线以相近的幅度画在一个 x - y 坐标系里。

［**例 4 - 10**］ 某电路电阻为 100Ω，电流 $I=0.1\sin(100\pi t)$，用 plotyy 绘制该电阻在［0，0.1］s 上的电压和功率波形。

解

```
t = 0:0.001:0.1;              % t 取向量值 0 到 0.1s,步长 0.001s。
```

```
I=0.1*sin(100*pi*t)    %按照t向量计算出I向量。
U=100*I;               %计算电压向量
P=I.*I*100;            %功率P=I*I*R,向量相乘,用点乘符号".*"。
plotyy(t,U,t,P)        %绘制双Y轴坐标图形,对应的函数曲线分别为t-U,t-P,如图4-10所示。
```

3. semilogx 函数、semilogy 函数、loglog 函数

semilogx 函数绘图形式跟 plot 函数图形相近，只是它对 x 轴取对数替代 plot 函数的 x 轴。同理，semilogy 函数是对 y 轴取对数替代 plot 函数的 y 轴。loglog 函数是对 x 轴、y 轴都取对数。

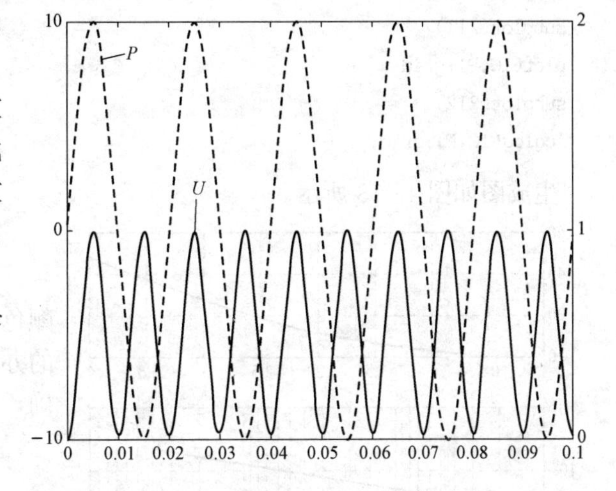

图 4-10 电阻上电压、功率波形

［**例 4-11**］ 请用 MATLAB 绘制 x 轴位对数刻度的曲线。

解

```
x = 0:.1:10;
semilogx(10.^x,x);
```

生成图形见图 4-11 所示。

［**例 4-12**］ 请用 MATLAB 绘制 y 轴位对数刻度的曲线。

解

```
x = 0:.1:10;
y = 2*x+3;
subplot(211);
plot(x,y);grid on
subplot(212);
semilogy(x,y);grid on
```

生成图形如图 4-12 所示。

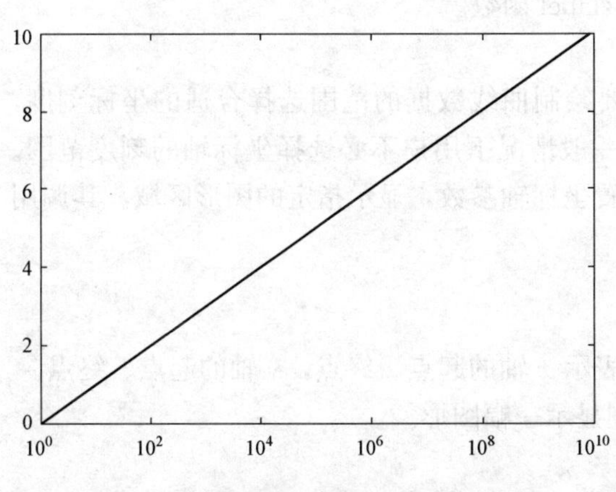

图 4-11 横轴为对数刻度的二维曲线

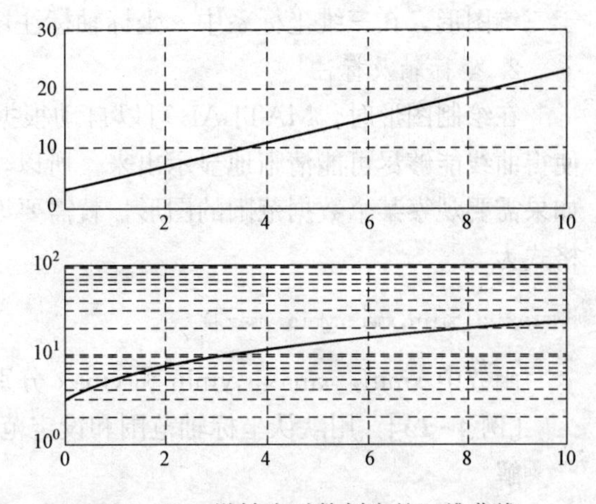

图 4-12 纵轴为对数刻度的二维曲线

［**例 4-13**］ 请用 MATLAB 绘制双轴对数刻度的曲线。

解

```
t= 0:.01:1;
IC=3*t.^2+t;
P=3*IC.^2;
subplot(211)
plot(IC,P);grid;
subplot(212)
loglog(IC,P);grid;
```

生成图如图4-13所示。

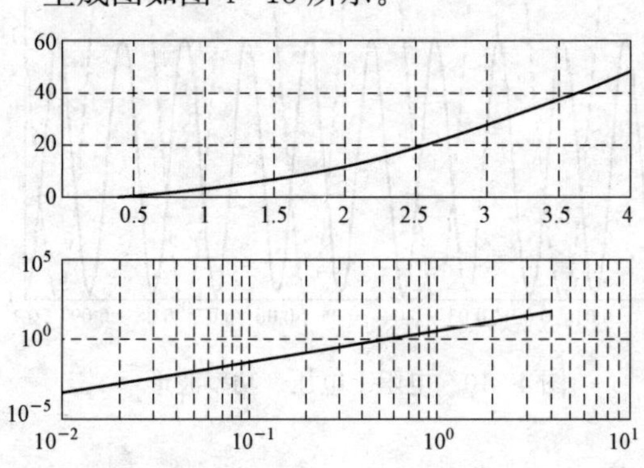

图4-13 横轴、纵轴都是对数刻度的二维曲线

4.2.2 图形的修饰显示

用MATLAB绘制曲线，除了设置线形、颜色区分线间差别，对图形标注，是更通用的办法。它可以使图形表达的意义更加明确，可读性更强。

1. 图形标注

添加图形标注是指在绘图完成后，对图形加上一些说明，如图形的名称、坐标轴标注以及图形某一部分的含义等。有关图形标注函数的调用格式如下。

（1）title（‘图形名称’） %放在单引号内文字为图形名称。

（2）xlabel（‘x轴说明’） %放在x轴下面的x轴名称。

（3）ylabel（‘y轴说明’） %放在y轴左侧的x轴名称。

（4）text（x，y，‘图形说明’） %在坐标点（x，y）处添加图形说明。

（5）legend（‘图例1’，‘图例2’，…）。

legend函数用于绘制曲线所用线型、颜色或数据点标记图例，图例放置在空白处，用户还可以通过鼠标移动图例，将其放到所希望的位置。除legend函数外，其他函数同样适用于三维图形，在三维坐标系中z坐标轴标注用zlabel函数。

2. 坐标轴及标注

在绘制图形时，MATLAB可以自动根据要绘制曲线数据的范围选择合适的坐标刻度，使得曲线能够尽可能清晰地显示出来。所以，一般情况下用户不必选择坐标轴的刻度范围。如果需要观察某个数据范围的图形，就需要设置坐标轴参数，显示指定的图形区域。其调用格式为

```
axis([xmin,xmax,ymin,ymax])
```

函数中xmin，xmax，ymin和ymax分别表示x轴的起点、终点，y轴的起点、终点。

［**例4-14**］ 用默认坐标轴范围和设定范围显示一幅图形。

解

```
clf
x=0:0.025:pi;                % 设置等间隔不长,范围为[0,pi]
```

```
subplot(2,1,1)
plot(x,tan(x),'-r')          %绘制函数图形,其中参数'-r'表示采用红色实线
subplot(2,1,2)
plot(x,tan(x),'-b')
axis([1 2 -300 100])         %设置x轴范围[1,2],y轴范围[-300,100]
```

得到如图4-14所示的图形。

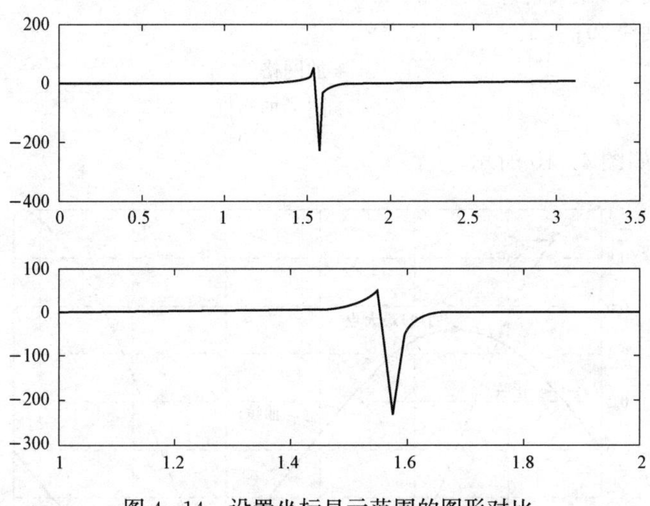

图4-14 设置坐标显示范围的图形对比

MATLAB提供的图形标注命令，见表4-5。通过这些标注命令可以对每个坐标轴单独进行标注，给图形放置文本注解，还可以加上网格线以确定曲线上某一点的坐标值。

表4-5　　MATLAB常用图形标注命令

axis on/off	显示/取消坐标轴	axis auto	使用默认设置
axis equal	纵横坐标轴采用等长刻度	grid on/off	显示/取消网格
axis square	产生正方形坐标系（默认为矩形）	box on/off	给坐标加/不加边框

3. 图形保持与刷新

一般情况下，每执行一次绘图命令，就刷新一次当前图形窗口，图形窗口原有图形将不复存在。如果希望在已经存在的图形上再继续添加新的图形，可以使用图形保持命令hold on。hold off命令是刷新原有图形。

[例4-15] 在2条曲线图形的添加注释的举例。

解

```
clf
x=0:0.001:2*pi;                          %创建时间序列0到2π
y1=0.5*sin(x);                           %创建正弦曲线
y2=cos(x);                               %创建余弦曲线
plot(x,y1,'r','LineWidth',0.5);          %画红色曲线及对应线宽
hold on;
plot(x,y2,'b','LineWidth',1);
```

```
axis([0 2*pi -1 1]);                    %坐标轴范围 x∈[0,2π],y∈[-1,1]
title('曲线');                           %图形名称
text(x(500),y1(500),'\leftarrow 正弦');  %在第 500 个坐标处显示符号"←正弦"
text(x(500),y2(500),'\leftarrow 余弦');
[a2,b2] = max(y1);                      %获取 y1 最大值和序号。值赋给 a2,序号赋给 b2
plot(x(b2),a2,'r*');                    %在最大值处标记红*
text(x(b2),a2,'曲线 1 最大点');
legend('曲线 1','曲线 2');
grid on;                                %加网格
box on;                                 %图形加边框
```

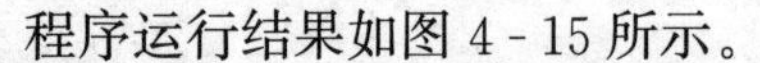
程序运行结果如图 4-15 所示。

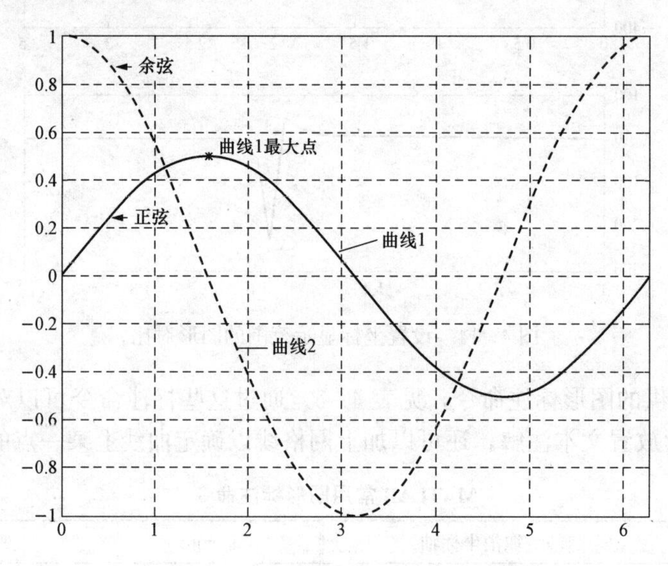

图 4-15　在图形中添加注释的举例

4.3　三　维　图　形

本节介绍三维绘图方法，如三维曲线、三维曲面、特殊三维图形绘制。这类曲线的属性设置与二维曲线相同。

4.3.1　三维曲线图

三维曲线描绘是指点（x、y）在 x-y 平面沿着一条曲线移动时，对应 z 坐标随之变化，其调用函数为 plot3，调用形式主要有以下几种。

（1）plot3（X，Y，Z）：X、Y、Z 为向量或矩阵，表示三维曲线在相应轴上的数据。当 X、Y、Z 为等长向量时，plot3（X，Y，Z）表示画一条顺次以（X，Y，Z）为切点的三维曲线，见［例 4-16］。当 X、Y、Z 为等长矩阵时，plot3 把各矩阵对应的列向量当作三维坐标，绘制多条三维曲线，见［例 4-17］。

（2）plot3（X1，Y1，Z1，…，Xn，Yn，Zn）：X1，Y1，Z1，…，Xn，Yn，Zn 各表示对应轴的一列向量或矩阵，每列数据为同一条曲线对应轴的坐标。该函数绘制多条三维曲线，见［例 4 - 18］所示。

（3）plot3（X1，Y1，Z1，’S1’，X2，Y2，Z2，’S2’，…）：以 S、S1、S2 指定曲线的线形、颜色和标记号，它们的取值见表 4 - 4。X，Y，Z，X1，Y1，Z1，X2，Y2，Z2 等表示三维曲线在相应轴的数据，见［例 4 - 19］。

（4）plot3（…，‘PropertyName’，PropertyValue，...）：PropertyName，PropertyValue 是 plot3 函数绘制一组曲线的属性和相应取值。见［例 4 - 20］。

（5）h = plot3（…）：调用函数 plot3 绘制图形，同时返回图形句柄，用法类似［例 4 - 16］～［例 4 - 20］。

［例 4 - 16］ 请用 plot 函数绘制一条三维曲线。

解

```
clf
figure('Name','一条三维曲线')
grid
x = 0:pi/50:10 * pi;            % 设置等步长间距,间距为 ,范围为[0,10π]
y = sin(x);                     % 函数 x - y 表达式
z = cos(x);                     % 函数 x - z 表达式
plot3(x,y,z)                    % 绘制 x,y,z 关系表达式所确定的三维图形
```

［例 4 - 17］ 请用 plot 函数绘制多条三维曲线。

解

```
clf
figure('Name','坐标轴数据为矩阵画多条三维曲线')
title('坐标轴数据为矩阵的曲线')
x = [0:pi/50:2 * pi; 0:pi/50:4 * pi];       % 设置等步长间距,间距为 ,范围为[0,2π]
y = 2 * sin(x);                              % 函数 x - y 表达式
z = cos(x);                                  % 函数 x - z 表达式
plot3(x,y,z)                                 % 绘制 x,y,z 关系表达式所确定的三维图形
```

［例 4 - 18］ 请用 plot 函数绘制多条三维曲线。

解

```
close all                                    %关闭当前所有窗口
figure('Name','坐标轴为向量和矩阵混合,画多条三维曲线')
t = [0:pi/20:20 * pi;0:pi/20:20 * pi]';      %t 为 2 列矩阵,每列 401 个数
x1 = [cos(t(:,1)),cos(t(:,2)) + 3];          %第二条曲线沿 x 轴上正向移动 3
y1 = sin(t);                                 % y1 矩阵与 x1 矩阵大小相同
z1 = t;                                      % z1 矩阵与 x1 矩阵大小相同
x2 = - 1:0.1:3;                              %x2 为行向量
y2 = exp(x2/10);                             %y2 与 x2 同长度
z2 = x2 + 3;                                 %z2 与 x2 同长度
subplot(3,1,1)                               %第一个窗口
plot3(x1,y1,z1,x2,y2,z2)                     %绘制 x,y,z 关系表达式所确定的三维图形
axis([ - 1,3, - 2,2,0,70]);                  %设置 x、y、z 轴显示区域
```

```
legend('曲线 1','曲线 2','曲线 3');
                                  % 以下 2 个窗口曲线是前面曲线的分组显示
subplot(3,1,2)                    % 第二个窗口
plot3(x1,y1,z1)                   % x1、y1、z1 均为 21×2 元素的矩阵,plot3 为它们画的 2 条
                                    曲线
axis([-1,3,-2,2,0,70]);
legend('曲线 1','曲线 2');
subplot(3,1,3)                    % 第三个窗口
plot3(x2,y2,z2)                   % 由一维数组(x2,y2,z2)画的 1 条曲线
axis([-1,3,-2,2,0,70]);
legend('曲线 3');
```

生成图形如图 4-16 所示。

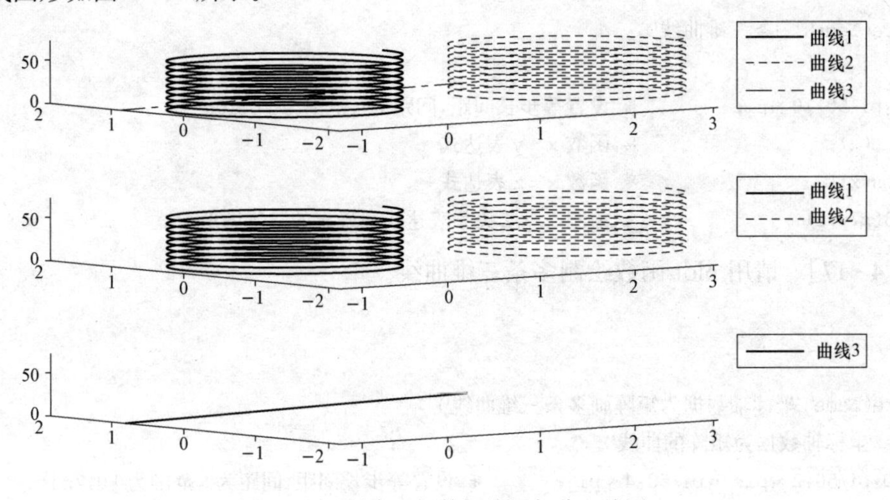

图 4-16 混合坐标数据绘图与分立绘图

[**例 4-19**] 设置曲线属性绘制一条三维曲线。

解

```
x = 0:0.1 * pi:2 * pi;      % 设置等间距步长,范围为[0 2π]
z = sin(x);                 % x-z之间的正弦关系
y = zeros(size(x));         % x-y之间的关系
colordef white              % 将图形的背景颜色设置为白色
plot3(x,y,z,'-r');
title('Three Dimension');
text(0,0,0,'0');            % 在 x = 0,y = 0,z = 0 处标记"0"
xlabel('sin(t)'),ylabel('cos(t)'),zlabel('t');
```

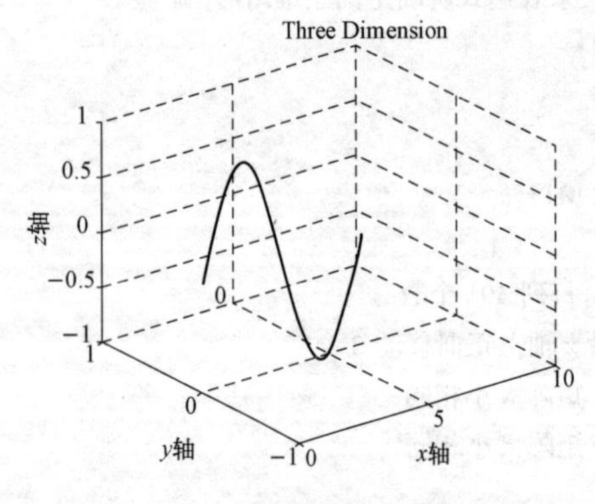

图 4-17 设置三维曲线属性绘图

程序运行结果如图 4-17 所示。

从［例 4-18］和［例 4-19］，可以看到二维图形的基本构建方法在三维图形中都存在，函数 subplot、title、xlabel、grid 等都可以扩展到三维图形。［例 4-19］中的函数 text（x，y，z，‘string’）表示在三维坐标 x，y，z 所指定的位置上放一个字符串。

[**例 4-20**] 分别设置线属性，绘制一组三维曲线。

解

```
close all                                                        %关闭当前所有窗口
clc                                                              %关闭当前所有绘图窗口
z1 = [0:pi/50:20 * pi;0:pi/50:20 * pi,;0:pi/50:20 * pi]';        %z为3列等步长矩阵,范围为[0,20π]
y1 = [cos(z1(:,1)),cos(z1(:,2)),cos(z1(:,3)) + 3];               %y轴的3列坐标,第3列延y轴正向移动3单位
x1 = [sin(z1(:,1)),sin(z1(:,2)) + 2,sin(z1(:,3))];               %x轴的3列坐标,第2列延x轴正向移动2单位
plot3(x1,y1,z1,'Color','g','LineWidth',3,'LineStyle','-.');      %曲线组为绿色、线宽为3,点划线
```

生成的图形如图4-18所示。

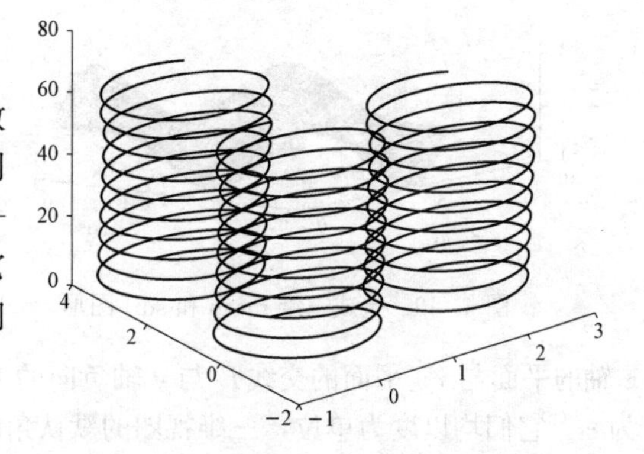

图4-18 plot3绘制设定属性的曲线

4.3.2 三维网格线及三维曲面图

MATLAB提供了mesh函数和surf函数来绘制三维图形。mesh函数用来绘制三维网格线，它属于三维曲线，但它绘制的图形——网格线——又是三维曲面的重要构成，因而它与三维曲面函数surf的绘图方式很相似。它们调用格式如下。

(1) mesh(x, y, z, c)。

(2) surf(x, y, z, c)。

mesh函数和surf函数中，x，y，z表示维数相同的矩阵，x，y表示网格坐标矩阵，z表示网格点上的高度矩阵，c用于指定在不同高度下的颜色范围。c省略时，默认c=z，也即颜色的设定是正比于图形的高度的。这样就可以得到按高度形成颜色渐变的三维图形。当x，y省略时，把z矩阵的列下标当作x轴的坐标，把z矩阵的行下标当作y轴的坐标，然后绘制三维图形。当x，y是向量时，x的长度必须等于z矩阵的列数，y的长度必须等于z的行数，x，y向量元素的组合构成网格点的x，y坐标，z坐标则取自z矩阵对应点数值，然后绘制三维网格曲线或三维曲面。

[例4-21] 分别用mesh和surf函数绘制三维网格曲线和三维曲面图形。

解

```
close all                                  %关闭当前所有窗口
subplot(2,1,1)                             %选2行1列窗口的第一个
x = 0:0.1:2 * pi;
[x,y] = meshgrid(x);                       %形成x、y矩阵坐标
z = sin(y). * cos(x);                      %形成z矩阵
mesh(x,y,z);                               %画网格曲线
xlabel('x - axis'),ylabel('y - axis'),zlabel('z - axis');
title('网格图');
subplot(2,1,2)                             %选2行1列窗口的第二个
[x,y] = meshgrid(0:0.1:2 * pi);
z = sin(y). * cos(x);
surf(x,y,z);
```

```
xlabel('x-axis'),ylabel('y-axis'),zlabel('z-axis');
title('曲面图');
```

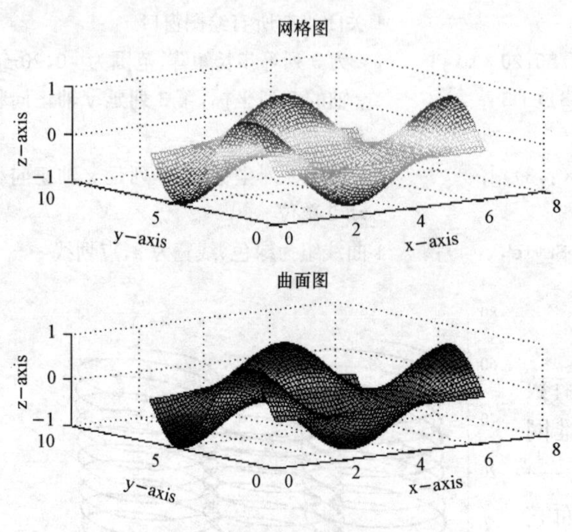

图 4-19 生成三维 mesh 和 surf 图形

生成的图形如图 4-19 所示。

4.3.3 三维图形控制

三维图形表现了数据在空间的视觉效果，用户可以从不同的位置和视角来观察，从而看到不同的效果。MATLAB 提供的视觉控制函数主要有 view 和 rotate 两个。view 函数设置观察点，而 rotate 可以转动三维图形。

1. 视角控制函数 view

该函数调用格式主要有 2 种。

（1）view（az，el）：该函数为三维图形设置观察点。它的两个参数方位角 az（azlmuth）和仰角 el（elevation）在三维坐标中，如图 4-20 所示，过视点和 z 轴的平面与 xy 平面的交线 L 与 y 轴负向的夹角，为 a_z 视点与坐标原点的连线与 L 的夹角为 e_l。它们均以度为单位，三维视图的默认角度：$a_z=-37.5°$，$e_l=30°$。

（2）view（[x，y，z]）：该函数把视线设为从 $P(x, y, z)$ 指向原点 O，忽略 OP 长度。

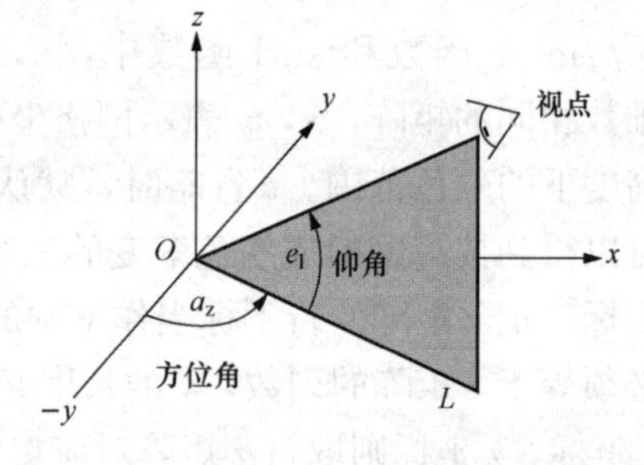

图 4-20 view（az，el）参数示意图

［例 4-22］ 默认视角的 peaks 图形与其在 view(az，el）指定视线方向的视图对比；默认视角的 peaks 图形与 view（[x，y，z]）指定视线方向的视图对比。

解 程序如下。

```
subplot(2,2,1)
h = surf(peaks(20));
title('原图 1')
xlabel('x 轴'),ylabel('y 轴'),zlabel('z 轴')
subplot(2,2,2)
h = surf(peaks(20));
az = 0;
el = 90;
view(az, el);
xlabel('x 轴'),ylabel('y 轴'),zlabel('z 轴')
title('原图 1 视线从上向 x-y 平面看')
subplot(2,2,3)
h = surf(peaks(20));
title('原图 2')
xlabel('x 轴'),ylabel('y 轴'),zlabel('z 轴')
subplot(2,2,4)
```

```
h = surf(peaks(40));
view([-1,-1,1])
xlabel('x 轴'),ylabel('y 轴'),zlabel('z 轴')
title('原图 2 视线沿(-1,-1,1)到原点')
```

程序运行结果见图 4-21 所示。

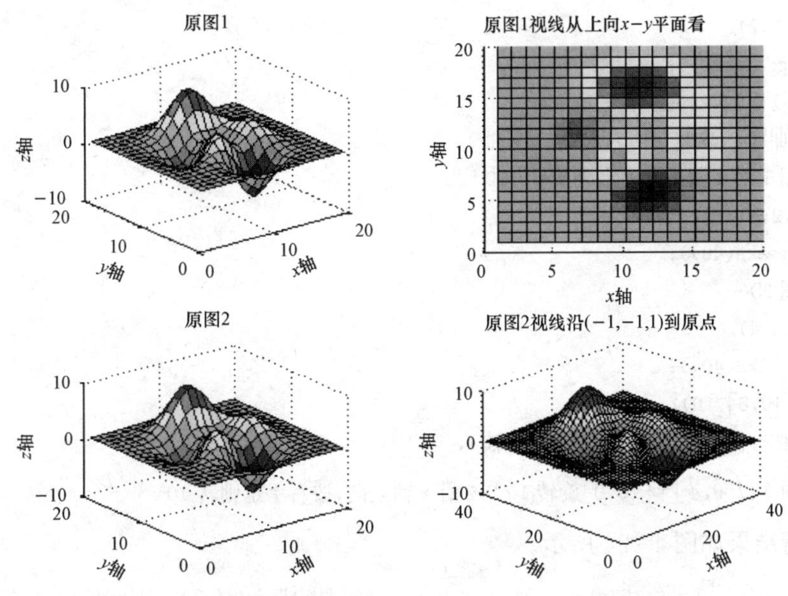

图 4-21 view (az, el)、view ([x, y, z]) 设置效果对比

2. 旋转控制函数 rotate

该旋转函数根据右手规则在三维空间中旋转图形对象，其调用形式如下。

(1) rotate (h, direction, α)：将图形对象 h 沿着 direction 指定的轴，按右手定则旋转 $\alpha°$，即右手大拇指为转轴方向，另四指握拢指向为旋转方向。

(2) direction 有两种设置方法：

1) 球坐标设置法。设置为 [θ, ϕ] [单位：度(°)]，沿 z 轴负向看，θ 是 x-y 平面中从 x 轴正方向逆时针的角度。ϕ 是从 x-y 平面的向 z 轴正方向的仰角，如图 4-22 所示，转轴方向为 OP。

2) 直角坐标法。设置为 [x, y, z]，转轴方向是从原点 O 到 $\boldsymbol{P}(\boldsymbol{x}, \boldsymbol{y}, \boldsymbol{z})$ 的矢量，如图 4-23 所示。

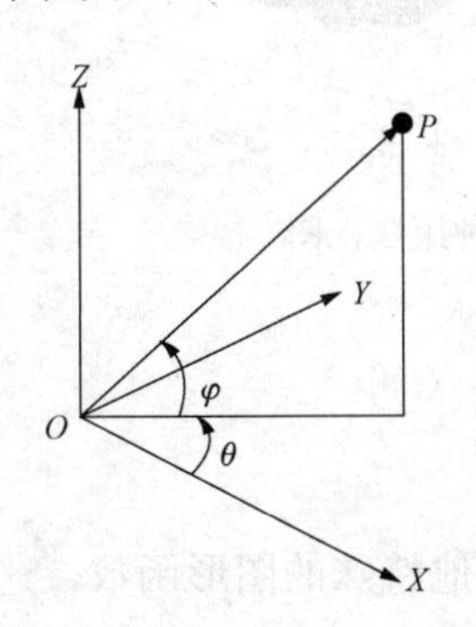

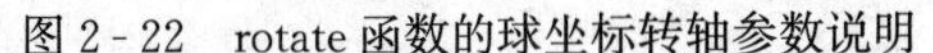

图 2-22 rotate 函数的球坐标转轴参数说明

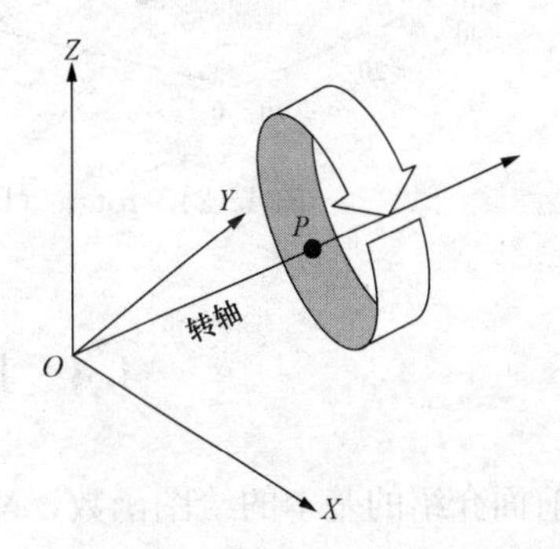

图 4-23 rotate 函数转轴参数设置说明

[例 4-23] 用 rotate 函数旋转图形。

解

```
subplot(2,2,1)
h = surf(peaks(20));
title('原图 1')
subplot(2,2,2)
h = surf(peaks(20));
rotate(h,[1 0 0],180)
xlabel('x 轴'),ylabel('y 轴'),zlabel('z 轴'),
title('原图 1 沿 x 轴按右手定则旋转 180 度')
subplot(2,2,3)
h = surf(peaks(40));
title('原图 2')
subplot(2,2,4)
h = surf(peaks(40));
rotate(h,[10,0],10);
xlabel('x 轴'),ylabel('y 轴'),zlabel('z 轴'),
title('原图 2 以[θ,φ] = [10,0]旋转 10°') % 沿 x 轴正向,按右手定则转 10°
```

程序运行结果如图 4-24 所示。

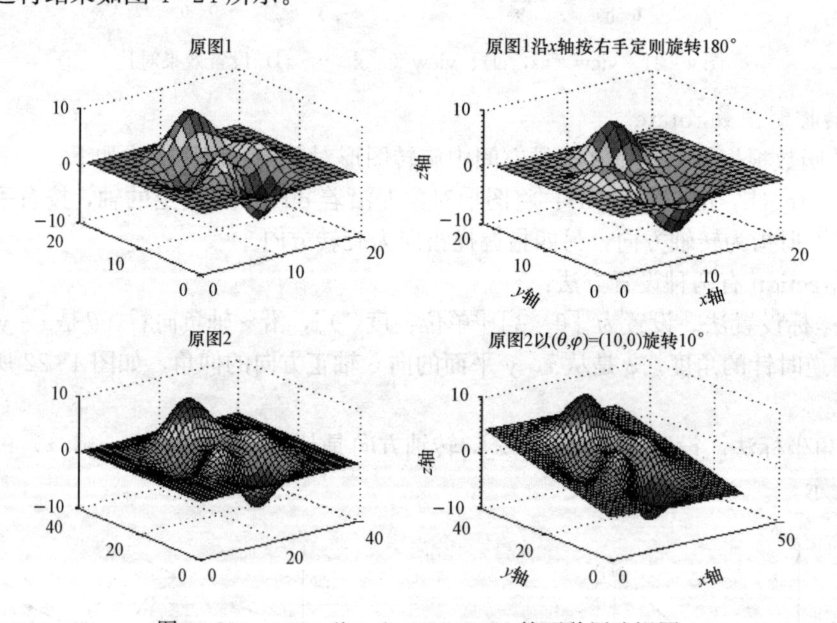

图 4-24 rotate (h, direction, α) 的两种用法视图

4.4 其他图形函数

除了前面介绍的基本的绘图函数，MATLAB 还提供其他特殊的图形函数，这里概要介绍可用于工程领域的几个绘图函数。

4.4.1 二维特殊函数

二维特殊绘图函数见表4-6。

表4-6 二维特殊绘图函数

函数	说明
bar (y) bar (x, y) bar (x, y,' Width') bar (x, y,' BarColor')	柱形图，y为待绘制的向量或者矩阵。x为x轴坐标，对于有N列数值的y，x的默认向量是1：N。Width为指定柱形图的宽度占空比，默认值为0.8。BarColor为线色字母符，见表4-4中的颜色，见［例4-24］
contour (z) contour (x, y, z) contour (z, n) contour (z, v)	等高线图，z为等高线的高度数据，x和y分别用于指定x轴和y轴的坐标，n为等高线的条数，v用来指定高度值处的等高线，见［例4-25］
pie (x, Explode) pie (…, Labels)	饼图，x为待分析数据对应的数组，Explode与x维数相同。Labels中的参数是增加的自定义标注内容，与x维数相同，见［例4-26］
quiver (x, y, u, v) quiver (u, v) quiver (…, s) quiver (…, linespec) quiver (…, 'filled')	向量场图，x和y为指定箭头位置的坐标，u和v分别为向量场水平和竖直分量的大小，s设置向量场线的"长度"，默认为1。LineSpec指定箭头的线型、颜色和标记符号等，见表4-4。filled表示使用LineSpec中的标记符号，填充箭头的位置，见［例4-27］
polar (θ, ρ) polar (θ, ρ, LineSpec)	极坐标图，θ为角度数据，ρ为极径。LineSpec设置在极坐标图中绘制的线条的线型，颜色和绘图符号，见表4-4，见［例4-28］

［例4-24］ bar实例。

解

```
yy = rand(1,10);
xx = 1:10;
Width = 0.5;
bar(xx,yy,Width,'r');
```

程序运行结果如图4-25所示。

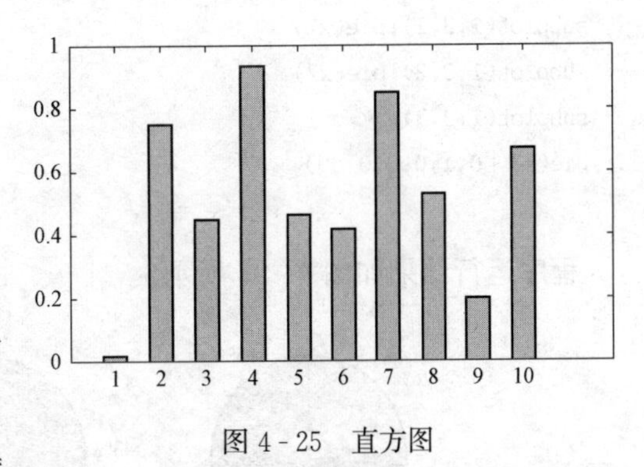

图4-25 直方图

［例4-25］ 用contour函数绘制等高线图。

```
[x,y,z] = peaks(80); % 生成坐标刻度数据和高度数据
subplot(1,3,1)
mesh(x,y,z);
view(0,90)
xlabel('原始图')
subplot(1,3,2)
```

```
contour(z)
xlabel('等高图 1')
subplot(1,3,3)
contour(x,y,z,4) %指定等高线的条数为 4
xlabel('等高图 2')
```

程序运行结果如图 4-26 所示。

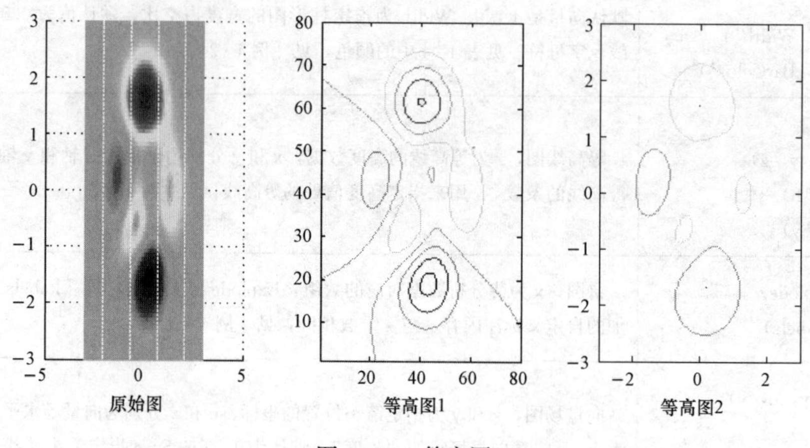

图 4-26 等高图

[例 4-26] 用 pie 函数绘制饼图。

解

```
x1 = rand(1,6);
x2 = rand(1,4);
x3 = rand(2,3);
lbs = {'切片一','切片二','切片三','切片四'}      %生成的对应的切片名称
subplot(1,3,1);pie(x1)                         % 按 x1 中每个数占总和的百分比确定扇形大小。
subplot(1,3,2);pie(x2)
subplot(1,3,3);
pie(x3,[0,1,0;0,0,0])                          % 绘制有分裂块的饼图,方括号中'1'对应的扇形外移
                                                 一些。
```

程序运行结果如图 4-27 所示。

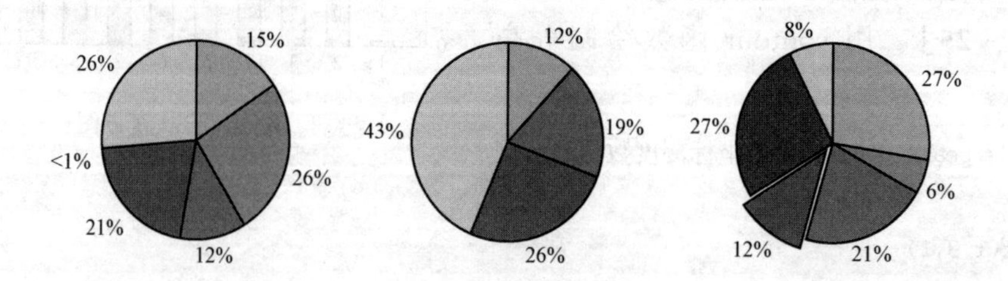

图 4-27 pie 函数生成图形

[例 4-27] 用 quiver 函数绘制向量场图。

解

```
[X,Y] = meshgrid(-2:.2:2);          %生成x,y均为[-2,2]步长为0.2的矩阵坐标刻度
Z = X.*exp(-X.^2 - Y.^2);           %生成高度数据
[DX,DY] = gradient(Z,0.2,.2);       %生成梯度数据,0.2是x、y轴步长
subplot(2,2,1)
contour(X,Y,Z)                      %画等高线图
axis image                          %设置x、y刻度比相同。
subplot(2,2,2)
quiver(DX,DY,1);                    %场线长度尺度为1场图
axis image
subplot(2,2,3)
quiver(DX,DY,2,'k-.')               %场线长度尺度为2,黑色点划线场图
axis image
subplot(2,2,4)
quiver(X,Y,DX,DY)                   %按照(X,Y)坐标位置画场线(DX,DY)的场图
```

程序运行结果如图4-28所示。

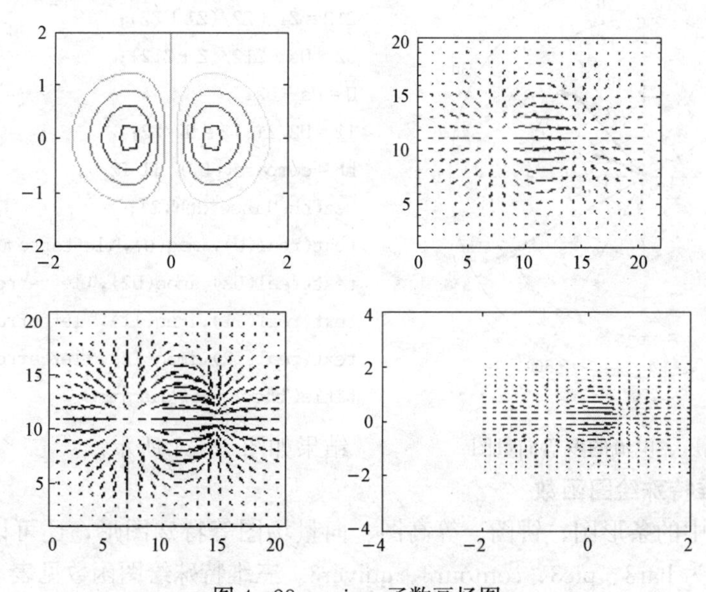

图4-28 quiver函数画场图

[**例4-28**] 绘制极坐标图。

解

```
theta = 0:0.01:2*pi;
rho = sin(3*theta).*cos(5*theta);
polar(theta,rho,'r');
```

程序运行结果如图4-29所示。

[**例4-29**] 如图4-30所示电路，$U_s=10\underline{/60°}$V，$Z=1+j2\Omega$，$Z_1=3+j4\Omega$；$Z_2=2-j3\Omega$，用罗盘图绘制U、U_2、I_1、I_2，并标注向量名称。

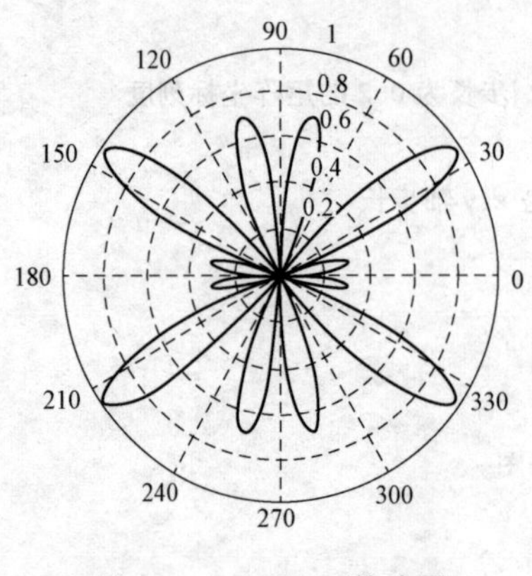

图4-29 polar函数绘图

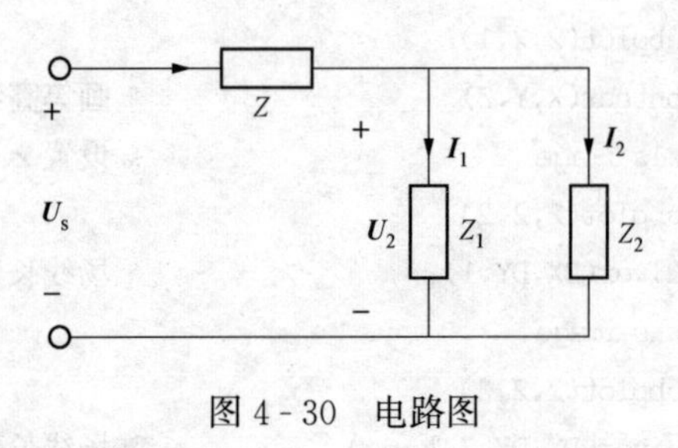

图4-30 电路图

解

```
clc
Us = 10 * exp(60 * pi/180);Z = 1 + j * 2;Z1 = 3 + j * 4;
Z2 = 2 - j * 3;
Z12 = Z1 * Z2/(Z1 + Z2);
U2 = Us * Z12/(Z + Z12);
U = Us - U2;
I1 = U2/Z1;I2 = U2/Z2;
hh = compass([U U2 I1 I2]);
set(hh,'linewidth',2);
text(real(U),imag(U),'\leftarrowU')
text(real(U2),imag(U2),'\leftarrowU2')
text(real(I1),imag(I1),'\leftarrowI1')
text(real(I2),imag(I2),'\leftarrowI2')
title('the vector diagram')
```

结果如图4-31所示。

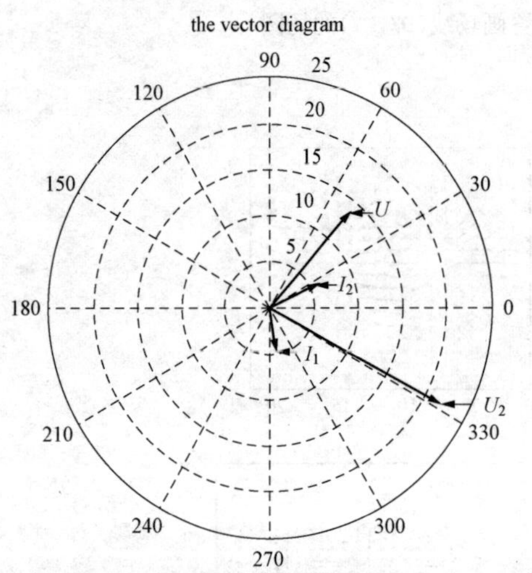

图4-31 电压、电流的罗盘向量图

4.4.2 三维特殊绘图函数

在二维绘图中的条形图、饼图、等高图、向量场图等特殊图形，还可以以三维形式出现，其函数分别为bar3、pie3、contour3、quiver3。三维特殊绘图函数见表4-7。

表4-7 三维特殊绘图函数

函数	说明
bar3 (y) bar3 (x, y) bar3 (..., Width) bar3 (..., style) bar3 (..., LineSpec)	三维柱形图，y为待绘制的向量或者矩阵。x为x轴坐标，对于有N列数值的y，x其默认向量是1∶N。Width为指定柱形图的宽度占空比，默认值为0.8。style可以取值'group'、'stacked'、'detached'。LineSpec是线形、颜色，见表4-4。应用见［例4-30］
pie3 (X) pie3 (X, Explode) pie3 (..., Labels)	三维饼图，X为待分析数据对应的数组，Explode为与X同维的矩阵，如果其中有非零元素，X矩阵中的相应位置的元素在饼图中对应的扇形区向外移出一些。Labels中的参数是饼图中对应块的标签，与X维数相同。应用见［例4-31］

续表

函数	说明
contour3（Z） contour3（Z，n） contour3（Z，v） contour3（X，Y，Z） contour3（X，Y，Z，n） contour3（X，Y，Z，v） contour3（...，LineSpec）	三维等高线图，Z为等高线的高度矩阵，X和Y分别用于指定X轴和Y轴的坐标。n表示等高线的数目。v为向量，其长度等于等高线的条数，并且等高线的值为向量中对应的元素值。LineSpec设定线形颜色和标记符号，见表4-4。应用见［例4-32］
quiver3（x，y，z，u，v，w） quiver3（z，u，v，w） quiver3（…，s） quiver3（…，LineSpec） quiver3（…，LineSpec，'filled'）	向量场图，（x，y，z）为指定箭头位置的坐标，u、v和w分别为向量场方向和大小，s设置向量场线的"长度"，默认为1。LineSpec与指定箭头的线型、颜色和标记符号等，见表4-4。filled表示使用LineSpec中的标记符号，填充箭头的位置

［例4-30］ 绘制三维柱形图和饼图。

解

```
subplot(1,2,1);
bar3(magic(4));
subplot(1,2,2);
pie3([2347,1827,2043,3025]);
```

程序运行结果如图4-32所示。

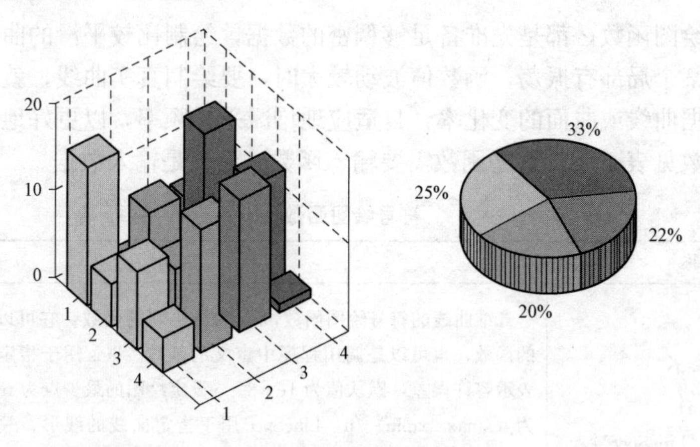

图4-32 三维带图和饼图

［例4-31］ 绘制多峰函数网格图和等高线图。

解

```
subplot(1,2,1);
[X,Y,Z] = peaks(30);
[px,py] = gradient(Z,1,1);
mesh(X,Y,Z);
```

```
xlabel('XX');ylabel('YY');zlabel('ZZ');
subplot(1,2,2);
contour3(X,Y,Z,12,'k'); % 其中12代表高度的等级数
hold on
surf(X,Y,Z,'EdgeColor',[.8,.8,.8])
xlabel('XX');ylabel('YY');zlabel('ZZ');
```

程序运行结果如图4-33所示。

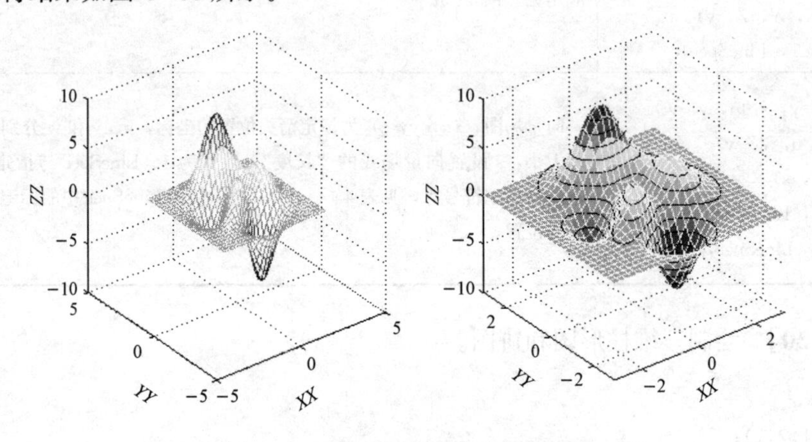

图4-33 三维网格图和对应等高图

4.5 符号表达式绘图

前面介绍的绘图函数，都是先准备足够稠密的数据，绘制比较平滑的曲线或曲面，但是一些函数可能在某个局部有振荡，函数值波动较大时，要绘制真实曲线，就不能均匀采样自变量，而应该根据曲线或曲面的变化率，自适应地增减采样频率，以更好地显示函数变化规律。符号绘图函数见表4-8。这些函数需要输入函数，而不是输入数据。

表4-8 符号绘图函数

函数名称	说明
fplot (fun, lims) fplot (fun, lims, tol) fplot (fun, lims, n) fplot (fun, lims, 'LineSpec')	二维曲线的符号绘图函数，fun为待绘制的函数，它可以是以文件形式定义的函数，也可以是调用程序中定义的函数。lims用于指定坐标轴的范围。tol表示容许误差，默认值为1e−3。n设定绘图的最少点为n+1，因此最大步长为（xmax - xmin）/n。LineSpec用于指定曲线的线形、颜色和标记符号。见［例4-32］～［例4-34］
ezplot (fun) ezplot (fun, [a, b]) ezplot (fun, [xmin, xmax, ymin, ymax]) ezplot (funx, funy, [tmin, tmax])	二维曲线的符号绘图函数，fun同上表格fplot函数中fun的定义。a、b为自变量取值范围。xmin，xmax，ymin和ymax用于设定坐标范围。funx和funy是关于t的一元函数，tmin和tmax用于设定t的范围。见［例4-35］

续表

函数名称	说明
ezpolar (fun) ezpolar (fun, [a, b])	二维极坐标的二维符号绘图函数，fun 为极坐标函数，形如 ρ=f (θ)。[a, b] 用于指定 θ 的范围，其默认值为 [0, 2π]。见 [例 4-36]
ezcontour (fun) ezcontour (fun, domain) ezcontour (…, n)	二维等高线的符号绘图函数，fun 为输入函数的名或者表达式。domain 为一个长度为 2 或 4 的向量，用于限制横纵坐标的范围，其默认值为 [-2π, 2π]。n 用于指定绘制网格时采用的离散取样点数，其默认值为 60。见 [例 4-37]
ezsurf (funz) ezsurf (funz, domain) ezsurf (funz, funy, funz) ezsurf (funz, funy, funz, domain) ezsurf (…, n)	三维曲面的符号绘图函数，funz、funy 和 funz 分别为对应坐标轴的函数，domain 为一个长度为 2 或 4 的向量，用于限制横纵坐标的范围，其默认值为 [-2π, 2π, -2π, 2π]。n 表示变量的取样点数。见 [例 4-38]

函数中的符号表达式，以符号名方式调用时，其调用函数本体应以单独的 m 文件形式保存，可以放在当前工作目录中，或放在 MATLAB 菜单 File－>Set Path 指定的目录里。m 文件内容为

```
function[y1,y2…] = myfun(x1,x2…)   % myfun 为函数名称,x1,x2…为输入参数,y1,y2…为返回参数。
…                                   % 函数程序
```

函数中的符号表达式以参数方式调用时，形式为

```
fun = @(x1,x2...)expression
```

其中 fun 为函数名称，x1，x2…为输入参数，expression 为含有 x1，x2…参数的表达式。

表 4-8 中，每个绘图函数的使用都涉及如何调用符号函数，这些符号函数的调用格式见表中对应说明部分。

[例 4-32] 以自定义符号函数为参数的 fplot 绘图。

解 建立文件 myfun.m，并保存如下程序。

```
function Y = myfun(x)
Y(:,1) = 200 * sin(x(:))./x(:);
Y(:,2) = x(:).^2;
```

然后，在命令窗口输入

```
fplot('myfun',[-20,20],1e-4)
```

程序运行结果如图 4-34 所示。

[例 4-33] 用两个分量函数组成一个行相量作为输入，用 fplot 绘制二维曲线。

解

```
[fplot('[sin(x),cos(x)]',[-pi,pi,-pi,pi],1e-3,'r.')]
```

运行结果如图 4-35 所示。

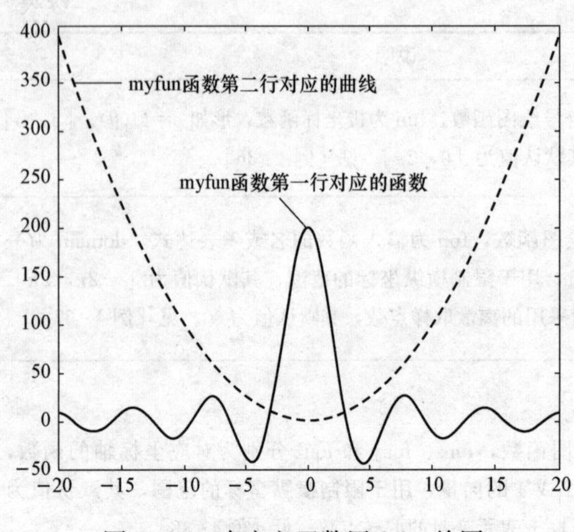

图4-34 自定义函数用 fplot 绘图

图4-35 用 fplot 绘制二维曲线

[**例4-34**] 用在 fplot 函数中嵌入自定义符号函数。

解

```
f=@(x)abs(exp(-x))                          %指定函数为 f(x)=abs(exp(-x))
subplot(1,2,1)
fplot(@(x)x.*sin(x.^2),[-2,2],1e-4)         %"@(x)"指定输入自变量为 x;"x.*sin(x.^2)"是函数
                                             表达式
subplot(1,2,2)
fplot(@(xx)f(xx),[-2,2],1e-3)               %"@(xx)"指定输入自变量为 xx;"f(xx)"是函数,xx∈
                                             [-2,2]
```

运行结果如图4-36所示。

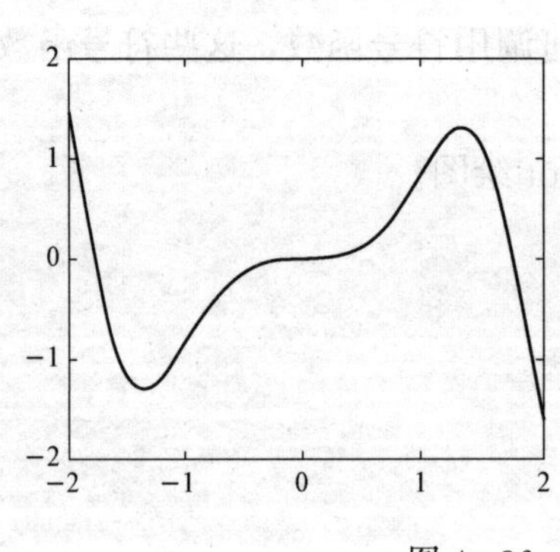

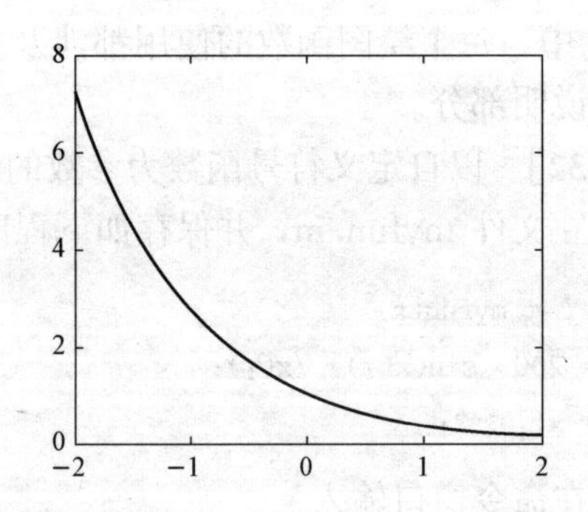

图4-36 fplot 函数绘图

[**例4-35**] 应用 ezplot 函数的符号函数绘图。

解

```
g=@(x,n)sin(x.^2+x*n);
ezplot(@(x,y)x.*sin(x.^2-x.*sin(y)),[-2*pi,2*pi]);
```

运行结果如图4-37所示。

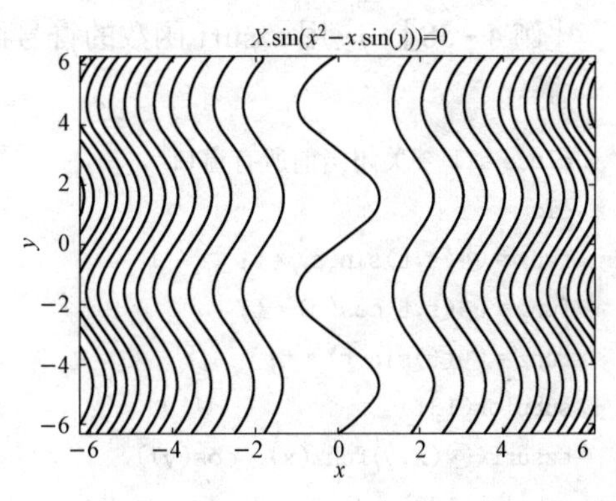

图 4 - 37 ［例 4 - 35］结果

［例 4 - 36］ 应用 ezpolar 函数的符号函数绘图。

解

```
subplot(121)
ezpolar('sin(2 * af). * cos(2 * af)',[0,2 * pi])
subplot(122)
fun = @(t,c)sin(c * t^2). * cos(c * t^2)
ezpolar(@(x)fun(x,0.5),[ - 2 * pi,2 * pi])
```

运行结果如图 4 - 38 所示。

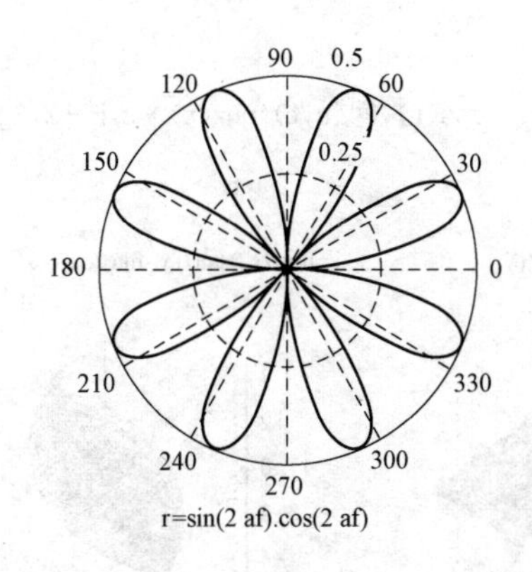

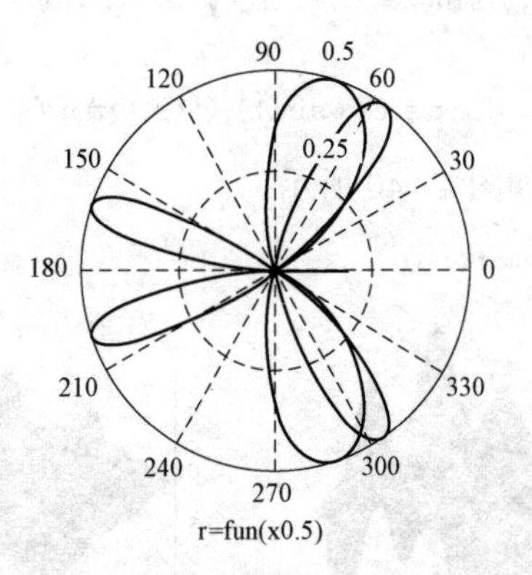

图 4 - 38 应用 ezpolar 的符号函数绘图

［例 4 - 37］ 应用 ezcontour 函数的符号函数绘图。

解

```
subplot(121)
fun = @(x,y)sin(x. ^2/5) + cos(y);
ezcontour(@(x,y)fun(x,y),[0,2 * pi] ,[0,2 * pi])
subplot(122)
ezcontour('x^2 + 2 * y^2',[ - 5,5] ,[ - 3,3])
```

运行结果如图 4 - 39 所示。

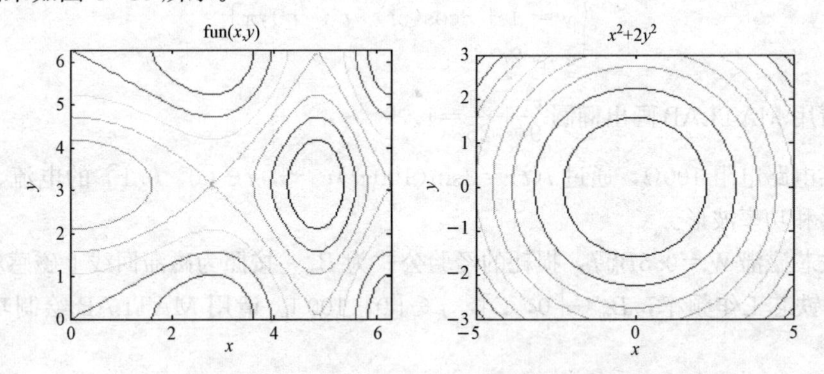

图 4 - 39 应用 ezcontour 的符号函数绘图

[例 4-38] 应用 ezsurf 函数的符号函数绘图。

解

```
close all %关闭当前所有窗口
clc
funx = @(s,t)sin(s) * t;
funy = @(s,t)cos(s) * t;
funz = @(t)sin(t) * t;
subplot(131)
ezsurf(@(x,y)funz(x) * cos(y))
subplot(132)
ezsurf(@(x,y)sin(2 * x) * sinc(y),[ - pi,pi])
subplot(133)
ezsurf(@(s,t)funx(s,t) * sin(t),@(s,t)funy(s,t) * cos(t),@(s,t)funz(t) * s,[ - 2,2],[ - 2,2]);
```

运行结果如图 4-40 所示。

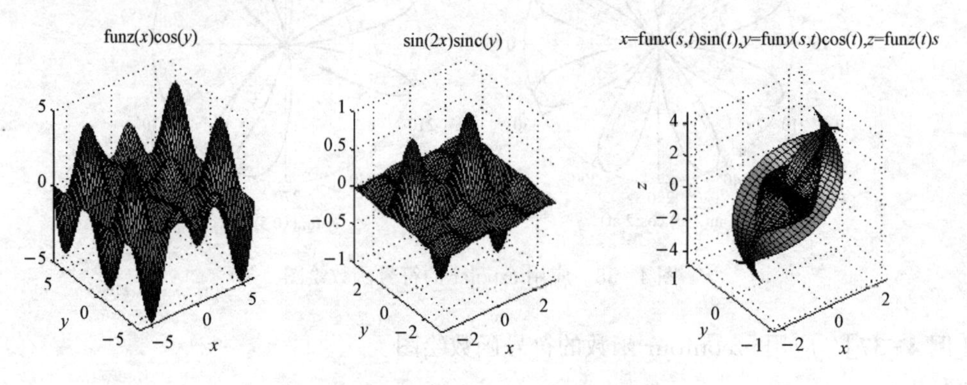

图 4-40 应用 ezsurf 的符号函数绘图

(1) 请用 MATLAB 绘制螺旋线

$$\begin{cases} x = 1 + 3 * \sin(5t) \\ y = 1 + 3\cos(5t) \quad t \in [0, \pi] \\ z = 2t \end{cases}$$

(2) 请用 MATLAB 画出椭圆$\frac{x^2}{9}+\frac{y^2}{25}=1$。

(3) 某电路电阻 100Ω，通过 $i(t)=3\sin(100\pi t)e^{-20t}$，$t\in[0, 0.1]$ 的电流，试画出它的电压波形和功率波形。

(4) 铁芯磁滞 $W=0.5B_m^2 f$，损耗的经验公式为 B_m，按照为磁滞回线上磁感应强度的最大值，f 为铁芯工作频率，$B_m\in[0, 2]$，$f\in[0, 100]$。请用 MATLAB 绘制功率损耗曲线图。

(5) 某三相电压波形分别为

$$\begin{cases} u_{\mathrm{U}} = 220\sqrt{2}\sin(2\pi ft) \\ u_{\mathrm{V}} = 220\sqrt{2}\sin(2\pi ft - 2\pi/3) \\ u_{\mathrm{W}} = 220\sqrt{2}\sin(2\pi ft - 4\pi/3) \end{cases}$$

其中　$f=50\mathrm{Hz}$，请在同一视图中画出三相电压波形，并标注波形名称。

（6）请用MATLAB绘制如下曲线：

1）曲线用红色点划线，o标记符号。

2）曲线用实线、绿色，x标记符号。view函数从2个视点看它：（az，el）=（30，10）；（az，el）=（30，100）。

1）$\begin{cases} x = \sin(-t)(1+t^2) \\ y = \cos(-t)(1+t^2) \\ z = t + 4\pi \end{cases}$

2）$\begin{cases} x = \sin(t)(1+t^2) \\ y = \cos(t)(1+t^2)t \in [0,4\pi] \\ z = 4\pi - t \end{cases}$

（7）一个阻感串联电路的电压、电流函数分别为

$$u_{\mathrm{R}} = 10\sin(5t)$$

$$i_{\mathrm{R}} = 0.3\sin(5t - \pi/4)$$

请用MATLAB中双y坐标画图。

第5章 MATLAB的程序设计

教学目标

掌握MATLAB编程的基本方法，常用控制语句的使用，程序调试方法等内容。

学习要求

通过学习练习例题和习题，学会MATLAB的基本编程。

5.1 M 文 件

5.1.1 M文件的创建和运行

应用MATLAB进行程序设计时，用户可以输入多条MATLAB命令并进行编辑，形成一个以“m”为扩展名的程序文件（即M文件）后，再统一送到MATLAB系统中，由系统自动进行解释执行。在MATLAB 2016a主页点击下拉菜单新建可以选择建立脚本文件和函数文件（它们都属于M文件，两者的区别将在后续内容讲述），将出现M文件编辑窗口。也可以在MATLAB命令行窗口的系统提示符后面“>>”输入命令“edit”，打开M文件编辑窗口并进入创建新M文件的状态，逐条输入MATLAB命令，编制一定功能的程序和完成程序调试和运行。

[例5-1] 圆的半径分别为1、2、3、4、5，试计算各圆的面积并用柱状图输出对应不同半径的圆面积。

解 建立M文件如下：

```
clc,clear,close all        % 用命令清除命令行窗口和工作区窗口内容,关闭图形窗口
r = 1:5;                   % 对各圆的半径赋值
s = pi * r.^2;             % 计算各圆的面积,注意点乘计算
bar(s)                     % 用柱状图输出结果
```

[例5-1]的文件输入建立后，在编辑器窗口界面，按运行键或在命令行窗口键入程序文件名并回车可以运行该程序，结果如图5-1所示。另外通过按快捷键F5同样可以获得运行结果，使用快捷键F5运行程序时光标需要处在当前的程序编辑器窗口里。对于已有的M文件同样可以调用和运行。

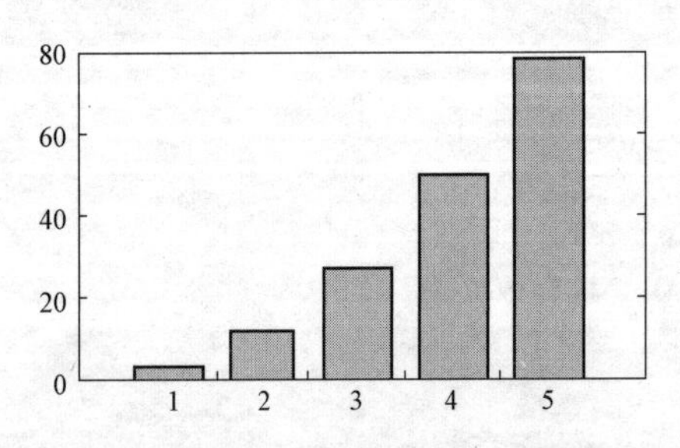

图5-1 [例5-1]的M文件输出结果

5.1.2 脚本文件和函数文件

(1) 脚本文件。M脚本文件又称命令文件，实际上是一串命令行文件的简单叠加，运行脚本文件时，MATLAB是自动按流程顺序执行该命令文件中的各条语句。脚本文件不能返回输出变量，但是所

有创建的变量都将保留在工作区中，供后面的计算使用。[例 5 - 1] 就是一个简单的脚本文件。

（2）函数文件。为了实现计算中的参数传递，简化程序模块的结构，使之更便于阅读和调试，需要用到函数文件。函数文件通过参数传递完成数据交换，它本身执行后，只传递最终结果，而不保留中间过程。函数文件内部所使用过的变量也仅在本文件内部有效，不会影响其他程序文件。

1）函数声明行。从形式和句型格式上来看，函数文件有函数声明行。函数声明行位于函数文件的首行，以 MATLAB 关键字 function 开头，定义函数的输入/输出变量。而脚本文件没有“函数声明行”。

2）函数文件的基本结构如下。

```
Function [返回变量列表] = 函数名(输入变量列表)
注释说明语句段
函数体语句段
end
```

其中，返回变量如果多于 1 个，则应该用方括号将它们括起来，否则可以省去方括号。多个输入量或者多个返回变量之间用逗号来分割。有的函数也无需返回变量。

注释语句段的每行语句都应该由百分号引导，百分号后面的内容不执行，只起到注释作用。

函数文件的名称和函数的名称必须一致，而脚本文件无此要求。MATLAB 中的函数文件名必须以字母开头，可以是字母、下划线及数字的任意组合，但不可以超过 31 个字符。

函数体语句段实现了函数的功能，也反映返回变量与输入变量的关系，其编程方法和一般程序没有区别。

[例 5 - 2]　（1）建立一个函数文件，已知圆的半径为 r，计算圆面积 s。并命名文件名为 aera _ circle。

（2）圆的半径分别为 1、2、3、4、5，试建立一个脚本文件并调用已构造的 aera _ circle 函数计算各圆的面积并用柱状图输出结果。

解　（1）先编辑一个函数文件如下。

```
function[s] = aera_circle(r)        % 建立函数式文件 aera_circle
 % Calculate the area of the circle
s = pi * r.^2                       % 建立函数式文件后将文件存储但先不要运行,因为该题中变量 r
                                    被还未
                                    % 被赋值,运行文件会出现错误。
end
```

（2）打开新的编辑窗口，建立一个的脚本文件，并在此文件中调用已经存储好的函数文件 aera _ circle。

```
clc,clear
r = 1:5
s = aera_circle(r)                  % 在该脚本文件中调用函数文件 aera_circle 计算 s
bar(s)
```

运行结果与［例5-1］一致。

在本例题（1）中，构造函数文件 aera _ circle 时，其函数体开始的语句段不要含有 clear 命令，否则调用函数时会出现错误，因为输入变量被清除而导致函数无法计算。

5.2 MATLAB控制语句

［例5-1］和［例5-2］均为顺序语句结构，即是按顺序执行程序中的语句序列，MATLAB编程中还要常用到选择语句和循环语句来完成比较复杂的功能。

5.2.1 选择语句

选择语句是：根据给出的条件，决定从给定的操作中选择哪一组去执行。MATLAB提供了两种选择语句结构。

1. if 语句

（1）单分支 if 语句，语句的基本格式如下。

```
if 表达式
    语句序列 1
else
    语句序列 2
end
```

执行步骤为：首先计算关键字 if 后面表达式的值，根据计算结果，确定程序不同的执行流程。即如果表达式的值为真，则执行语句序列 1，然后跳过语句序列 2，向下执行 end 后面的语句；如果表达式的值为假，则执行语句序列 2，然后顺序向下执行。

［例5-3］ 提示用户输入两个数值，程序判断其中的最大值并输出。

解 程序如下。

```
clear,clc
m1 = input('请输入第一个数值并回车\n'); % 提示用户在命令行窗口输入数据并回车
m2 = input('请输入第二个数值并回车\n'); % 提示用户在命令行窗口输入数据并回车
  if m1<m2                         % 用单分支 if 语句实现
max = m2;
  else
max = m1;
  end
fprintf('这两个数值中最大的是 % d\n',max)
                                   % 运行程序后在命令行窗口输出这两个数中的最大值
```

单分支 if 语句：对于比较简单的问题，可能仅需要根据条件决定是否执行种操作，这时就可以将 if 语句中的 else 部分的省略，变成为如下格式。

```
If 表达式
      语句序列
```

```
end
```

[例5-4] 用条件语句编程脚本式文件，判断满足一定条件的数，该数为被2除余1，被3除余2，被4除余3的大于50的两位数。

解 程序如下。

```
%用条件语句编程判断满足条件的数
clc,clear;
xn = input('输入一个两位数\n')                              %从命令行窗口输入一个两位数并赋
                                                             值给xn
if mod(xn,2) = = 1&&mod(xn,3) = = 2&&mod(xn,4) = = 3&&xn>50  %xn需要满足的条件
    fprintf('该数满足条件\n')                                %如果满足条件,输出字符串"该数满
                                                             足条件"
else
fprintf('该数不满足条件\n')                                  %如果不满足条件,输出字符串"该数
                                                             不满足条件"
end
```

运行该程序，分别按命令行窗口的提示在命令行窗口输入59、71、83、95这些数字，判断出这些数字满足条件，输入其他数字不满足条件。

[例5-5] 用条件语句编程函数式文件，判断满足一定条件的数，该数为被2除余1，被3除余2，被4除余3的大于50的两位数。

解 程序如下。

```
function[ ] = ex_LH5_5( xn )
    %  编程函数式m文件,求满足条件的两位数,函数名为ex_LH5_5
   xn = input('输入一个两位数\n')
      if mod(xn,2) = = 1&&mod(xn,3) = = 2&&mod(xn,4) = = 3&&xn>50 %xn需要满足的条件
fprintf('该数满足条件\n')                       %如果满足条件,输出字符串"该数满足条件"
 else
fprintf('该数不满足条件\n')                     %如果不满足条件,输出字符串"该数不满足条件"
  end
    end
```

在命令行窗口运行函数文件ex_LH_5_5并按命令窗口提示输入数据，运行可以获得与[例5-4]相同的结果。

在该例中函数文件返回值为空矩阵[ ]。

---

(2) 多分支if语句：如果问题逻辑比较复杂，需要有2个以上的选择时，可采用以下的多分支if语句格式。

```
If  表达式1
```

```
        语句序列 1
elseif 表达式 2
…
   elseif 表达式 n
        语句序列 n
   else
        语句序列 n+1
   end
```

其执行步骤是先计算关键字 if 后面表达式 1 的值，如果表达式 1 为真，则行语句序列 1，完成后跳出整个 if 语句结构，继续执行 end 后的语句；如果表达不满足，则不执行语句序列 1，而判断表达式 2 的真假，若为真，则执行语句序 2，并跳出整个 if 语句结构，继续执行 end 后的语句；如此一直进行下去，若所有条件都不满足，则执行关键字 else 后面的语句序列 n+1，直到 end 语句结束。

[例 5-6] 用多分支 if 语句编程，将百分制的学生成绩转换为五级制的成绩。

解

```
clc
clear
m = input('输入百分制学生成绩:\n')
if m> = 90
     grade = '优秀'
elseif m> = 80
     grade = '良好'
elseif m> = 70
     grade = '中等'
elseif m> = 60
     grade = '及格'
else
     grade = '不及格'
end'
```

2. switch 语句

switch 语句用于实现多重选择，其格式为如下

```
switch 表达式
          case 数值 1
               语句序列 1
          case 数值 2
               语句序列 2
……
          otherwise
               语句序列 n
               ……
end
```

switch 语句执行过程时，首先计算关键字 switch 后面表达式的值，然后将一个关键字 case 后面的数值依次进行比较，如果与某一个数值相等，则执行该 case 段中的语句序列，在执行完该 case 段以后，就跳出整个 switch 语句。如果表达式的值与所有 case 后面的数值都不相同，则执行 otherwise 段中的序列。根据实际问题的需要，如果表达式计算值与一个 case 值相等时，可将结构中的 otherwise 段省略。

［例 5-7］ 用 switch 语句编程，将百分制的学生成绩转换为五级制的成绩。

解

```
clc
clear
m = input('输入百分制学生成绩:\n')
switch fix(m/10)            %用 fix 函数实现小数取整
    case {9,10}             %在多值情况下,可将多值用大括号括起来作为一个单元处理

        grade = '优秀'
    case 8
        grade = '良好'
    case 7
        grade = '中等'
    case 6
        grade = '及格'
    otherwise               %应注意关键字 otherwise 不能用 else 代替

        grade = '不及格'
end
```

比较［例 5-6］和［例 5-7］可以发现采用 switch 语句编程相对采用多分支 if 语句编程程序逻辑结构简化，可读性更强。

5.2.2 循环语句

对于已知重复次数的场合，MATLAB 还专门提供了循环语句。

1. for 语句

for 语句的格式如下。

```
for 循环变量 = 起始值:步长:终止值
    语句序列
end
```

其中步长的值可以在正实数或负实数范围内任意指定，如果步长为正数，当循环变量的值大于终止值时，循环结束；如果步长为负数，当循环变量的值小于终止值时，循环结束。如果步长为 1，步长项可省略不写。

［例 5-8］ 求 1＋2＋3＋4＋5＋……＋99＋100 的和。

解

```
clc
clear
sum = 0;                  % 设定变量初值为 0
for n = 1:100             % 设定循环变量 n 为 1～100,增量为 1
    sum = sum + n;
end                       % 循环结束
sum                       % 显示运行结果
```

程序运行结果:sum = 5050

[例 5-9] x 的初值为 1，将 $x_{k+1}=5+x_k$ 迭代四次，求 x 的值。

解

```
clc
clear
x = 0;                % 设定变量 x 的初值
for n = 1:4           % 设定循环变量,决定了迭代次数为 4 次
    x = 5 + x         % 迭代语句,如句尾不加分号,输出每次迭代结果
end                   % 循环结束
```

```
运行结果为:x =
    5
x =
    10
x =
    15
x =
    20
```

在本例中的迭代语句中并没有用到循环变量 n，但循环变量决定了语句系列的循环次数。

---

2. while 语句

while 语句的格式为如下。

```
while 条件表达式
语句序列
 End
```

执行程序时，先判断关键字 while 后面的表达式的逻辑值，当表达式的逻辑值为“真”时，反复执行循环体的语句序列，直到表达式的逻辑值为“假”时，退出循环，继续执行 end 后面的语句。

[例 5-10] 求 0 到 100 的偶数之和。

解

```
clear
clc
sum = 0;              %设置和的初值
n = 0;                %设置循环变量的初值
while n< = 100        %设置循环条件
  sum = sum + n;      %进行累加
n = n + 2;            %步长为2,保证所加的数值为偶数
end
sum                   %显示计算结果
```

程序运行结果 sum = 2550

［例5-11］ 用while语句编程，求满足条件的两位数，该数被2除余1、被3除余2、被4除余3，并且该数大于50。

解

```
clc,clear;
xn = 11;n = 1;
while xn<100
    if mod(xn,2) = = 1&&mod(xn,3) = = 2&&mod(xn,4) = = 3&&xn>50 %xn需要满足的条件
        y(n) = xn;满足条件的数作为数组的元素形成数组y
        n = n + 1;
    else
    end
    xn = xn + 1;                                        %while语句的循环变量加1
end
fprintf('数组y的各数满足条件\n')
y
运行结果:y = 59    71    83    95
```

5.2.3 其他控制语句

1. break语句

在循环语句中，有时并不需要运行到最后一次循环，只要达到设置的终止项要求，就退出循环，这种情况下可以使用break语句。

［例5-12］ 找到100～500之间前3个能既能被3整除，又能被11的整数的自然数。

解 程序如下。

```
clear
clc
m = 1;
for n = 100:500
        if mod(n,3) = = 0&&mod(n,11) = = 0 %mod为求余函数,用于判断n是否能
                                           %被另一数整除
```

```
            x(m) = n;                        %满足条件时将数值 n 赋值给向量 x
            m = m + 1;
            if m == 4
                break                        %如果 m = 4,则已求得前 3 个数,终止循环
            end
        end
end
x
```

程序运行结果：x = 132　165　19

2. input 命令

该命令用于提示用户从键盘输入数据、字符串等并且可以接受赋值，［例 5-3］～［例 5～5］均使用了该命令。

3. pause 命令

该命令用于使程序暂停，用户按任意键后程序继续执行，常用于程序调试。

5.3 MATLAB 程序优化和调试

5.3.1 MATLAB 程序错误分类

MATLAB 程序错误有以下几种。

（1）语法错误。程序的语法错误包括变量名的命名不符合 MATLAB 的规则、函数名的误写、括号个数不配对、函数的调用格式错误、循环中遗漏了“end”等情况。这类错误在程序的编译过程中就能发现。

（2）逻辑错误。程序的逻辑错误主要表现在程序运行后，得到的结果与预期设想的不一致，这类错误一般是由编写者的逻辑错误造成的，通常出现逻辑错误的程序可能正常运行，系统不会给出提示信息，所以很难发现。要发现和改正逻辑错误，需要仔细阅读和分析程序。

（3）异常。程序的异常是指程序执行过程中由于不满足前置条件或后置条件而造成的程序执行错误。例如等待读取的数据文件不在当前的搜索路径内等情况出现的错误。

5.3.2 程序性能优化

对程序进行优化可以提高程序运行效率，其基本方法是尽量用最简单的代码来编写程序，可以采用的措施有：去掉不必要的计算、采用省时的算法、避免重复计算等。同时，还应注意有以下几方面问题。

（1）尽量避免使用循环。运行 MATLAB 程序时，对矩阵中的单个元素作循环时，运算速度会很慢，而代码向量化，将诸如 for 循环和 while 循环转化为矩阵的按位运算，可以提高计算效率。

（2）尽可能地采用函数 M 文件，而不是脚本 M 文件。因为函数 M 文件的执行效率高于本 M 文件，在编程时应时尽可能地采用函数 M 文件，而不是脚本 M 文件。

（3）load 函 save 函数的使用。调用和存储较大的数据时尽量使用 load 函 save 函数，而

尽量不使用文件的I/O操作函数。

（4）为大型数组预定维数。为数组预定维数可以提高程序的执行效率。由于在MATLAB里，变量使用之前不用定义和指定维数，如果未预定义数组，每当新赋值的元素的下标超出向量维数时，MATLAB就为该数组扩维一次，这样做会大大降低程序的执行效率。为数组的预定维可以提高内存的使用效率，进行for、while等循环前，对于循环过程中不断变化的变量应预先分配足够大的数组，从而避免MATLAB频繁地进行变量数组重生成操作，提高运算速度。

5.3.3 MATLAB程序调试

MATLAB程序调试是用户将编制的程序投入实际运行前，对程序的测试，检查和修正其语法错误和逻辑错误、解决异常状况的过程，以保证程序正常运行和得出正确结果。

MATLAEB是一种边解释边执行的程序语言，因为该软件有良好的人机交互界面，计算结果可以根据需要及时显示出来，为程序的调试带来了诸多的方便。MATLAB不仅提供了一系列的调试函数用于调试，而且在MATLAB文件编辑器中集成了程序调试器，通过使用调试器，用户可以完成调试工作。

1. 直接调试法

对于简单的MATLAB程序，直接调试法是一种简便快捷的方法，基本方法大致有如下几种：

（1）如果程序运行有问题，用户可将重点怀疑语句后的分号删除再运行程序，相应变量的结果会在命令行窗口显示出来，然后与预期值比较，从而快速地判断程序执行到该处时是否发生了错误。

（2）在适当的位置添加输出变量值的语句。

（3）在程序的适当位置添加keyboard命令。当程序执行到该处时暂停，并在命令行窗口显示提示符K>>，用户可以查看工作区中显示的各个变量的值是否有问题。

（4）调试程序时，可以利用注释符号“%”屏蔽程序中的一些语句，逐步检查程序中的错误之处，修改后再去掉不必要的注释符号“%”。

2. 工具调试法

用MATLAB的M文件编辑器（Editor）中集成的程序调试工具对程序进行调试。它集成了各种程序调试命令，其将这些命令以按钮显示，按钮主要功能有设置和清除断点、运行并保存文件、运行并计时、增加和消除注释等。

5.4 应 用 举 例

［例5-13］ 编程脚本式M文件，输出m和n两个数相乘的结果，其中m为1～9，n也为1～9。

解 程序如下。

```
clc,clear
for m = 1:9                                   %应用 for 循环语句
        for n = 1:m                           %应用 for 循环语句
            fprintf('%d*%d=%2d ',m,n,m*n)     %输出格式,m、n 为变量
        end
```

```
        fprintf('\n')                                    %输出换行
end
```

输出结果略,为九九乘法口诀表。

［**例5-14**］ 输出所有的3位数，该3位数必须由1、2、3、4构成，每位数的数字不可以相同。

解 程序如下。

```
clc,clear
p=[ ]                                   %给p赋初值为空矩阵
count=0                                 %赋初值
for n1=1:4                              %以下使用3个循环语句
    for n2=1:4
        for n3=1:4
            if n1~=n2&n2~=n3&n3~=n1     %使用if_end条件语句,每位数的数字
%不可以相同
                n=100*n1+10*n2+n3
                p=[p,n]                 %满足条件的数组组成的数组
                count=count+1           %满足条件的数的数目
            end
        end
    end
end
```

输出结果 count=24,p省略。

［**例5-15**］ 试编写一个函数式文件，用于计算一个4乘5阶矩阵的各列元素的数值之和（要求不直接用sum函数计算）。

解 函数文件如下。

```
function sum1=ex_LH5_15(A)
                    %函数文件ex_LH5_15用于计算一个4乘5阶矩阵的各列元素的数值之和

a=0                 %给向量a赋初值,用于存放矩阵的各列元素的数值之和
b=size(A);          %将矩阵A的大小赋值给向量b
for i=1:b(2)        %用循环语句将各列元素相加,b(2)为矩阵A的列数
    a=a+A(i);
end
sum1=a;             %结果赋值给向量sum1
```

脚本文件如下，用于调用函数式文件ex_LH5_15()

```
A=rand(4,5)         % 产生一个4乘5阶矩阵A
sum1=[];            %赋初值
```

```
for j = 1:5
      b = A(1:end,j);        % 取出 A 的各列赋值给向量 b
      b = b'                  % 转置将 b 变为列向量
      m = ex_LH5_15(b)        % 调用函数计算各列元素之和
      sum1 = [sum1,m];        % 存放计算结果
end
disp(sum1)                    % 显示计算结果
```

运行程序计算结果为

```
A =
    0.7513    0.8909    0.1493    0.8143    0.1966
    0.2551    0.9593    0.2575    0.2435    0.2511
    0.5060    0.5472    0.8407    0.9293    0.6160
    0.6991    0.1386    0.2543    0.3500    0.4733

    2.2114    2.5360    1.5018    2.3371    1.5370
```

结果可以与直接用 sum 命令比较输出一致。

练习题

（1）1）用 for 循环语句编程求 2 的 m 次方，m 分别为 1、2、3、4、5。

2）用 for 循环语句编程求 2 的 m 次方，m 分别为 1、2、3、4、5；并求 $\sum_{m=1}^{m=5} 2^m$。

（2）用 while 循环语句编程函数式文件求 8!。

（3）1）编写函数文件求 $y=\sin(x)+0.5\sin(3x)-1$，函数文件名为 jisr01。

2）编写脚本文件调用函数 jisr01 在 $0\leqslant x\leqslant 2\pi$ 范围内求 y 的值，相邻 x 点间隔 $2\pi/24$。

3）绘制 $y=f(x)$ 的曲线。

（4）1）编写函数文件求 $I_{set}=0.9+k(I_d-0.9)$，其中 k 和 I_d 为输入变量，I_{set} 为返回变量，函数文件名为 jisr02。

2）k 值取 0.6，编写脚本文件调用函数 jisr02，在 $0\leqslant I_d\leqslant 5$ 范围内求 I_{set} 的值，相邻 I_d 点间隔 5/24。绘制 $I_{set}=f(I_d)$ 的曲线。

（5）编程画出下列分段函数的曲线。

$$x=\begin{cases}x+1, x<0\\1,5,0\ll x\ll 2\\x^2, x>2\end{cases}$$

（6）编程计算上一题中分段函数的值，要求能够根据用户对 x 值的不同输入，得出相对应的计算结果。

（7）编写一个函数文件，用来判断任意输入的一个正整数是否为素数。

（8）编写一个函数文件用于求两个多项式之和，这两个多项式系数向量分别为 X_1 和 X_2。

第 6 章 MATLAB/Simulink 仿真

教学目标

掌握 MATLAB/Simulink 主要模块的使用方法，仿真模型的搭建方法，仿真模型参数的设置方法。

学习要求

学生通过上机练习，学会 MATLAB/Simulink 仿真的基本方法。

6.1 Simulink 概述

计算机的出现对科学和工程技术的发展产生了深远的影响，人们通过对复杂事物和复杂系统建立模型并利用计算机求解，来解决理论研究和工程设计等方面的问题，逐步形成了计算机仿真技术。

通过对实际系统的观测和检测，在忽略次要因素及不可检测变量的基础上，用数学的方法进行描述，从而获得实际系统的简化近似模型，称为建模的过程。仿真是利用计算机产生的数据接近真实地模拟实际系统模型的行为和特性，整个仿真过程包含建模、实验和分析三个主要步骤。

Simulink 是 MATLAB 最重要的组件之一，它有两层含义，Simu（仿真）和 Link（连接），即把一系列模块连接起来，构成复杂的系统模型。Simulink 不但支持连续与离散系统以及连续离散混合系统，也支持线性与非线性系统，还支持具有多种采样频率的系统，不同的系统能够以不同采样频率进行组合，从而可以对较大较复杂的系统进行仿真。

作为仿真设计工具，Simulink 具有良好的可移植性和扩展性，易学易用，可视化等特点。Simulink 可应用于数学、控制、信号处理、通信和图像处理系统中，也应用于电力系统的仿真。

6.2 Simulink 仿真模型的建立和仿真参数设置

6.2.1 启动 Simulink

1. *单击主页工具栏上 Simulink 按钮启动 Simulink*

在 MATLAB R2016a 主页工具栏上，用鼠标单击 Simulink 按钮，Simulink 经初始化后出现图 6-1 的界面。

然后，用鼠标单击 Blank Model，出现图 6-2 的空白模型界面。

利用图 6-2 所示界面上的下拉菜单可以进行调用 MATLAB/Simulink 模块库，选择需要的仿真模块，搭建一定功能的仿真模型，进行仿真参数设置和完成仿真。

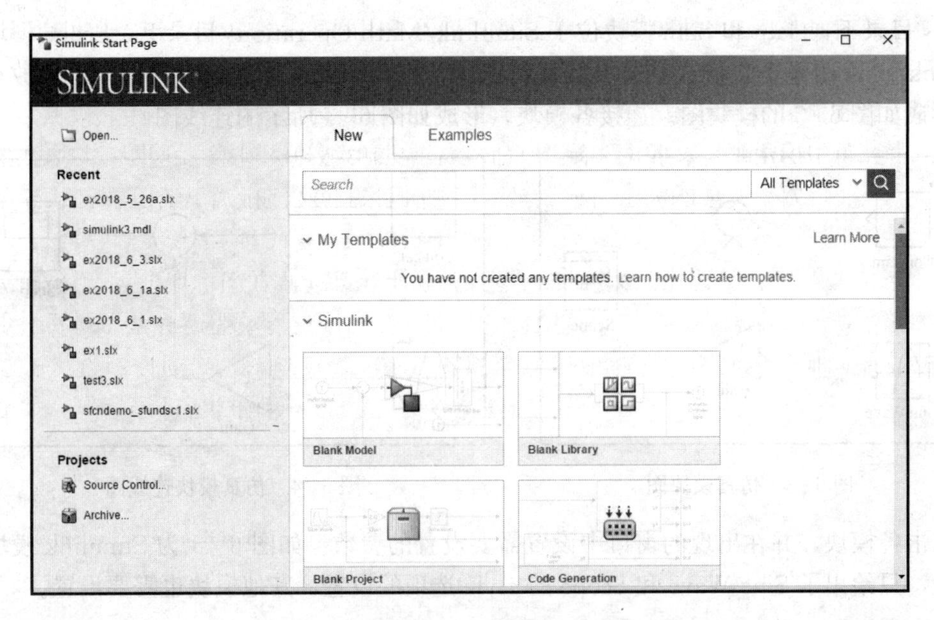

图 6-1　Simulink 界面

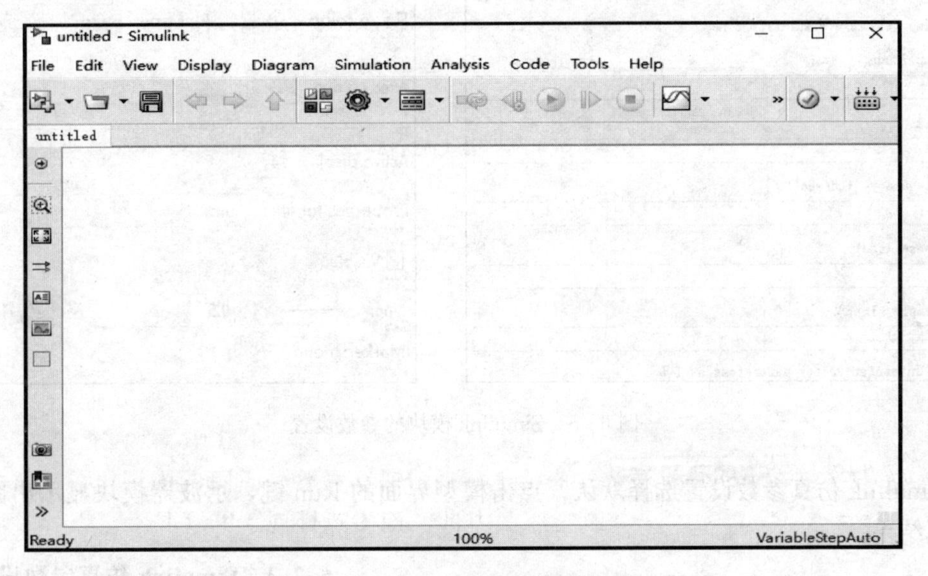

图 6-2　Simulink 空白模型界面

2. 使用 MATLAB 命令启动 Simulink

启动 Simulink 的另一种方法是在 MATLAB 命令行窗口输入命令 Simulink 并回车，可以获得同样的结果。

6.2.2　搭建仿真模型

利用鼠标和键盘的操作即可以对需要的功能模块进行复制粘贴和改变其形状，也可以对其移动和旋转、编辑模块名、连接各模块和对进行各模块参数的设置。

[例 6-1]　模拟一次线性方程 $y=2x+5$，其中输入信号为正弦波。

解　如图 6-3 所示，确定建模需要的模块，Constant 和 Sine Wave 模块位于 Simulink/

Sources 目录下，Gain 和 Sum 模块位于 Simulink/Math Operations 目录下，Scope 模块位于 Simulink/Sink 目录下。将这些模块复制到先建立的 Simulink 空白模型界面里，并放在合适位置形成如图 6-3 的模块图。连接各模块，形成如图 6-4 所示的连线图。

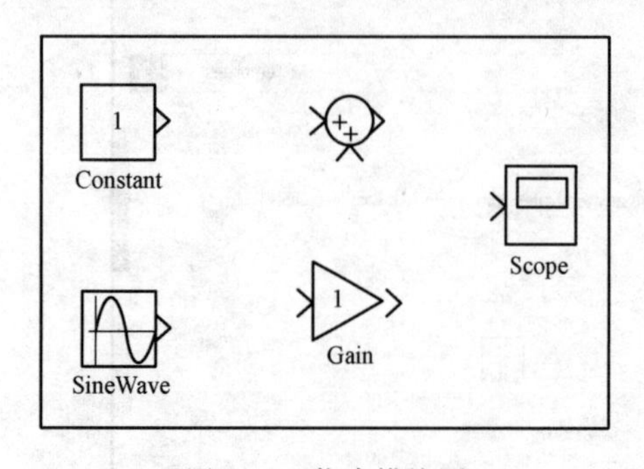

图 6-3 仿真模块图

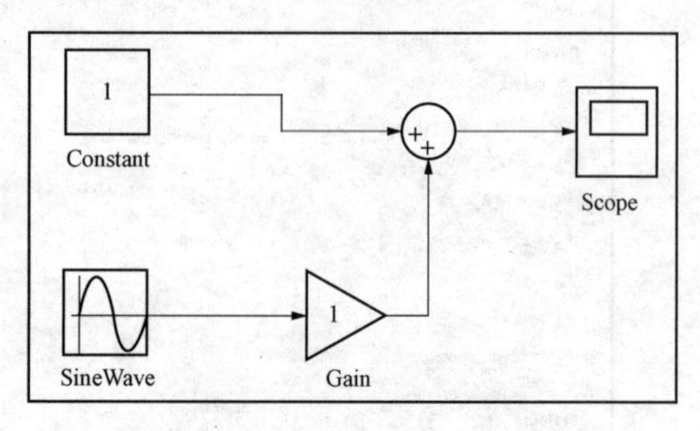

图 6-4 仿真模块连线图

双击各模块，并在出现的窗口中设置需要设置的参数。如图 6-5 为 Simulink 模块的参数设置，只给出了 Sine Wave 和 Scope 的 style 选项的设置，其他模块也需要设置。

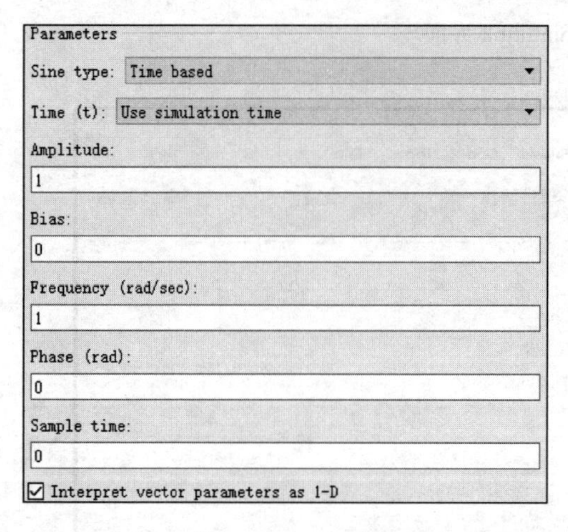

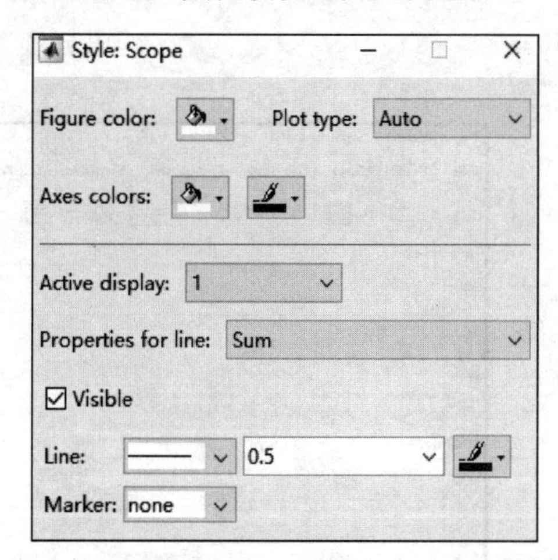

图 6-5 Simulink 模块的参数设置

Simulink 仿真参数设置选择默认，点击模型界面的 Run 键，示波器模块显示出图 6-6 的仿真结果。

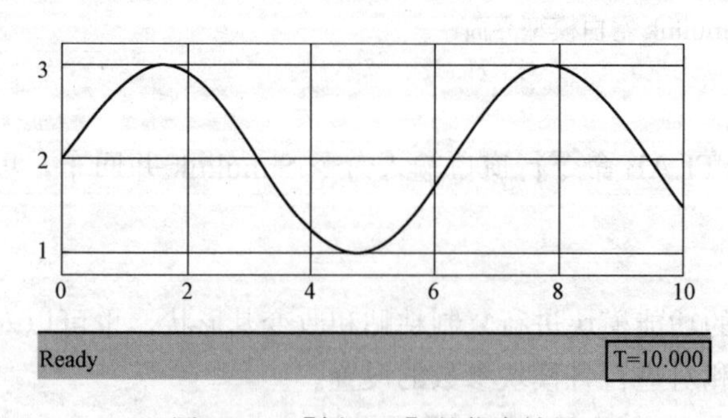

图 6-6 ［例 6-1］的仿真结果

6.2.3 Simulink 仿真参数设置简介

在模型窗口选择下拉菜单 Simulation—> Model Configuration parameters，打开仿真求解器的参数设置对话框，如图 6-7 所示，常用的设置有 Solver 页的参数设置和 Data Import/Export 页的设置，除此之外还有仿真优化设置和诊断信息报警设置及仿真产生程序代码类型设置等。

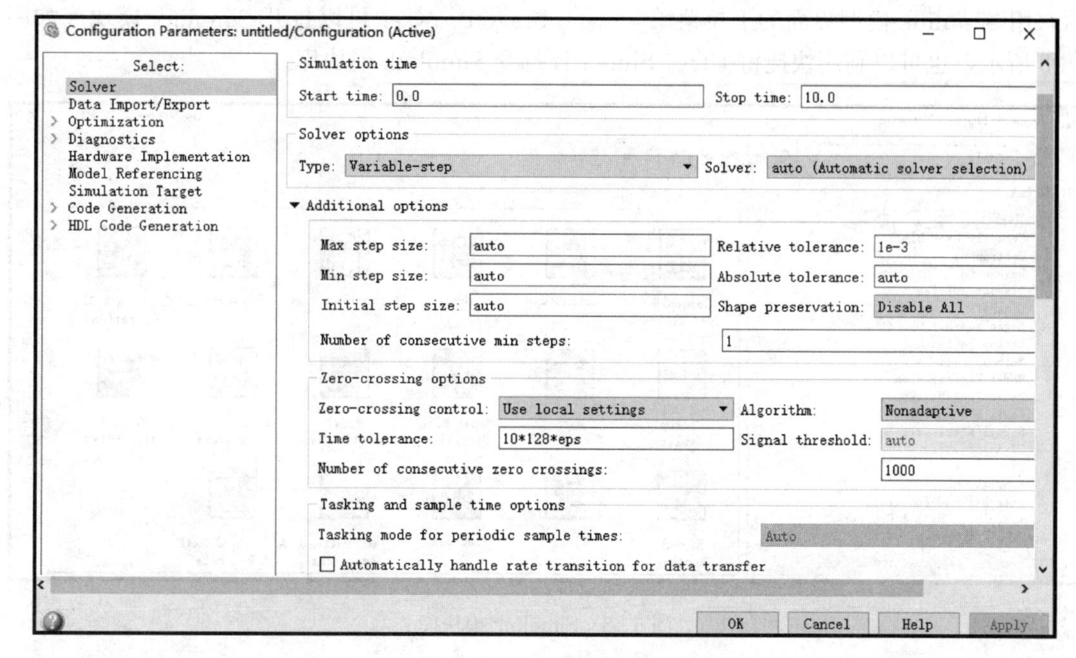

图 6-7　求解器参数设置

1. Solver 页的参数设置

（1）仿真的起始和结束时间：包括仿真的起始时间（Start time）和仿真的结束时间（Stop time）。

（2）仿真步长：可以选择固定步长和变步长仿真。

（3）仿真解法：设置求解器的具体类型。

（4）附加选项部分：在附加选项部分 Additional options 中可以设置仿真步长限制和仿真精度。

2. Data Import/Export 页的设置

通过该页，可以设置 Simulink 从工作空间输入数据、初始化状态模块，也可以将仿真的结果、状态模块数据保存到当前工作空间。

（1）从工作空间装载数据（Load from workspace）。

（2）保存数据到工作空间（Save to workspace）。

（3）Time 栏：勾选 Time 栏后，模型将把（时间）变量在右边空白栏填写的变量名（默认名为 tout）存放于工作空间。

（4）States 栏：勾选 States 栏后，模型将把其状态变量在右边空白栏填写的变量名（默认名为 xout）存放于工作空间。

（5）Output 栏：如果模型窗口中使用输出模块 Out，那么就必须勾选 Output 栏，并填写在工作空间中的输出数据变量名（默认名为 yout）。

6.3　Simulink 基本模块库

MATLAB/Simulink 模块库供了大量的模块来帮助用户进行建模仿真。在启动 Simulink

后，用Simulink模型界面的下拉菜单view/Library Browser可以打开Simulink模块库如图6-8所示，也可以利用快捷键Ctrl+Shift+L打开Simulink模块库。

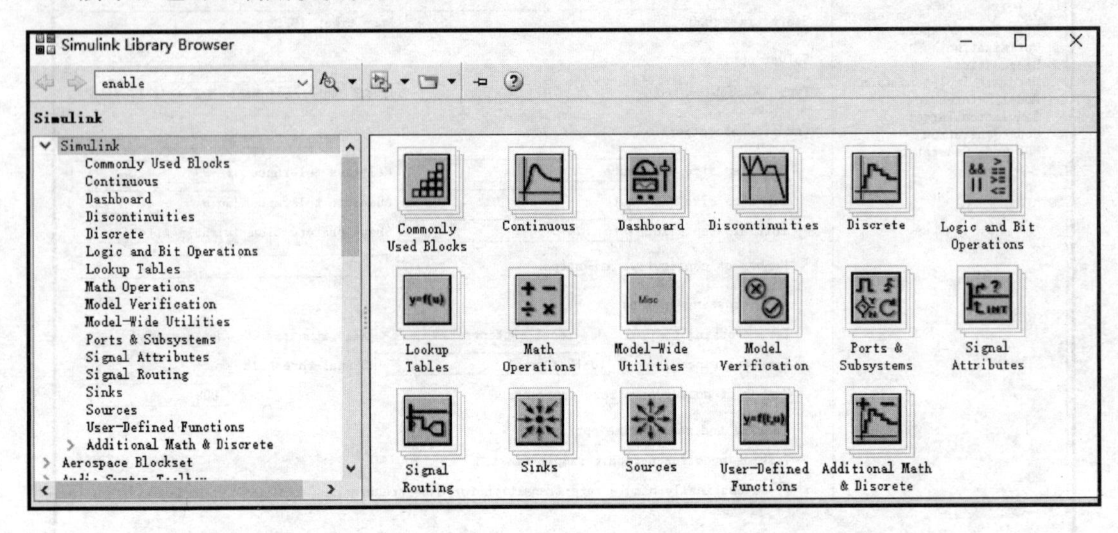

图6-8 Simulink模块库

6.3.1 常用模块库（Commonly Used Blocks）

常用模块库是从其他模块库中抽取出的模块，一般都是用户在仿真中使用次数最多的模块。其中所包含的模块种类如图6-9所示。

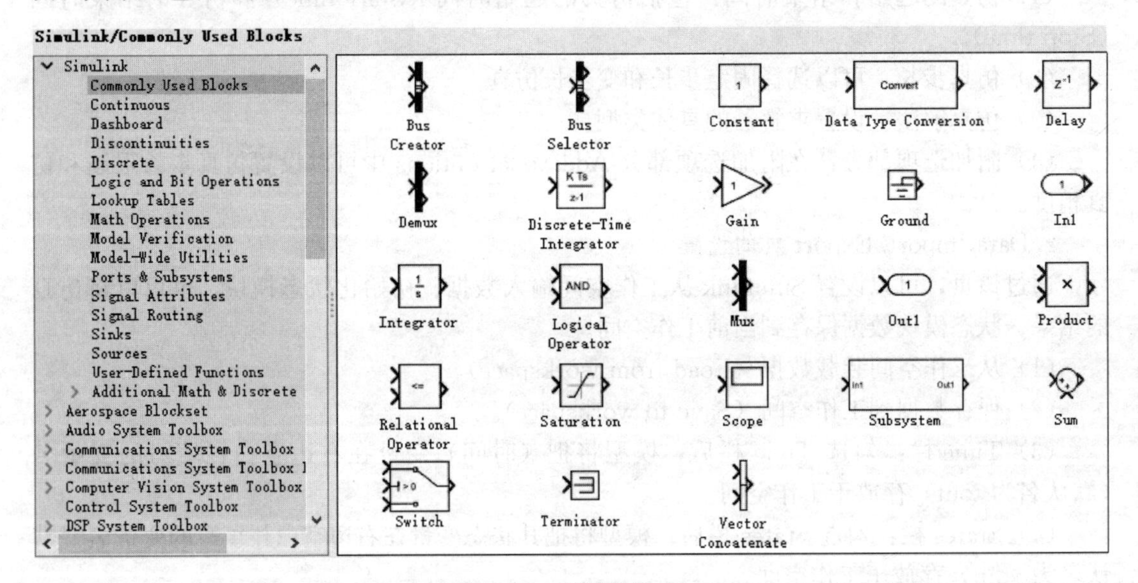

图6-9 常用模块库

（1）Bus Creator：形成信号总线模块。

（2）Bus Selector：从信号总线中选择信号，来自Signals Routing模块。

（3）Constant：生成一个常量值，在Sources模块中。

（4）Data Type Conversion：将输入信号转换为指定的数据类型。

（5）Delay：将信号延迟模块，在Discrete模块中。

（6）Demux：多路信号分离器，来自Signals Routing模块。

（7）Discrete-Time Integrator：执行信号的离散时间积分，在Discrete模块中。

（8）Gain：求模块的输入量乘以一个数值，在Math模块中。

（9）Ground：一般用于表示零输入模块，如果一个模块的输入端子没有接任何其他模块，在Simulink仿真中经常给出错误信息，这样可以将Ground模块接入该输入端子，即可避免错误信息。

（10）In1：为子系统或模型提供一个输入端口。

（11）Integrator：对信号进行积分，在Continuous模块中。

（12）Logical Operator：逻辑算子在Math模块中。

（13）Mux：多路信号传输器，来自Signals Routing模块。

（14）Out1：为子系统或模型提供一个输出端口。

（15）Product：求两个输入量的积或商，在Math模块中。

（16）Relational Operator：关系运算符，在Math模块中。

（17）Saturation：限制信号的变化范围，在Discontinuites模块中。

（18）Scope：示波器模块。

（19）Subsystem：子系统模块。

（20）Sum：求和，在Math模块中。

（21）Switch：在两个输入之间切换，在Signals Routing模块中。

（22）Terminator：中止没有连接的输出端口，来自Signals Routing模块。

（23）Vector Concatenate：向量连接模块。

6.3.2 其他模块库

其他模块库包含信号源模块库（Sources）、连续系统模块库（Continuous）、离散系统模块库（Discrete）、信号通道模块（Signals Routing）、数学运算模块库（Math）、非连续系统模块库（Discontinuites）、信号接收模块库（Sinks）、用户自定义函数模块库（User-Defined Functions）、逻辑和位操作模块库（Logical and Bit Oprations）、信号口与子系统模块库（Ports and Subsystem）等。

（1）信号源模块库：包含输入端口模块、普通信号发生器、带宽限幅白噪声、读工作空间模块、常数输入模块等。

（2）连续系统模块库：包含常用的连续模块，有积分器、数值微分器、线性系统的状态方程模块、传递函数等。

（3）离散系统模块库：用于建立离散系统模型，包括离散系统的传递函数和状态方程等。

（4）信号通道模块：包括混路器、分路器和选路器等多个用于构成信号路由的模块。

（5）数学运算模块库：包含多种数学函数模块，有求和、增益、一般数学函数、数字逻辑、求绝对值、复数运算等模块。

（6）非连续系统模块库：包含开关模块、继电器模块、饱和模块等。

（7）信号接收模块库：用于显示仿真计算的结果，有示波器模块、数字显示模块、输出端口模块、工作空间写入模块等。

（8）用户自定义函数模块库：有多种类型的用户自定义函数模块子系统。

（9）逻辑和位操作模块库：包含多个模块，用于对信号的各种逻辑运算和位操作运算。

（10）信号口与子系统模块库：包含触发子系统、使能子系统等子系统。

6.3.3　仿真模块使用方法举例

MATLAB/Simulink 功能强大、内容丰富，本部分内容仅就部分模块的作用和使用方法举例。学生必须长期努力不断实践，进行实际上机练习才能逐渐掌握 MATLAB/Simulink 的各部分内容。

1. 如何学习和了解一个仿真模块的作用和使用方法

对于要使用的仿真模块，应掌握其作用、使用方法和参数设置方法。

在 MATLAB/Simulink 中各模块一般都有简要的帮助文件，读者根据自己的需要可在使用中随时查阅和学习。

［例 6-2］ 学习了解一个仿真模块的作用和使用方法，举例模块为 Simulink/User-Defined Functions/Fcn。

解　在模块库中找到该模块，复制粘贴（或拖动）到仿真模型文件的搭建页面中如图 6-10 所示。双击 Fcn 图标，出现该模块的简要说明和参数设置窗口如图 6-10 所示。

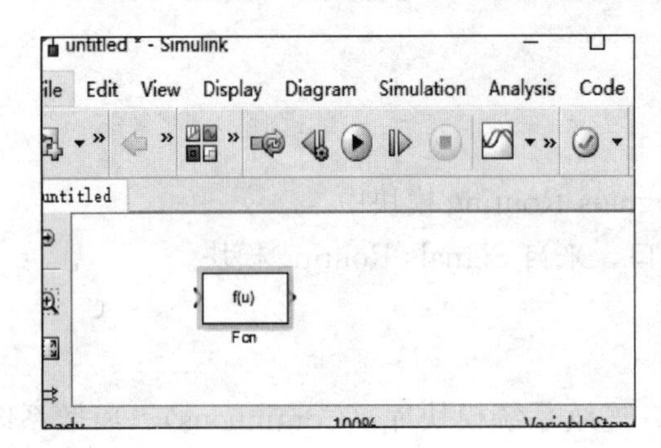

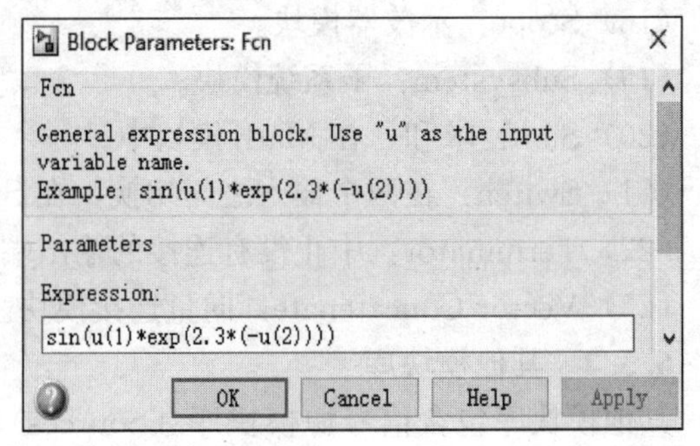

图 6-10　Fcn 模块及简要说明和参数设置窗口

这是一个通用表达式模块，使用“u”作为输入变量名，u 为向量或标量；该模块输出为标量。

该模块按该表达式计算出输出变量并由模块输出。表达式应符合 MATLAB 书写习惯，但要求表达式不应含“:”符号，也不含有矩阵运算。

单击图中的 Help 键，可以查看该模块的较详细的帮助文件。

［例 6-3］ 对于 Fcn 模块，计算表达式为 sin(u(1)*exp(2.3*(−u(2))))，搭建仿真模型，输入量为 $u=[2\ 3]$，用数字显示模块显示输出结果。

解　Model Configuration parameters 设置仿真结束时间为 0.01s，其他参数设置为系统默认，运行结果如图 6-11 所示的 Display 显示。

［例 6-4］ 一个简单的多路信号结构如图 6-12 所示，该结构包括一个阶跃输入，两个积分器，一个 Mux 模块，一个示波器模块。

解　Step 模块在 Simulink/Sources 目录下，Integrator 模块在 Simulink/Continuous 目录下。

找到需要的各模块并复制到新建的模型窗口，连接各模块形成如图 6-12 的模型，设置各模块参数。

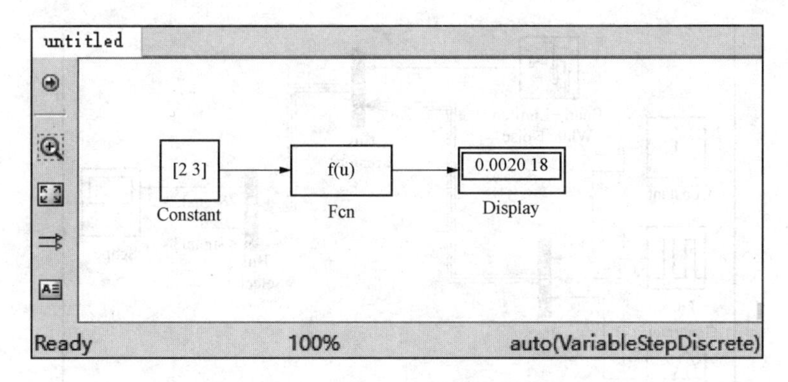

图 6-11　Fcn 模块举例仿真结果

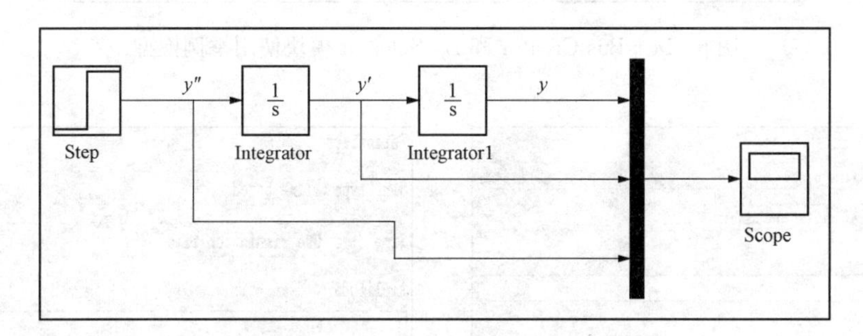

图 6-12　简单多路信号结构

仿真时间设置为 0～4s。

进行仿真，得到 6-13 所示的相应曲线。

2. Bus Creator 和 BusSelector 模块的使用及 Mux 模块和 Demux 的使用

Bus Creator 和 BusSelector 模块分别为总线创建模块和总线选择模块，在应用电力系统仿真时经常用于选择电机需要的输出量。

［例 6-5］　Bus Creator 和 BusSelector 模块的使用举例。

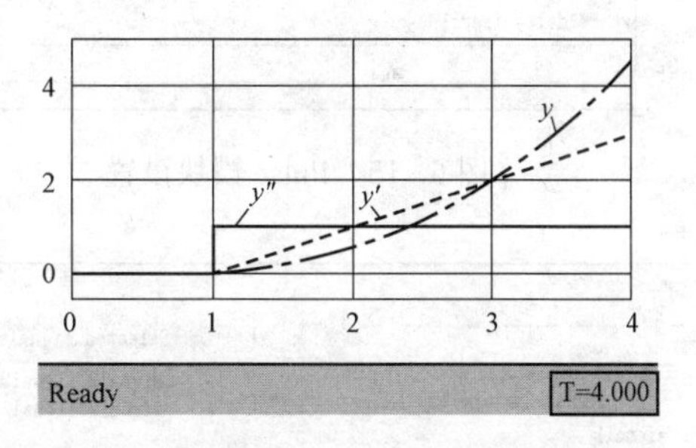

图 6-13　［例 6-3］输出显示结果

解　如图 6-14 所示的仿真模型，有两级 Bus Creator。Bus Creator2 有四路输出量，通过 BusSelector 可以选择其中的两路由示波器显示。要显示 PulseGenerator 和 Sine Wave 的波形，BusSelector 可按图 6-15、图 6-16 设置即可，PulseGenerator 中 Period 设置为 0.5s，Sine Wave 的参数 Frequency（rad/sec）设置为 2 * pi(rad/s)。仿真时间为 3s。其他参数为默认。仿真结果如图 6-18。

需要注意的是 Mux 模块和 Demux 是另外一对模块，使用中与［例 6-4］中的 Bus Creator 和 BusSelector 这对模块有一定的区别。

Mux 为多重标量或矢量信号，Demux 为将矢量信号分解成标量或更小的向量。Mux 模块是将多路信号集成一束，这一束信号在模型中传递和处理中都看作是一个整体（Mux 实际上代表多路信号）。

Band−Limited
White Noise
1
Constant
Pulse
Generator
Sine Wave
Bus
Creator1
Bus
Creator2
<Signal2>
<Signal3>
Bus
Selector
Scope

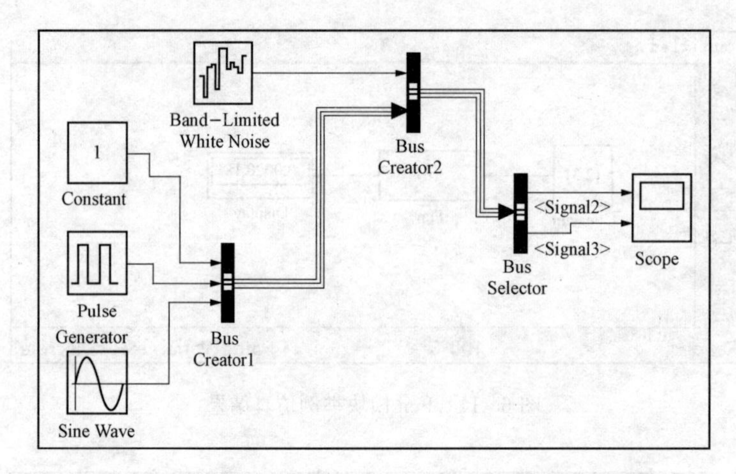

图 6 - 14　Bus Creator 和 BusSelector 模块使用举例模型

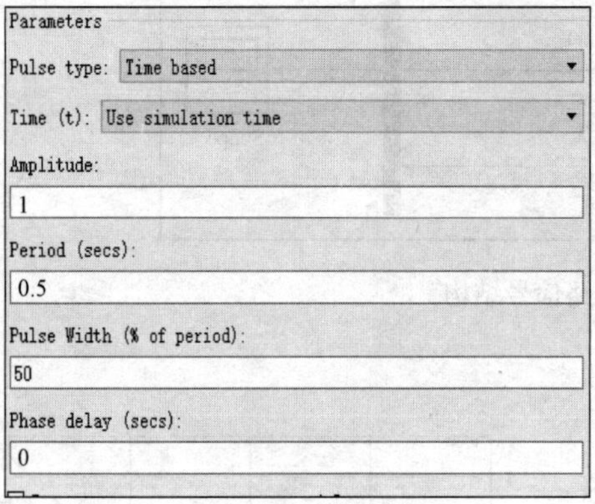

Parameters
Pulse type: Time based
Time (t): Use simulation time
Amplitude:
1
Period (secs):
0.5
Pulse Width (% of period):
50
Phase delay (secs):
0

图 6 - 15　Pulse 模块设置

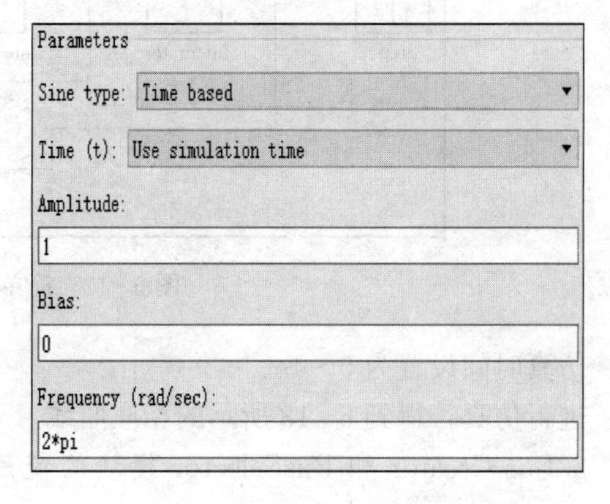

Parameters
Sine type: Time based
Time (t): Use simulation time
Amplitude:
1
Bias:
0
Frequency (rad/sec):
2*pi

图 6 - 16　Sine Wave 模块设置

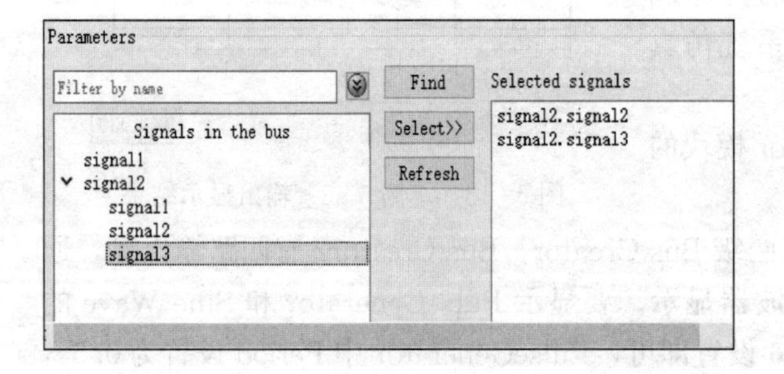

Parameters
Filter by name
Find
Selected signals
Select>>
Refresh
Signals in the bus
signal1
signal2
signal1
signal2
signal3
signal2.signal2
signal2.signal3

图 6 - 17　[例 6 - 5] 中 BusSelector 选择信号设置

<signal2>,<signal3>
1
0.5
0
−0.5
−1
0
0.5
1
1.5
2
signal2
signal3

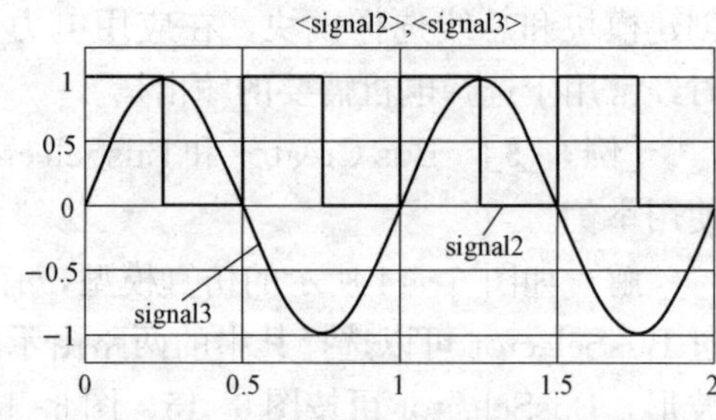

图 6 - 18　[例 6 - 5] 仿真结果

Demux Block 将各路信号相互分离以便能对各信号进行单独处理。这种类型的向量操作要求所有输入 Mux 模块的信号都是同种数据类型。

Mux 模块将输入信号组合成一个单一的矢量输出。输入可以是一个标量或矢量信号。但所有的输入必须是相同的数据类型和数值类型。Demux 输出是矢量输出信号的所有元素。

使用 Bus Creator 块可以有不同的数据类型，如图 6 - 17 所示，用 BusSelector 可以选择多路信号中用户感兴趣的部分信号使用或显示。

3. 使能子系统（enabled subsystetm）及触发子系统（triggered subsystem）的作用和使用方法

在 Simulink 中，允许某个子系统在给定的控制信号下执行，使能子系统（enabled subsystetm）中将子模块条件信号称为控制信号，控制信号分成“允许”（enable）和“禁止”（disabled）两种，Simulink 的约定下，当控制信号为正时，将模块设置为允许状态，否则为禁止状态，可以执行子系统的模块，否则将禁止其功能。为保证整个系统的连贯性，在禁止状态下子系统仍有出信号，用户可以选择继续保持禁止前的信号或复位子系统。

触发子系统（triggered subsystem）在控制信号满足某种变化要求的瞬间，可瞬间触发（激活）子系统，然后保持子系统输出的状态，等待下一个触发信号。它允许用户自定义在控制信号的上升沿、下降沿或控制信号变化时触发子系统。

［例 6-6］ 以 PulseGenerator1 输出脉冲作为使能子系统的条件控制信号，Sine Wave1 输出脉冲作为使能子系统的输入信号，使能子系统和触发子系统的仿真。

解　使能子系统如图 6-19。输入信号参数设置为 Frequency 为 2 * Pi * 50，PulseGenerator1 设置为 Amplitude 为 1，Period 为 0.01，Phase delay 为 0.02/6，如图 6-15 和图 6-16 所示。使能子系统参数设置为默认。触发子系统如图 6-20。触发子系统参数设置中 Trigger type：设置为 falling。

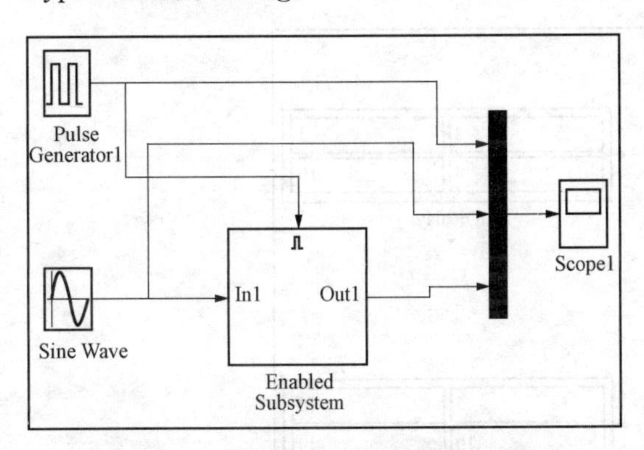

图 6-19　［例 6-6］使能子系统仿真模型

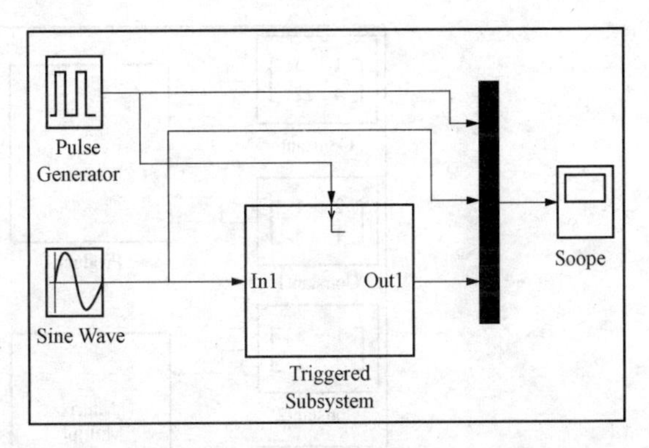

图 6-20　［例 6-6］触发子系统仿真模型图

［例 6-6］仿真结果如图 6-21 和图 6-22 所示。

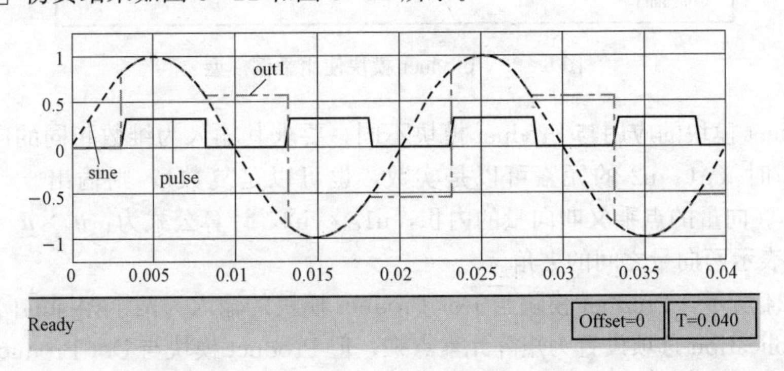

图 6-21　［例 6-6］使能子系统仿真结果

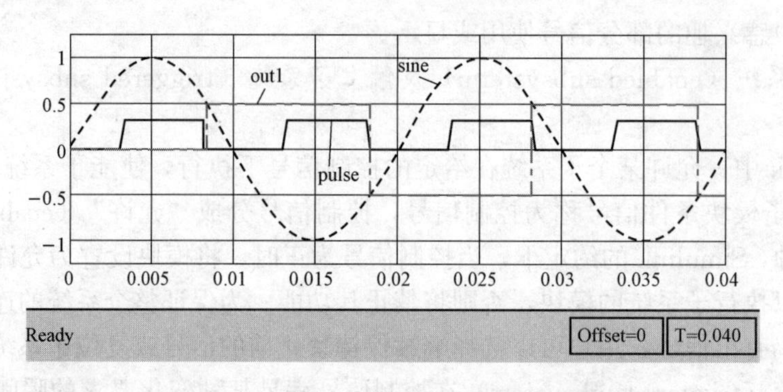

图 6-22　［例 6-6］触发子系统仿真结果

4. Product 模块和 Dot Product 模块的使用

Product 模块为乘除模块，用于输入量相乘、相除。在 number of input 选项指明输入端口的数量和乘除关系。例如“* * * /”表示为 u1 * u2 * u3/u4。

如果输入量是两个量，那么这两个量可以是两个标量、一个标量和一个非标量，或者两个具有相同维度的非标量，对应不同输入有不同的输出量的结果。

Product 模块的 Multiplication 选项可设置为矩阵元素点乘或矩阵相乘，如图 6-23 所示输入为两个相同的二阶矩阵，product 设置为点乘或矩阵相乘有不同的结果。

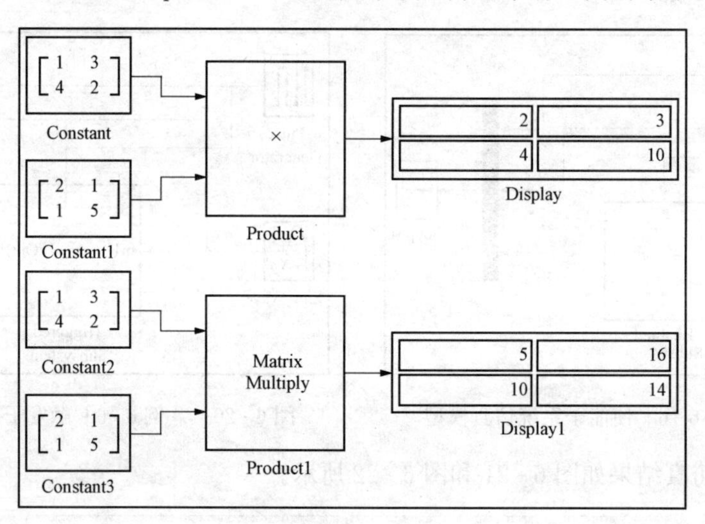

图 6-23　product 模块使用举例模型

Dot Product 模块的应用与 Product 模块不同，要求其输入为维数相同的向量。如果输入为 u1 和 u2 时（u1、u2 的元素可以是实数，也可以是复数），则输出 y = sum（conj（u1）. * u2）。向量的点乘又叫向量的内积，u1. * u2，计算公式为：$\boldsymbol{u}_1 \times \boldsymbol{u}_2 = |\boldsymbol{u}_1| \times |\boldsymbol{u}_2| \times \cos\theta$，$\theta$ 表示两向量之间的夹角。

如图 6-24 所示，Product 模块与 Dot Product 模块的输入为两个相同的向量，Product 模块的 Multiplication 选项设置为矩阵元素点乘，但 Product 模块与 Dot Product 模块输出不同的结果。

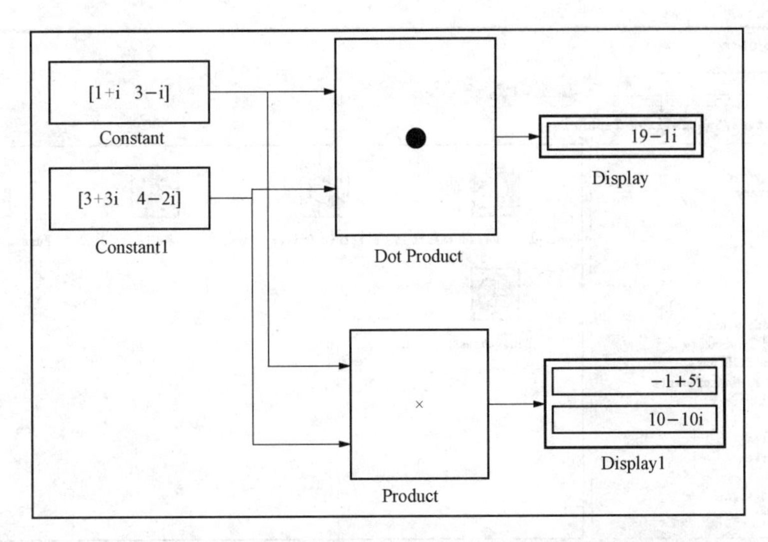

图 6-24　Dot product 模块与 product 模块使用的比较模型

5. 自定义模块集中 Fcn、MATLAB Function、s-function 等模块的不同

（1）Fcn 模块是对输入应用指定的表达式计算出输出，Fcn 模块中使用的表达式应符合 MATLAB 一般的使用习惯，但不支持矩阵运算，同样不支持（:）符。模块输入可以是标量或者向量，但输出总是标量数值。Fcn 模块适用于比较简单的自定义计算。

（2）MATLAB Function 模块，可将 MATLAB 函数添加到 Simulink 模型中，这里的 MATLAB 函数可以是用户用 MATLAB 语言编写的自定义函数，此功能对于算法编码非常有用，因为这些算法在 MATLAB 中的文本语言表述要优于其在 Simulink 中的图形语言表述。从 MATLAB Function 模块中，也可以生成可读、高效且紧凑的 C/C++代码，应用于嵌入式应用程序中。

（3）s-function 用户可定义模块，可以用 C 语言、MATLAB 语言编写，必须符合 s 函数标准。如果 s 函数块需要额外的源文件来构建生成的代码，请在“s-function modules”字段中指定文件名，输入文件名不要使用扩展名或完整路径名。

s-function 有固定的程序格式，有些算法较复杂的模块可以用 MATLAB 语言按照 s 函数的格式来编写，但应该意，这样构造的 s 函数只能用于基于 Simulink 的仿真，并不能将其转换成独立于 MATLAB 的独立程序。用 C 语言格式建立的 s 函数则可以转换成独立程序。s 函数功能强大，但应用上比较复杂，学习和编写 s 函数时可以参考 Simulink/User Defined Functions/s-function Example 下的一些例子。

6.3.4　电力系统模块集

电力系统模块集用于电力系统中的电路、电机、电力传输等方面的仿真研究。在启动仿真程序建立仿真模型时，利用下拉菜单 View/Library Browser 在目录 Simscape/Power Systems/Specialized Technology 下可调用电力系统模块集。

如图 6-25 所示，电力系统模块集分为五部分内容：Fundamental Blocks（基本模块），Control &Measurements（控制和测量），Electric Drives（电机），FACTS（柔性交流输电系统）和 Renewables（可再生能源）。

双击 Fundamental Blocks 图标或者在 MATLAB 命令行窗口用命令 powerlib 调出 Fun-

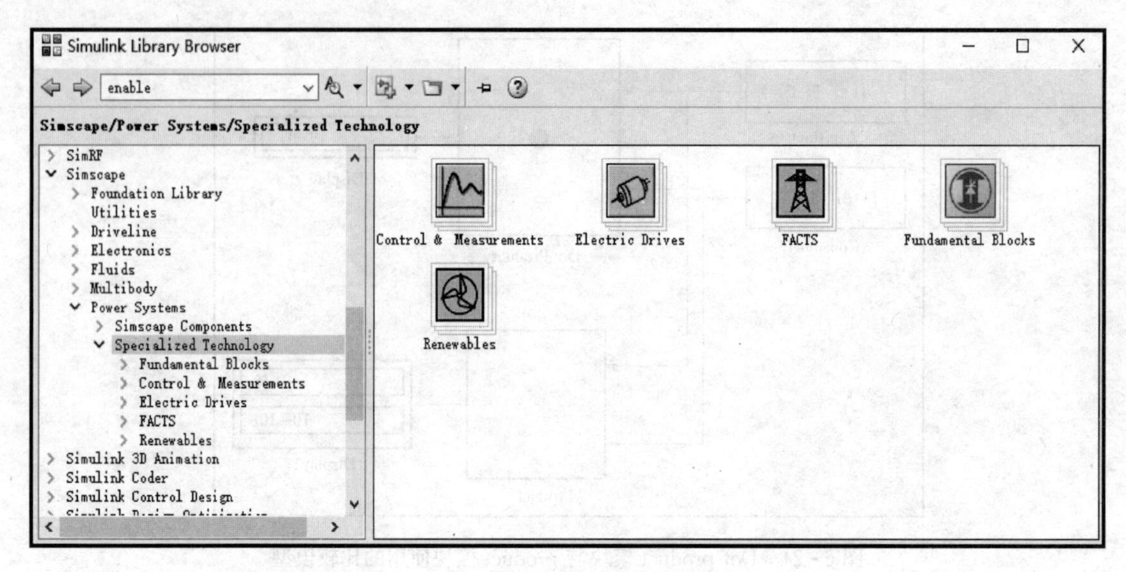

图 6-25 电力系统模块集

damental Blocks 模块下的内容，如图 6-26 所示，它包括 Electrical Sources（电源模块组）、Elements（元件模块组）、Interface Elements（界面元素组）、Machines（电机）、Measurements（测量系统）和 Power Eletronics（电力电子）等。

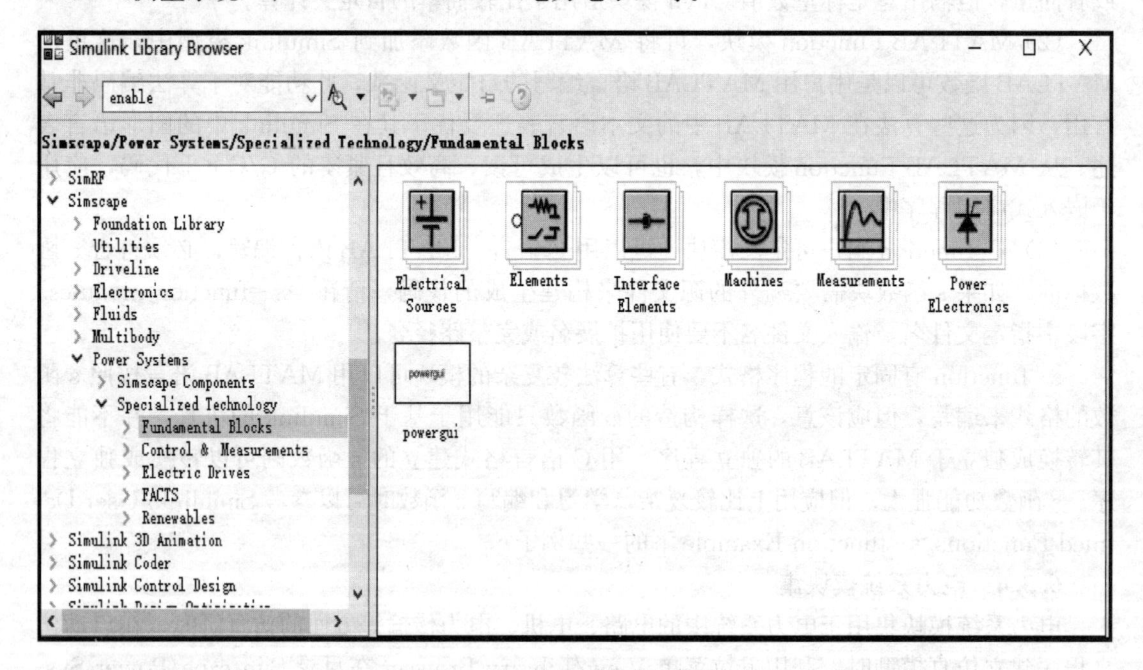

图 6-26 电力系统基本模块

（1）Eletrical Sources 有理想交流电压源、理想交流电流源、可控电压、直流电压源、三相电源等。

（2）Elements 包括断路器、输电线路、负载、各种类型变压器和短路故障模拟等模块。

（3）Interface Elements 是电力系统的物理建模模型与电路仿真模型之间的信号转换

组件。

（4）Machine 包括各种发电机、电动机及其励磁系统模块。

（5）Measurements 包括电流、电压、阻抗等电气参数测量模块。

（6）Power electronics 包括各种整流电路、升压变换器、降压变换器、半导体闸流管等模块。

（7）Powergui 模块包括对于电力系统仿真的设置仿真类型、仿真参数和首选项。

6.3.5　简单仿真举例

[例 6-7]　简单交流回路，交流电源与两个阻抗元件（Branch1 和 Branch2）串联。

交流电源：频率 50Hz，有效值为 $100/\sqrt{2}$V，初相角为 30°；回路中两个阻抗支路参数相同：电阻 1Ω，电感 0.003H；仿真观察 Branch1 两端电压和回路电流的波形。

解

（1）仿真模型。搭建仿真模型如图 6-27 所示。

Continuous
Powergui
V
Voltage Measurement
i
Branch1
Branch2
Current Measurement
Scope1
AC VSource

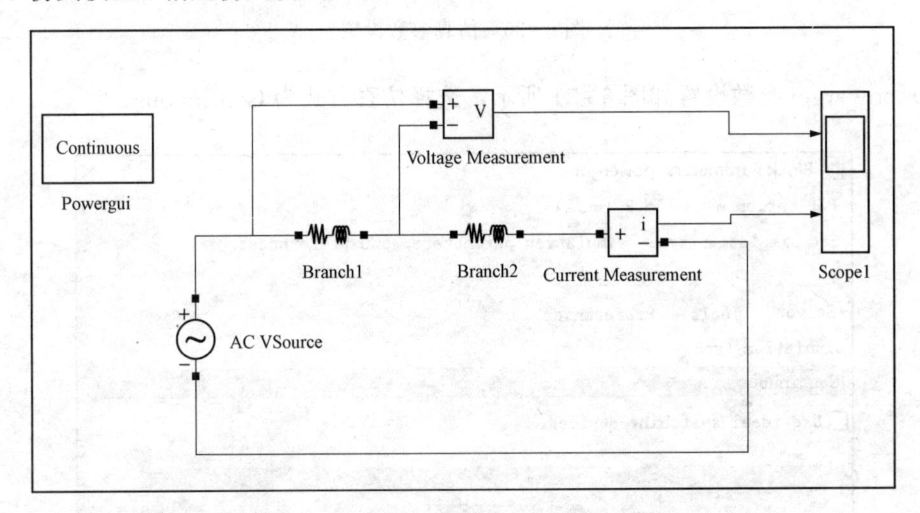

图 6-27　[例 6-7] 简单交流回路仿真模型

（2）主要模块设置。Branch 模块参数设置如图 6-28 所示，交流电源参数设置如图 6-29 所示。

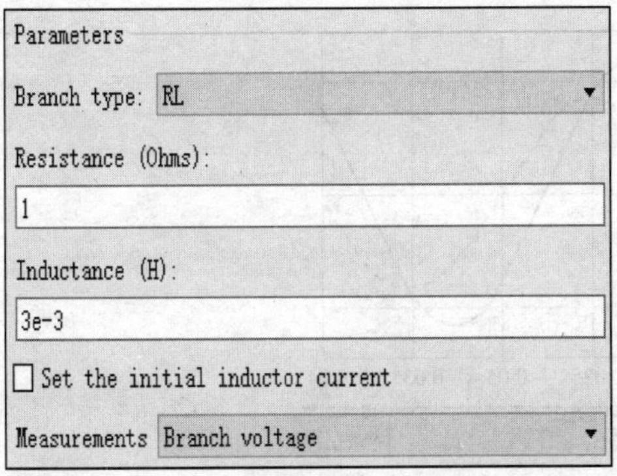

Parameters
Branch type: RL
Resistance (Ohms):
1
Inductance (H):
3e-3
Set the initial inductor current
Measurements Branch voltage

图 6-28　Branch 模块设置

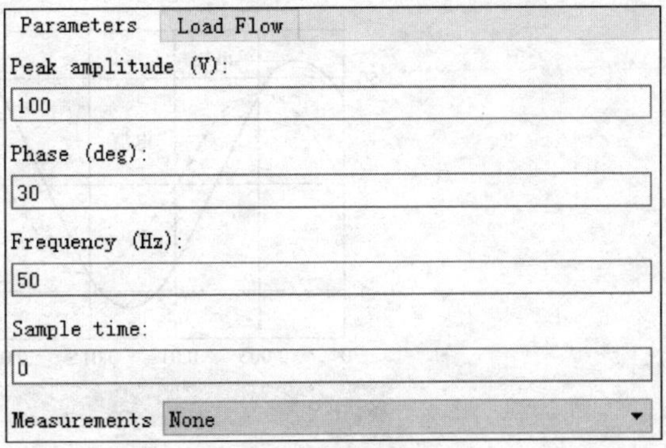

Parameters
Load Flow
Peak amplitude (V):
100
Phase (deg):
30
Frequency (Hz):
50
Sample time:
0
Measurements None

图 6-29　交流电源模块设置

（3）仿真参数设置如图6-30所示。

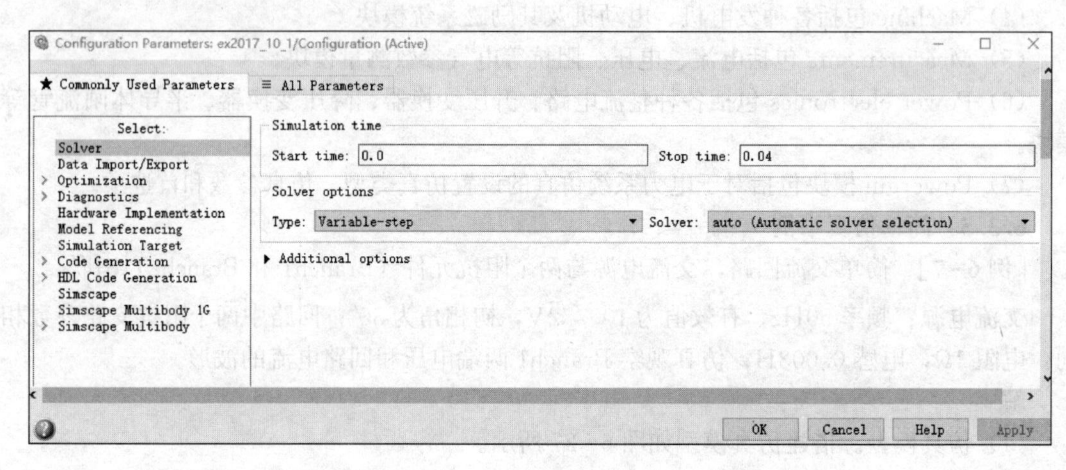

图6-30　仿真参数设置

（4）powergui参数设置如图6-31所示，选择仿真方式为Continuous。

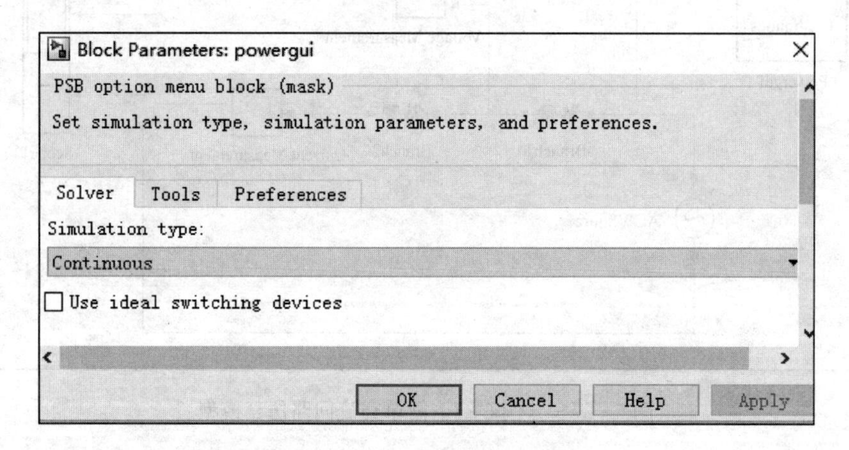

图6-31　powergui参数设置

（5）仿真结果如图6-32所示。

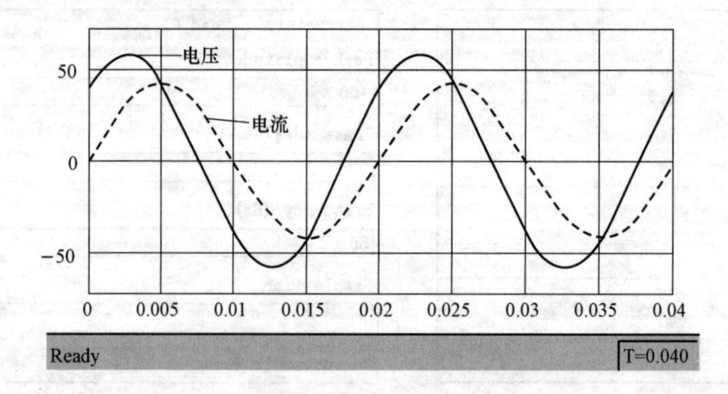

图6-32　仿真结果

练　习　题

（1）建立模型模拟微分方程 $\boldsymbol{x}=-2x+u$。模型输入信号 u 为一方波，模型输入信号 x 输出信号用示波器观察。

提示：建立如图 6-33 的模型。

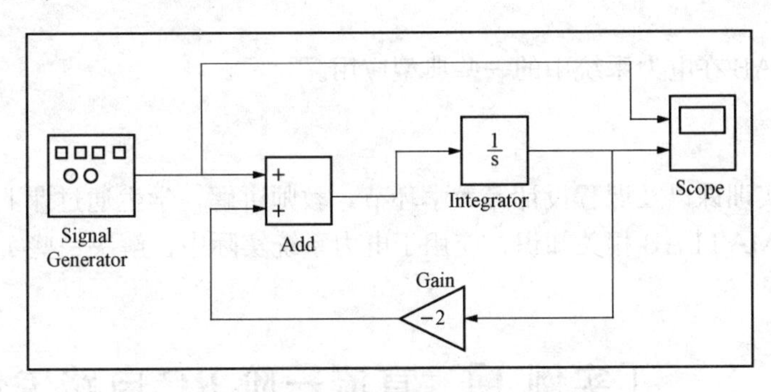

图 6-33　仿真模型

（2）将练习题（1）的微分方程进行拉氏变换，可以获得系统的传递函数 $1/(s+2)$，试用传递函数对该系统进行仿真，并将其结果与练习题（1）比较。

（3）测量简单交流回路的电流且数值显示的仿真模型如图 6-34 所示，说明其中各模块的作用，试搭建该模型并进行参数设置和仿真。

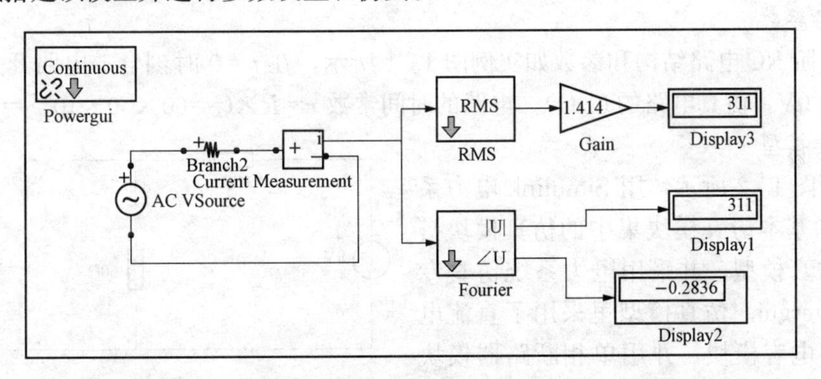

图 6-34　测量简单交流回路的电流且数值显示的仿真模型

（4）如图 6-35 所示电路，$R=\omega L=10\Omega$，$U_s(t)=20+50\sin\omega t+100\sin(3\omega t+90°)$ V，试搭建仿真模型求解该电路的电流 $i(t)$，用示波器观察其波形。

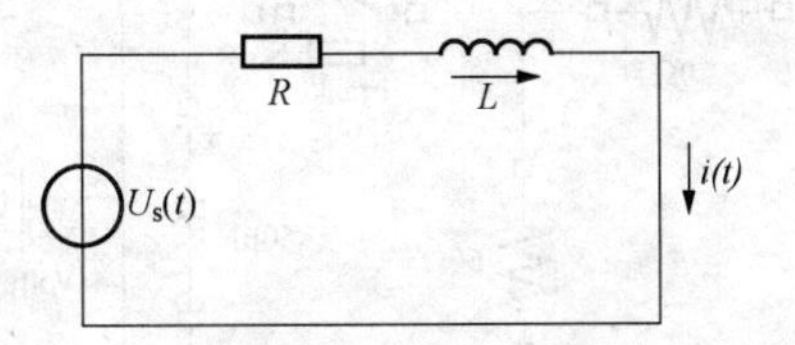

图 6-35　练习题（4）电路图

第 2 篇　MATLAB 在电力系统中的应用

教学目标

介绍 MATLAB 在电力系统中的一些典型应用。

学习要求

在理论课和实训课以及课程设计等教学环节，教师讲解，学生通过课上上机实践和课下练习，学会使用 MATLAB 相关知识，应用于电力系统实际中，解决一些实际问题。

［实例 1］ 直流一阶 RC 电路工作仿真

［实例 1］ 直流一阶 RC 电路工作仿真

1. 仿真研究的意义

仿真研究的意义是理论与实践相结合，通过搭建 MATLAB/Simulink 仿真模型并进行仿真，研究电路中直流一阶 RC 电路状态变量 U_c 的变化情况，验证相关理论并加强实际应用。

2. 电路参数

直流一阶 RC 电路结构和参数如实例图 1-1 所示，在 $t=0$ 时刻合上电路开关，电容电压初始值为 0V，仿真电路的 $U_c(t)$。电路的时间常数 $\tau=R\times C=60\times50\times10^{-5}=3\times10^{-2}$s。

3. 仿真模型

如实例图 1-2 所示，用 Simulink 电力系统模块集和基本仿真模块集中的仿真模块搭建电路的仿真模型，并采用电力系统仿真专用模块 Powergui。仿真模型里采用了直流电源、电阻、电容模块，并用单相断路器模块仿真开关 S。

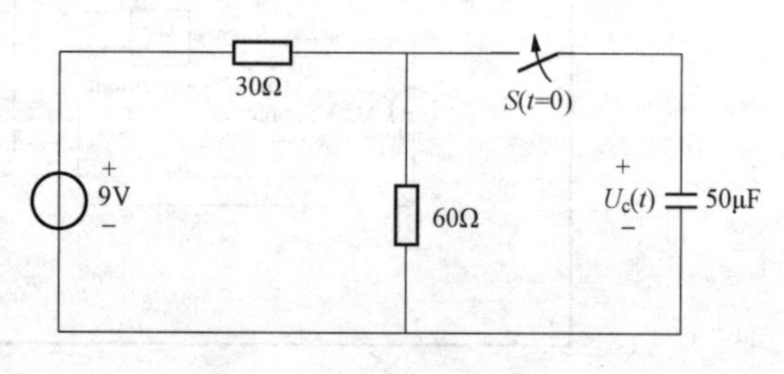

实例图 1-1　直流一阶 RC 电路

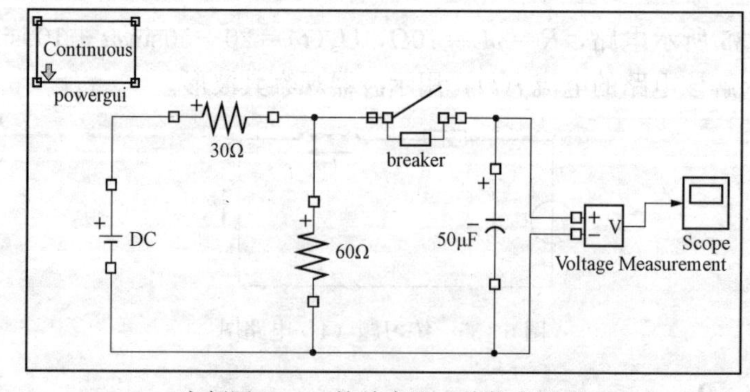

实例图 1-2　简单直流电路仿真模型

4. 主要模块参数设置

(1) 直流电源参数设置：参照所给参数设置额定电压。

(2) 电阻参数设置：参照所给参数设置电阻阻值。

(3) 断路器参数设置：如实例图 1-3 所示设置初始状态和状态切换时间等参数。

(4) 电容参数设置：如实例图 1-4 所示设置电容参数。使用 Powergui 模块的选项设置电容电压初值如实例图 1-5 所示。

Parameters
Initial status: 0
Switching times (s): [0] External
Breaker resistance Ron (Ohm):
0.01
Snubber resistance Rs (Ohm):
1e6
Snubber capacitance Cs (F):
inf

实例图 1-3 断路器参数设置

Block Parameters: -
Series RLC Branch (mask) (link)
Implements a series branch of RLC elements.
Use the 'Branch type' parameter to add or remove elements from the branch.
Parameters
Branch type: C
Capacitance (F):
5e-6
Set the initial capacitor voltage
Measurements None

实例图 1-4 电容参数设置

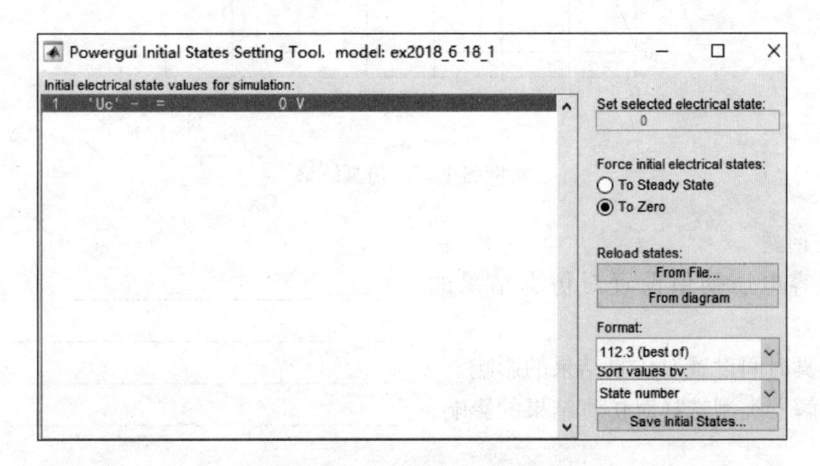

实例图 1-5 电容电压初值设置

(5) 仿真配置参数（Simulation /Model Configulation Parameters）设置：在仿真模型界面 Simulation 中使用下拉菜单选项进入仿真配置参数设置页面，设置主要的仿真参数如实例图 1-6 所示。仿真开始时间为 0s，仿真结束时间为 7×10^{-4}s（根据电路的时间常数）。仿真求解器类型选用 ode23tb，采用变步长仿真。

5. 仿真结果

仿真结果如实例图 1-7 所示，它为电容电压的波形，由仿真模型的示波器输出图像显示电容电压按指数曲线上升到稳态值。

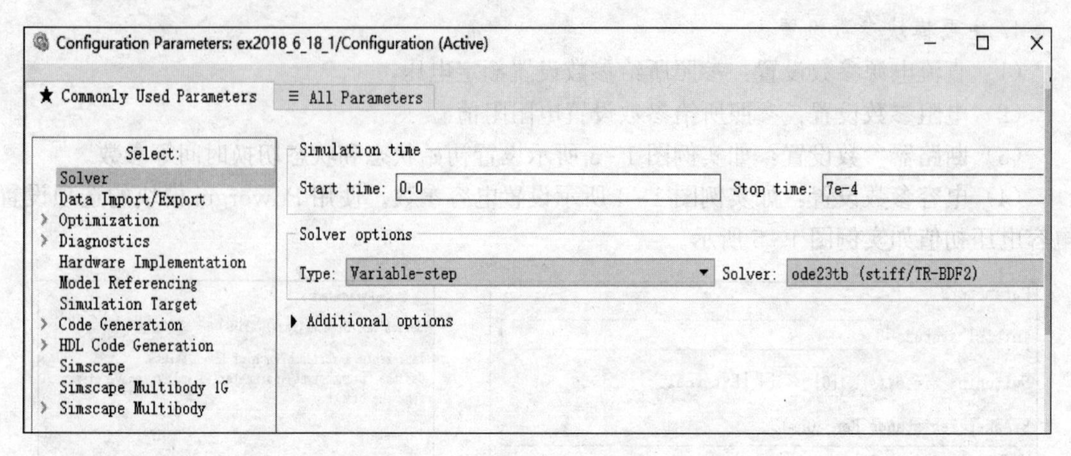

实例图1-6　求解器选择和仿真时间设置

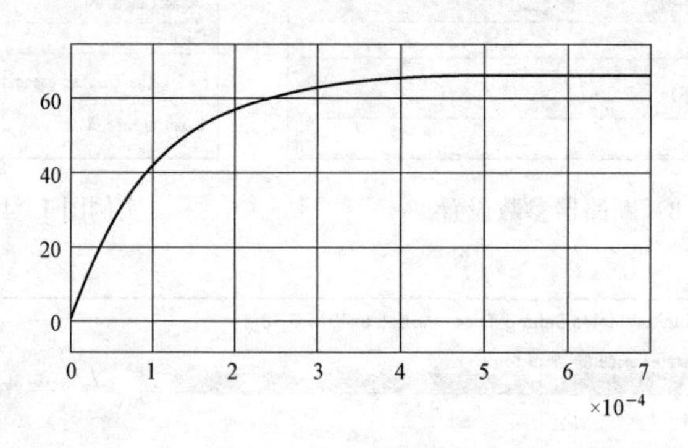

实例图1-7　仿真结果

6. 相关问题

(1) 电容电压初值设置对仿真结果的影响。

(2) 仿真时间设置对仿真结果的影响。

(3) 求解器类型选择对仿真结果的影响。

[实例 2] 应用 MATLAB 复数计算编程求解正弦电路

[实例 2] MATLAB 复数计算编程应用于正弦交流电路的计算

1. MATLAB 复数计算应用的意义

正弦交流电路的相量计算采用复数计算，正弦交流电路中的电压、电流、阻抗等参数都可用复数表示，如电流 $i=I_m\sin(\omega t+\varphi)$ 对应的复数形式表示为 $\dot{I}=I_m e^{j(\omega t+\phi)}$，电路阻抗特性复阻抗形式表示为 $Z=Ze^{j\phi}$。本例是采用 MATLAB 复数计算方法编程求解正弦电路，解决实际问题。

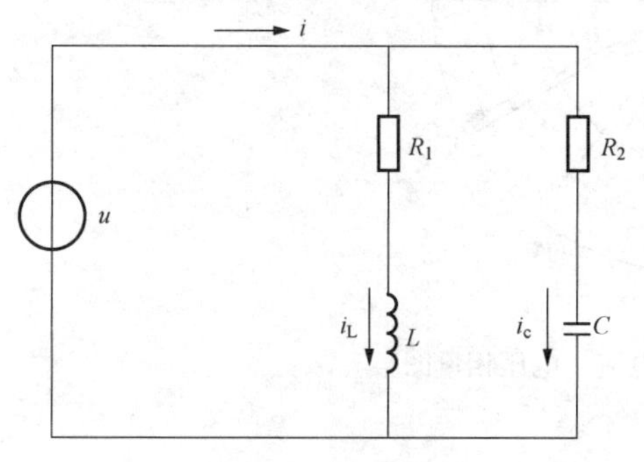

实例图 2-1 交流电路

2. 电路参数

如实例图 2-1 的交流电路，电源电压 $u(t)=220\sqrt{2}\sin(314t)\,\mathrm{V}$，$R_1=3\Omega$，$R_2=8\Omega$，$x_L=4\Omega$，$x_L=6\Omega$。试编程求解各支路电流 I、i_L、i_C。

3. 程序文件

```
syms u Z1 Z2 Z3 Z R L C omega ai ai1 ai2;                          %定义各支路阻抗、电流等符号变量
u = 220 * exp(j * 0);omega = 314;R1 = 3;R2 = 8;L = 4/314;          %按电路给定参数给各变量赋值
C = 1/(314 * 6);Z1 = R1 + j * omega * L;Z2 = R2 - j/(omega * C);   %各支路的复阻抗
Z = (Z1 * Z2)/(Z1 + Z2);ai = u/Z,                                  % 并联总阻抗,计算电流(复数形式)
aiL = ai * Z2/(Z1 + Z2),aiC = ai * Z1/(Z1 + Z2),                   % 计算各支路电流
disp('  电流 i     电流 iL     电流 iC     电压 u'),                 % 输出显示各支路电流数据
                                                                   %计算结果
disp('有效值相量模 = '),disp(abs([ai aiL aiC u]));
disp('相角(度) = '),disp(angle([ai aiL aiC u]) * 180/pi);
disp('相角(弧度) = '),disp(angle([ai aiL aiC u]))
tu = compass([ai aiL aiC u/5]);set(tu,'linewidth',3);               %画出电路中的电压电流相量图
gtext('\bf i');gtext('\bf iL');gtext('\bf iC');gtext('\bf u');      %用鼠标点击确定各相量标注的位
                                                                   %置
title('\fontsize{14}\bf 并联电路的电压电流相量图')                    %图形标题
```

4. 程序计算结果

```
ai  = 44.0000 - 22.0000i

aiL = 26.4000 - 35.2000i

aiC = 17.6000 + 13.2000i


                电流 i      电流 iL     电流 iC     电压 u
有效值相量模 = 49.1935     44.0000     22.0000     220.0000
相角(度) =     26.5651    -53.1301     36.8699     0
```

相角(弧度) = -0.4636 -0.9273 0.6435 0

交流回路中电流、电压相量图如实例图2-2所示。

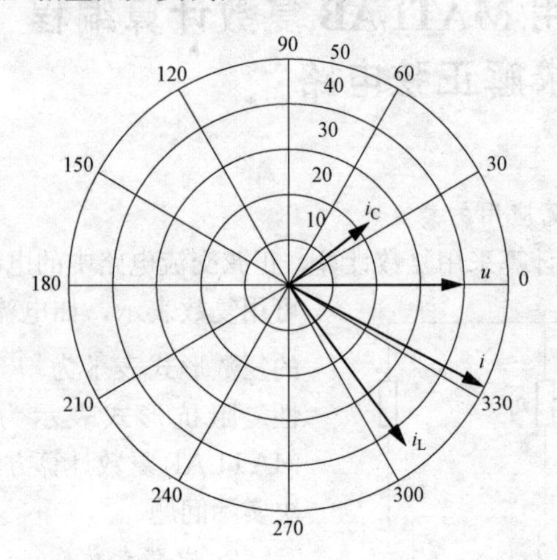

实例图2-2 交流回路中电流、电压相量图

5. 相关问题

(1) 用MATLAB复数计算编程进行正弦交流电路的计算有何意义?

(2) 本例采用编程和计算的方法求解正弦电路，如果采用仿真模块集的模块搭建仿真模型仿真的方法求解该正弦电路，试比较方法或效果的异同。

[实例 3] 单相半波可控整流电路工作仿真

[实例3] 单相半波可控整流电路工作仿真

1. 仿真研究的意义

在电力系统的实际运行设备中，许多设备都需要电压可调的直流电源，利用晶闸管的单向可控导电性能，能很方便地获得各种可控直流电源。交流电转变为直流电的过程（AC/DC）称为整流，完成整流过程的电力电子变换电路称为整流电路。整流电路按电源相数和控制方式等可分为多种形式，本例是比较简单的单相半波可控整流电路的工作仿真。通过仿真可以学习整流电路的构成和基本工作原理，研究其的整流效果，提高其工作可靠性。

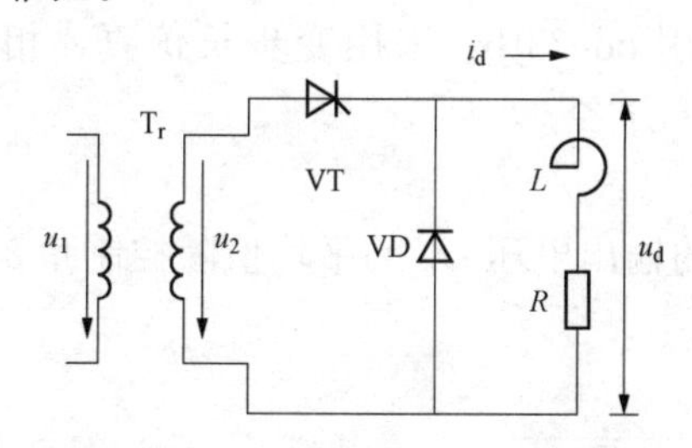

实例图 3-1 单相半波可控整流电路

2. 系统参数

如实例图 3-1 所示，电压变换器二次交流电压有效值为 $50/\sqrt{2}$(V)，频率为 50Hz，晶闸管 VT 用于半波可控整流，VD 为续流二极管，$L=0.02$H、$R=1\Omega$ 构成阻—感负载。

3. 仿真模型

建立仿真模型如实例图 3-2 所示，晶闸管模块和二极管模块在电力系统的基础模块集/电力电子目录即 Fundamental/Power Electronics 下；脉冲发生器在电力系统的控制与测量目录即 Control & Measurement/Pulse & Signal Generators 下。

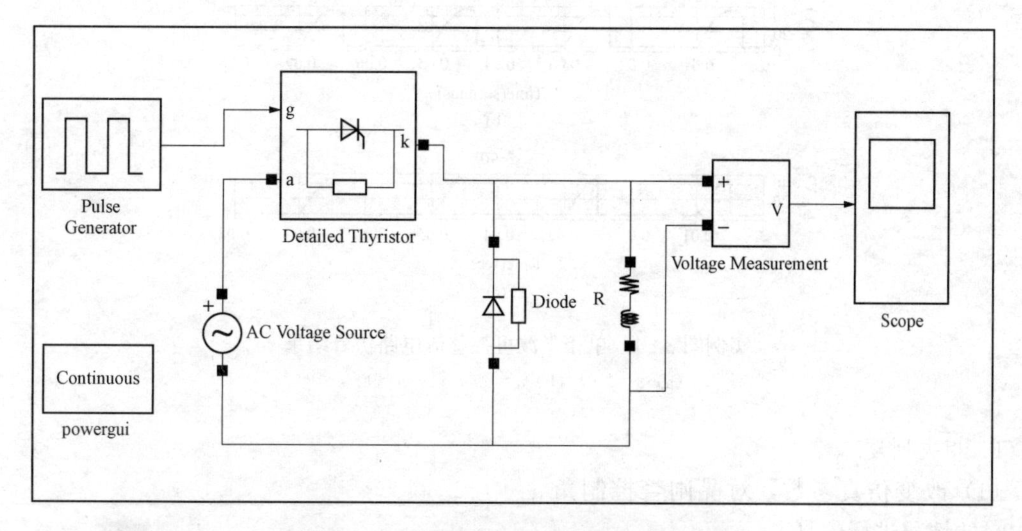

实例图 3-2 单相半波可控整流电路仿真模型

脉冲发生器产生的脉冲作为晶闸管模块的触发脉冲。在脉冲发生器的设置中可以设置其相位延时（phase delay），起到改变晶闸管模块的控制角 α 大小的作用。

4. 仿真参数设置

（1）交流电源：按所给参数设置。

（2）负载：按所给参数设置。

（3）晶闸管模块和二极管模块：按其默认配置参数设置。

Parameters

Pulse type: Time based

Time (t): Use simulation time

Amplitude:

10

Period (secs):

0.02

Pulse Width (% of period):

30

Phase delay (secs):

0.00167

实例图 3-3　单相半波可控整流电路仿真模型

（4）脉冲发生器相位延时（phase delay）的设置：周期设置为 50Hz 交流电的一个周期，即 $T=0.02$s。相位延时时间 t 按关系式 $t/T=\alpha/360°$确定，如 $\alpha=30°$，$t=0.00167$s；$\alpha=45°$，$t=0.0025$s；$\alpha=60°$，$t=0.00333$s；$\alpha=90°$，$t=0.005$s。如实例图 3-3 所示。

（5）Simulation/Model Configulation Parameters 参数设置：仿真开始时间为 0s，仿真结束时间为 0.08s（工频交流电的 4 个周期）。仿真求解器类型选用 ode23tb，采用变步长仿真，相对误差为千分之一，即 $1e^{-3}$。

5. 仿真结果

由实例图 3-4 可见，实例中单相半波可控整流电路的输出电压 U_d 的平均值随控制角 α 的增大而减小。

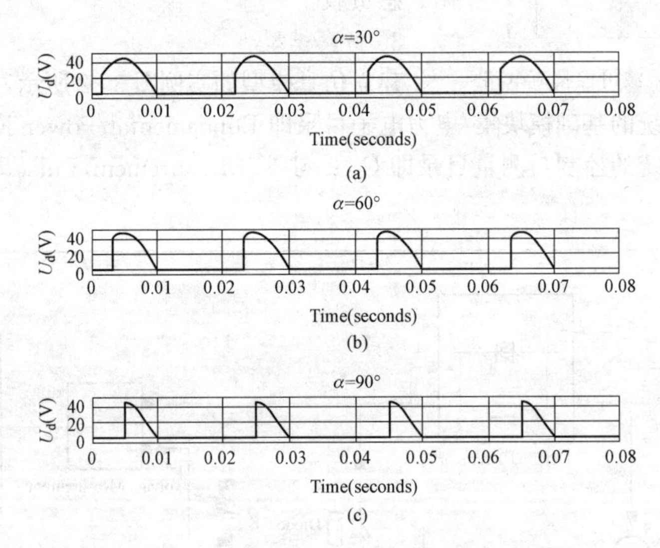

实例图 3-4　单相半波可控整流电路仿真结果

（a）$\alpha=30°$；（b）$\alpha=60°$；（c）$\alpha=90°$

6. 相关问题

（1）改变仿真参数，对晶闸管控制角 $\alpha=120°$的情况进行仿真。

（2）电路中续流二极管的作用。

［实例4］ RLC串联谐振电路仿真

［实例4］ RLC串联谐振电路仿真

1. 仿真研究的意义

（1）学会用Simulink仿真模块，搭建仿真电路，观察仿真信号波形。

（2）利用仿真结果数据，学会编程处理数据，展示在RLC串联电路中，LC串联电压随频率变化波形图。

2. 电路参数

设计串联电路，如实例图4-1所示，$R=100\Omega$，$L=1\text{mH}$，$C=1\text{uF}$，U_s为10V可调频信号源。

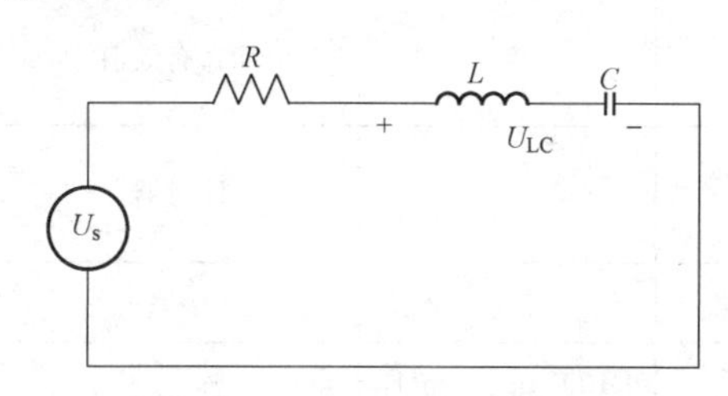

实例图4-1 RLC串联谐振电路

3. 搭建模型

在命令窗口，输入Simulink，打开Simulink库浏览器，如实例图4-2所示，再用鼠标左键点开子目录，就可以看到各种模块元件了。用鼠标左键点击菜单File－＞New－＞Model，创建模块仿真文件，然后在新文件菜单中，点击File－＞Save As，在弹出菜单文件名中输入“file01”，保存在默认目录中。

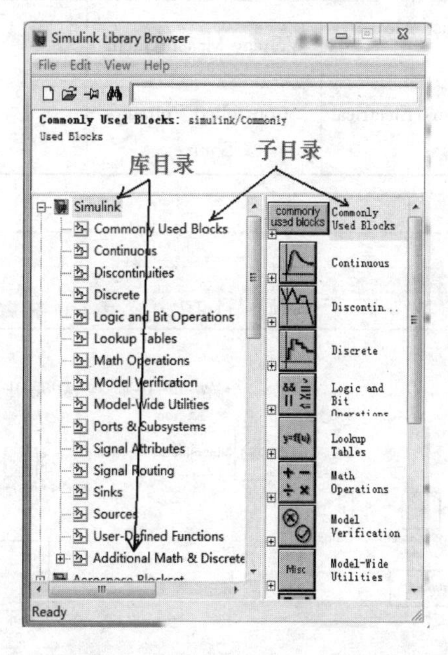

实例图4-2 Simulink库浏览器

在Simulink库浏览器中，按实例表4-1指定的位置找到库中各模块元件，并用鼠标左键按住模块拖拽到file01仿真平台，并按照实例图4-3所示的布局摆放各元件。实例表4-1中“修改名”列里，空白栏目，表示元件在file01中保留它的默认名字（Ground元件拖拽后没名字)；元件有几个名字，则需要拖拽并命几次名字。

实例表4-1　　库元件索引

序号	库子目录	模块元件	修改名	说明
1	Simulink/Sources	Clock		时钟
2	Simulink/Math Operations	Gain	Gain，Gain1	增益倍率
3	Simulink/Math Operations	Product		乘运算
4	Simulink/Math Operations	Trigonometric Function		三角函数
5	Simulink/Sink	Scope		示波器
6	Simulink/Sink	To Workspace	F，V	保存数据到工作空间
7	Simulink/Discrete	Zero-Order Hold		零阶保持器
8	Simulink/SymPowerSystems/Extra Library/Measurements	RMS		计算有效值
9	Simulink /SymPowerSystems/ Extra Library/Control Blocks	Timer		计时器
10	Simulink/SymPowerSystems/Elements	Ground		接地
11	Simulink /SymPowerSystems/Elements	Series RLC Branch	R100，L_1mH，C_1uF	串联型阻抗
12	Simulink/SymPowerSystems/ Measurements	Voltage Measurement		电压测量
13	Simulink/SymPowerSystems/Electrical Sources	Controlled Voltage Source		受控电压源

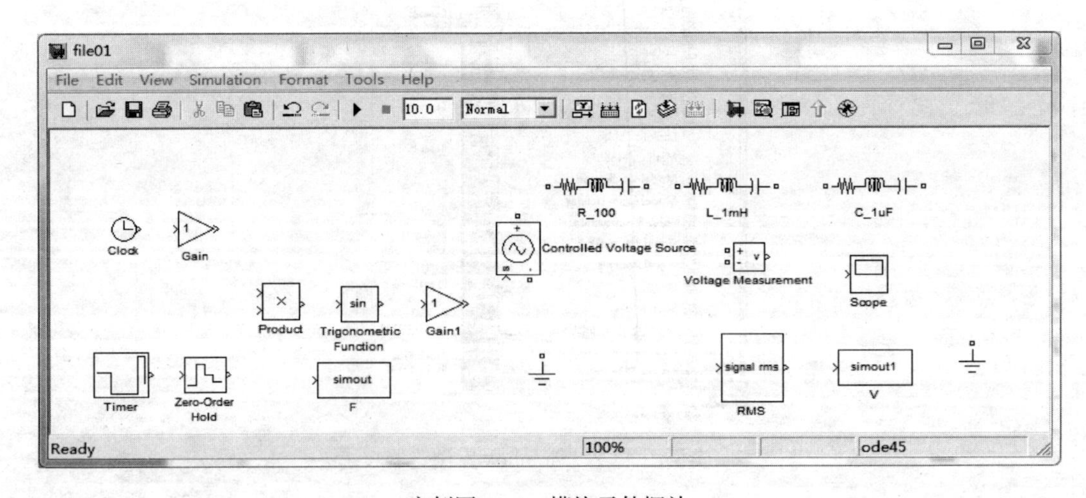

实例图4-3　模块元件摆放

4. 参数设置

模块元件需要设置合适的参数，以显示LC串联电压随频率变化的特性。根据电路器件参数，可计算出该 LC 谐振频率为 5.033kHz。需要设置某个模块参数时，用鼠标左键双击该模块图形部分，将打开该模块参数设置窗体。正弦波信号源频率取值 1kHz 到 10kHz，频率步长取 1kHz，设置 Timer 如实例图 4-4 所示。实例图 4-3 中其他需要设置的模块，参数设置如实例图 4-5～实例图 4-14 所示。然后用鼠标左键点各模块的信号端口。

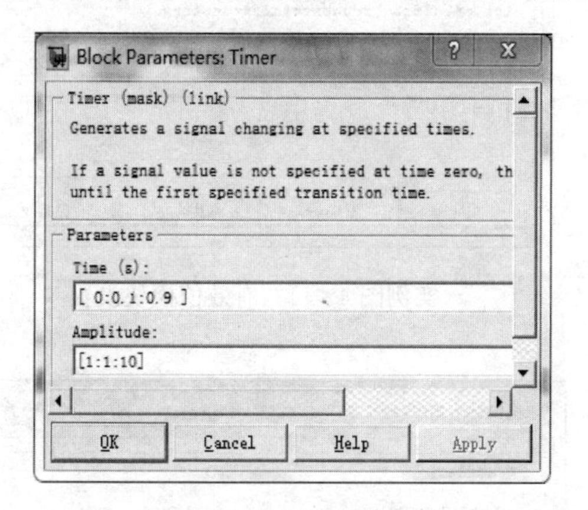

实例图 4-4　定时器设置

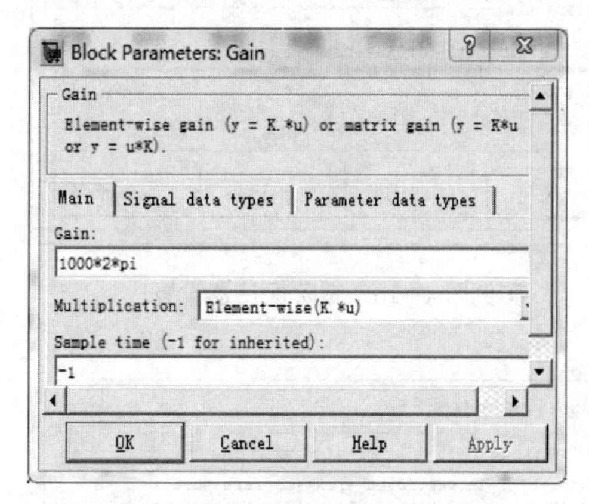

实例图 4-5　Gain 倍率设置

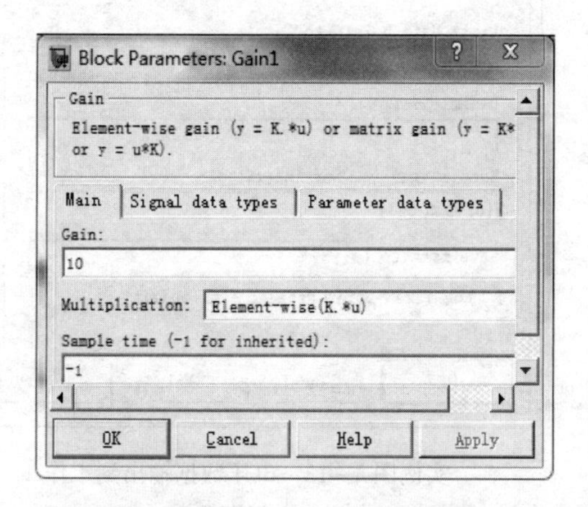

实例图 4-6　Gain1 倍率设置

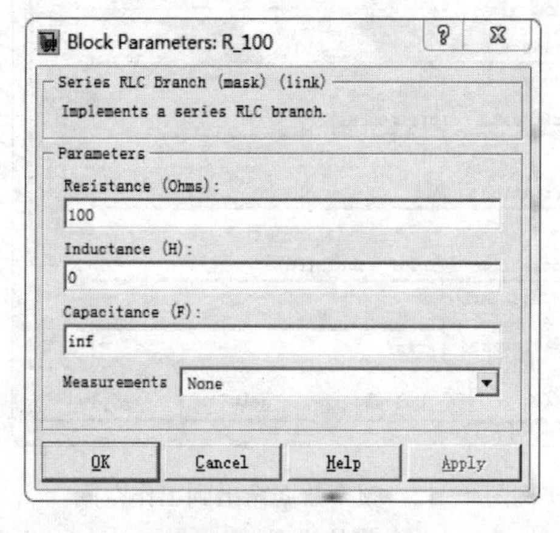

实例图 4-7　电阻设置

实例图 4-8　电感参数

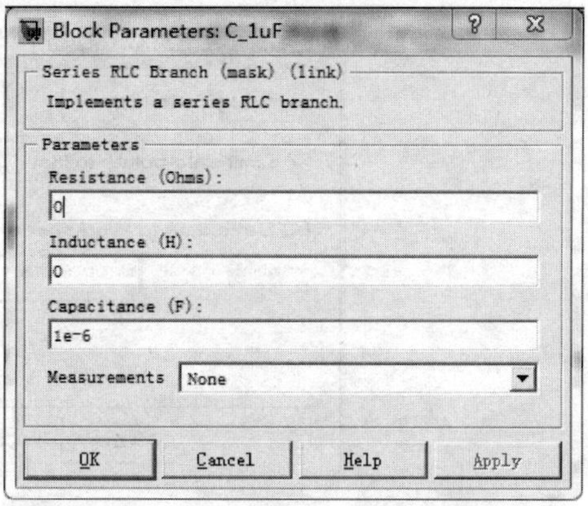

实例图 4-9　电容参数设置

Block Parameters: Zero-Order Hold

Zero-Order Hold

Zero-order hold.

Parameters

Sample time (-1 for inherited):

[1e-3, 0]

OK Cancel Help Apply

实例图 4-10 零阶保持器设置

Block Parameters: RMS

RMS (mask) (link)

This block measures the root mean square value of instantaneous current or voltage signal connected to the input of the block. The RMS value is calculated over a running window of one cycle of the specified fundamental frequency.

Parameters

Fundamental frequency (Hz):

1e3

OK Cancel Help Apply

实例图 4-11 有效值模块设置

Block Parameters: F

To Workspace

Write input to specified array or structure in MATLAB's main workspace. Data is not available until the simulation is stopped or paused.

Parameters

Variable name:

F

Limit data points to last:

inf

Decimation:

1

Sample time (-1 for inherited):

[0.01, 0.005]

Save format: Array

OK Cancel Help Apply

实例图 4-12 频率数据输出到工作空间模块设置

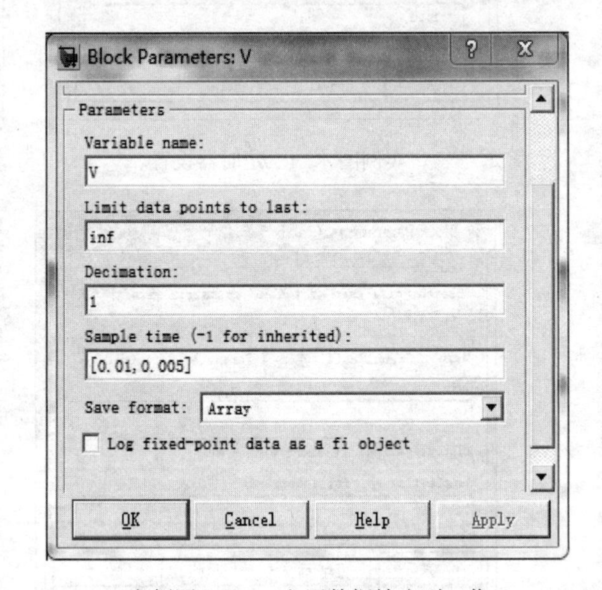

实例图 4-13 电压数据输出到工作空间模块

'Scope' parameters

General Data history Tip: try right clicking on axes

Limit data points to last: 1e6

Save data to workspace

Variable name: ScopeData

Format: Structure with time

OK Cancel Help Apply

实例图 4-14 示波器记录数据长度设置

仿真平台参数设置：打开仿真平台菜单“Simulation—>Configuration Parameters”，设置起、止时间及最大步长，如实例图 4 - 15 所示。

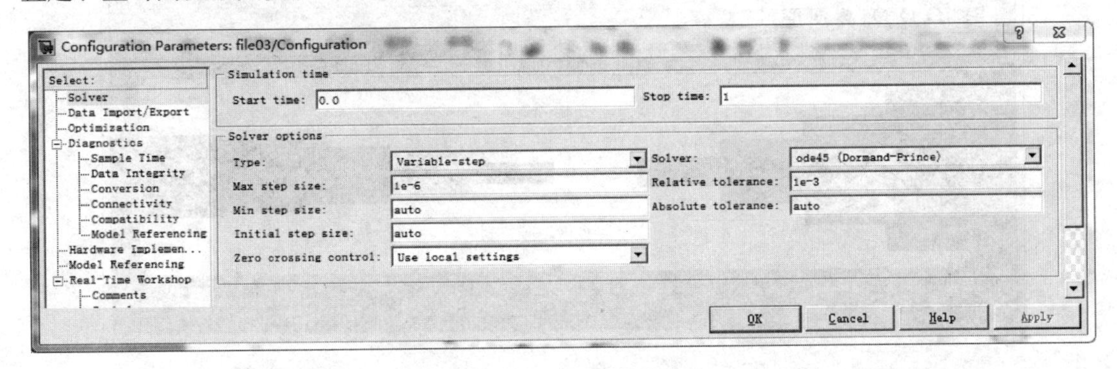

实例图 4 - 15　仿真器设置

设置完成后，按图示连线：按住鼠标左键，连接各器件，如实例图 4 - 16 所示。

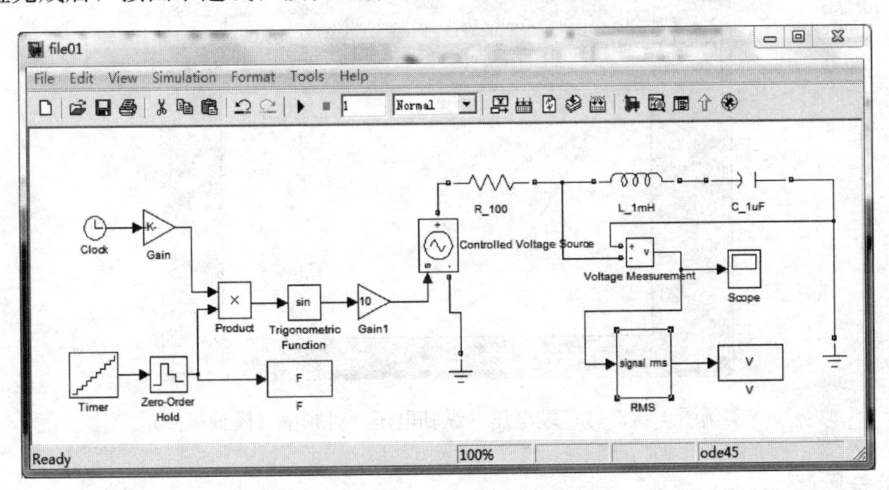

实例图 4 - 16　仿真原理接线图

5. 仿真结果

鼠标点击菜单“Simulation—>Start”，启动仿真运行，点开 Scope，观察波形。运行结束后，示波器波形如实例图 4 - 17 所示。

在 Matlab 的 Work Space 上，出现 F、V 的一维数组。在命令窗口输入“plot（F，V)”，回车，得到电感、电容串联电压对频率的电压波形，如实例图 4 - 18 所示。

实例图 4 - 18 中，观察串联的 LC 端电压对频率的波形（纵轴单位 V，横轴单位 kHz）。

6. 仿真结论

仿真波形表明：LC 端电压在 5kHz 附近达到最小值，该处为谐振频率。离开谐振频率，电压增大，与理论计算的谐振频率吻合。

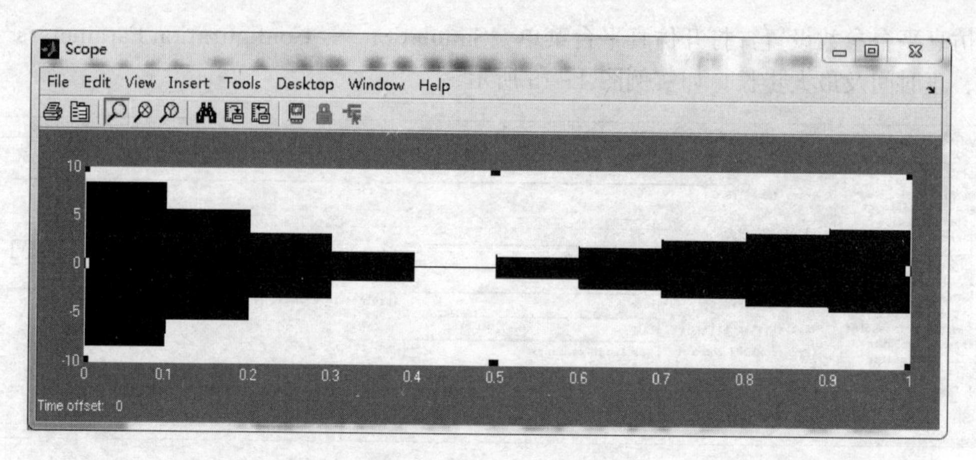

实例图 4-17 LC串联电压

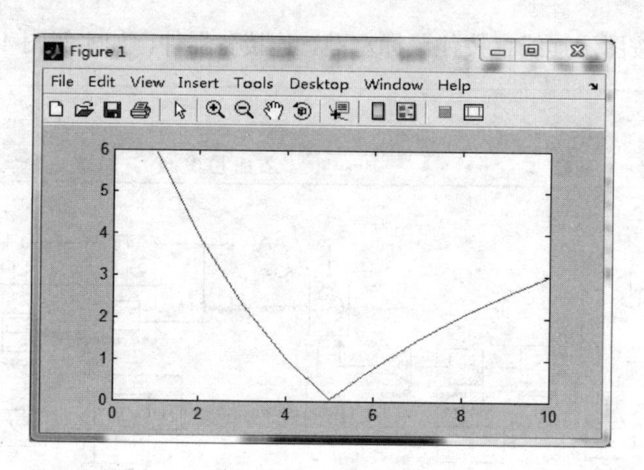

实例图 4-18 LC端电压（纵轴电压）对频率（横轴频率）

7. 相关问题

实际电感元件由于有电阻性，因而串联谐振发生时，LC串联阻抗不为零。试用参数为1mH+0.1Ω电感元件替代原电感模块，仿真画出LC串联电压与频率曲线。

［实例5］ Yd11三相变压器联结组别仿真

［实例5］ Yd11
三相变压器
联结组别仿真

1. 仿真研究的意义

掌握用Simulink仿真方式测量绕组间相位差角度，设计仿真电路，判别三相变压器的联结组别，了解以仿真的方式观察三相变压器的电压波形及其相位关系。

2. 电路参数

如实例图5-1所示为Yd11接线图，额定电压：U_{1N}=10kV，U_{2N}=400V。

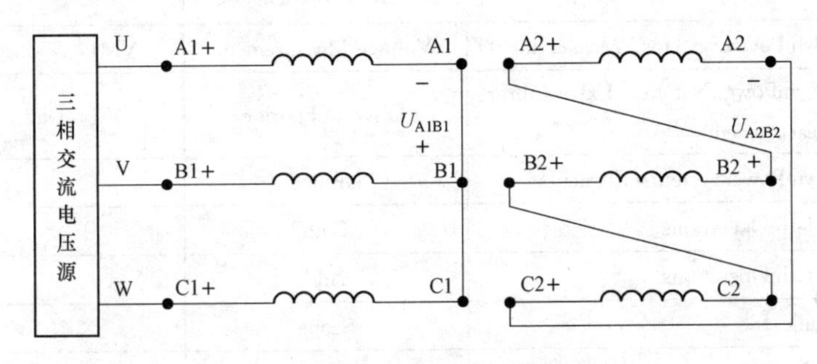

实例图5-1 Yd11接线

3. 搭建模型

(1) 鼠标左键点击Matlab工具栏里的Sinulink按钮，打开Simulink库浏览器，如实例图5-2所示。鼠标左键点击菜单File－>New－>Model，创建模块仿真文件，然后在新文件菜单中，点击File－>Save As，在弹出菜单文件名中输入“file02”，保存在默认目录中。

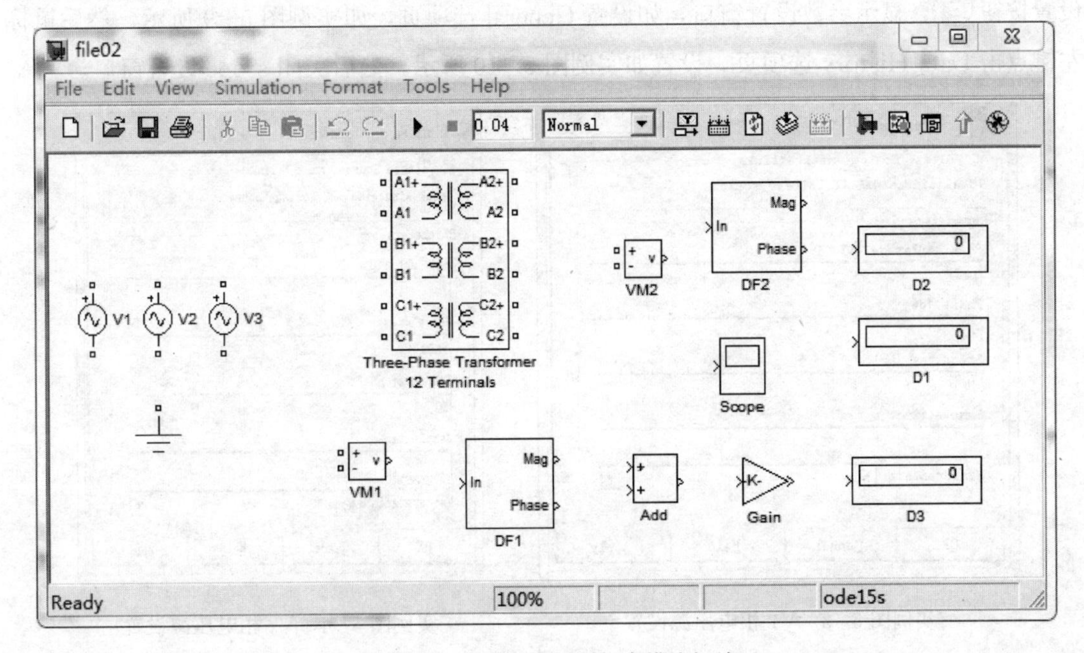

实例图5-2 联结组别仿真模块摆放

（2）在 Simulink 库浏览器中，按实例表 5-1 指定的位置找到的库中各模块元件，并用鼠标左键按住模块拖拽到 file02 仿真平台，按照实例图 5-2 所示的布局摆放元件。在实例表 5-1 中“修改名”列里，空白栏目，表示元件在 file02 中保留它的库名字（Ground 元件拖拽后没名字）；元件有几个名字，则需要拖拽并命几次名字。也可以通过复制 file02 中的元件、再粘贴的方式添加同类元件。

实例表 5-1　　库元件索引

序号	库子目录	模块元件	修改名	说明
1	Simulink/SymPowerSystems/Electrical Sources	AC Voltage Source	V1，V2，V3，	电压源
2	Simulink/SymPowerSystems/Elements	Three-Phase Transformer 12 Terminals		三相六绕组变压器
3	Simulink/SymPowerSystems/ Measurements	Voltage Measurement	VM1，VM2	电压测量
4	Simulink /SymPowerSystems/ Extra Library/Discrete Measurements	Discrete Fourier	DF1，DF2	对输入信号计算幅值和相角
5	Simulink/SymPowerSystems/Elements	Ground		接地
6	Simulink/Math Operations	Gain		增益倍率
7	Simulink/Math Operations	Add		加法器
8	Simulink/Sink	Scope		示波器
9	Simulink/Sink	Display	D1，D2，D3	显示输入的数值

4. 参数设置

实例图 5-2 中各模块参数设置如实例图 5-3～实例图 5-13 所示。其他器件不需要设置。仿真平台时长为 0.1s。其中，双击示波器 scope 后，显示示波窗口，点击它上面的参数设置按钮，显示参数设置窗口，如设置 General 选项页，如实例图 5-9 所示，然后鼠标左键点击 Data History 选项页，设置如实例图 5-10 所示，然后关闭 scope 设置窗口。

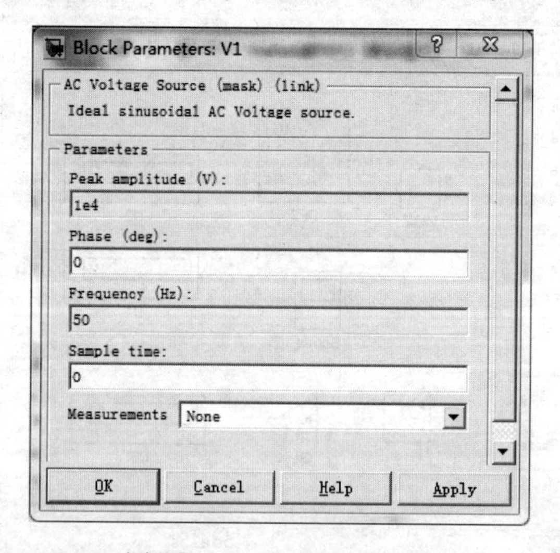

实例图 5-3　V1 相电压源设置

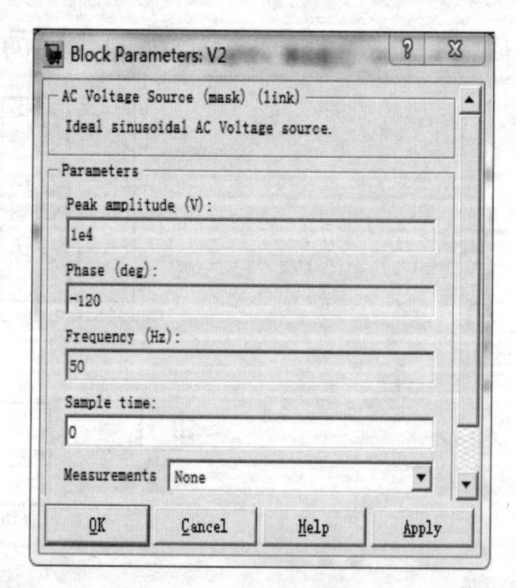

实例图 5-4　V2 相电压源设置

实例图 5-5　V3 相电压源设置

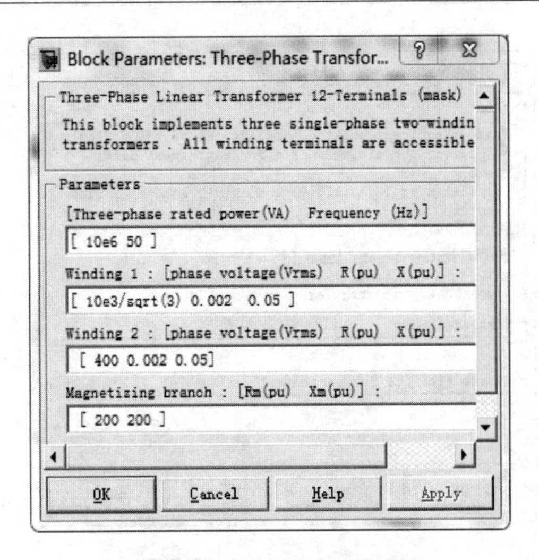

实例图 5-6　变压器参数设置

实例图 5-7　傅里叶滤波器 1 设置

实例图 5-8　傅里叶滤波器 2 设置

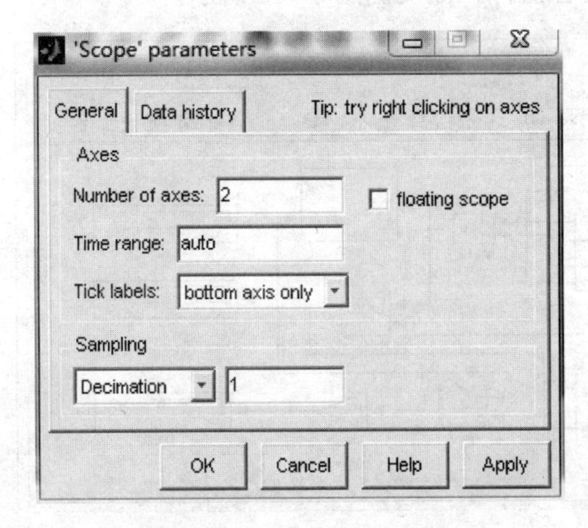

实例图 5-9　示波器 Genaral 设置

实例图 5-10　示波器 Data history

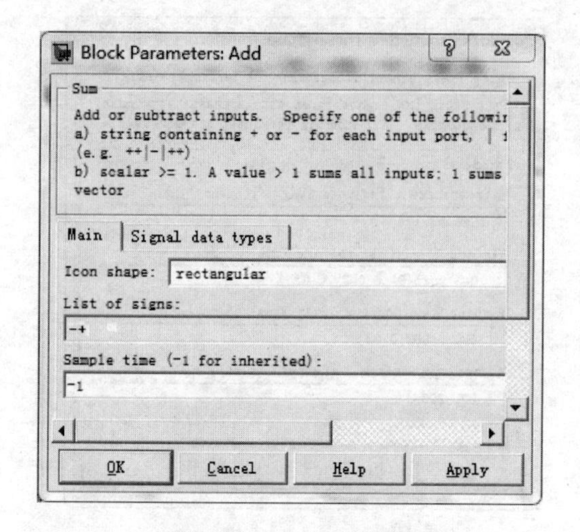

实例图 5 - 11　加法器设置

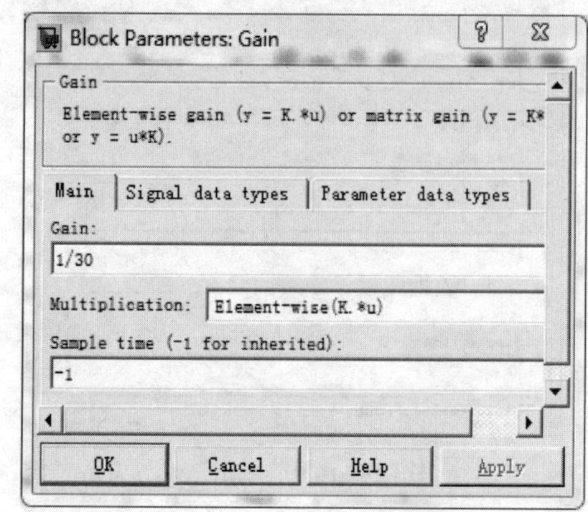

实例图 5 - 12　放大器倍率设置

仿真平台参数设置：打开仿真平台菜单“Simulation－>Configuration Parameters”，设置起止时间及仿真算法，如实例图 5 - 13 所示。

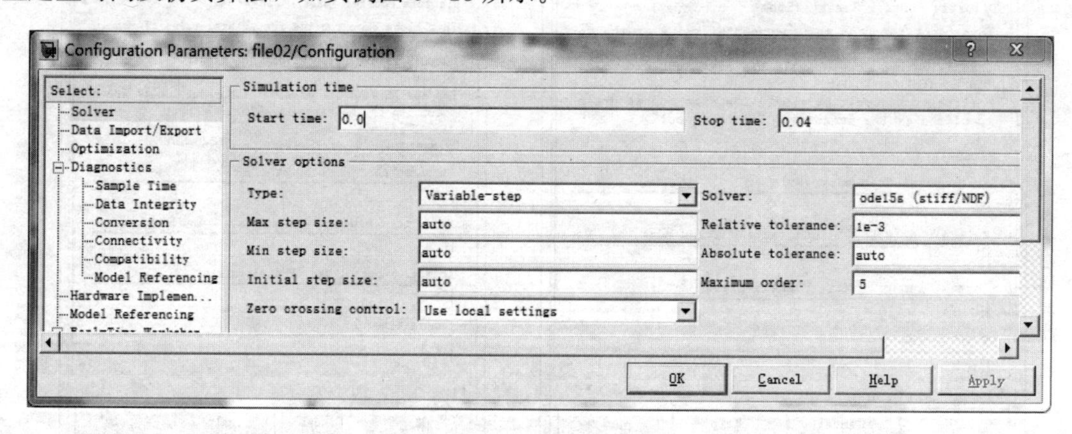

实例图 5 - 13　仿真平台参数设置

设置完成后，按图示连线用鼠标左键连接各器件，如实例图 5 - 14 所示。

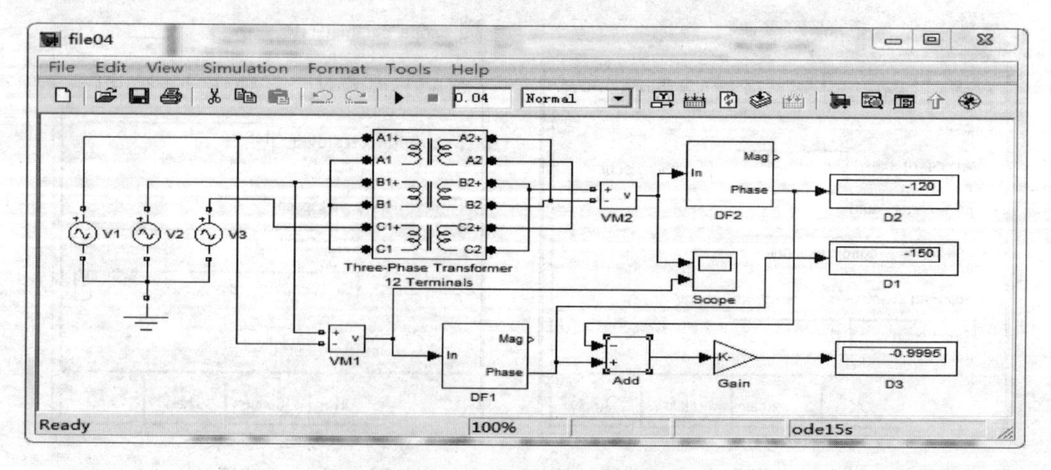

实例图 5 - 14　联结组别仿真模型

5. 仿真结果

鼠标左键点击工具栏运行按钮 ▶，启动仿真。双击 Scope，显示一、二次侧电压波形，如实例图 5-15 所示。

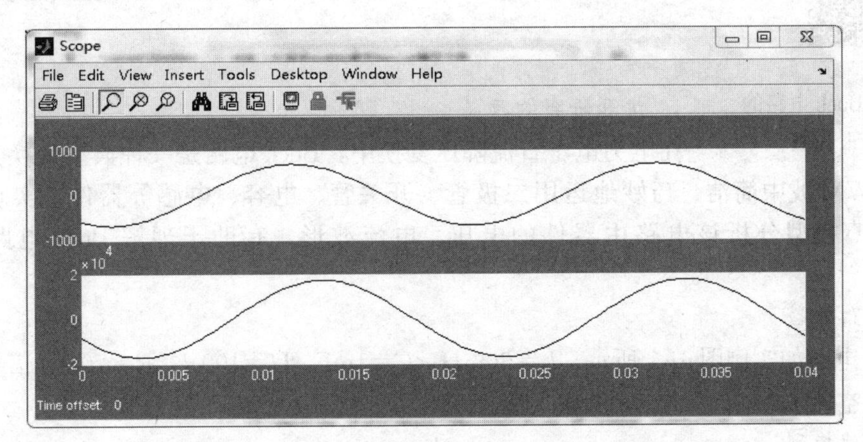

实例图 5-15　一次侧（下图）、二次侧（上图）线电压波形

在实例图 5-14 中，显示模块 D1 中的数据为一次侧 AB 线电压相量相位，记为 ψ_{A1B1}，D2 中的数据为二次侧 AB 线电压相量相位，记为 ψ_{A2B2}，D3 中的数据为二次侧线电压相位超前一次侧的小时数 N，$N=(\psi_{A2B2}-\psi_{A1B1})/30$，仿真结果显示 $N=-0.9995\approx-1$，指定一次侧电压相位为 12 点钟，则二次侧电压相位为 11 点钟。由于变压器有短路阻抗，使 N 略大于-1。示波器显示的两路波形分别为一、二次侧线电压波形，如实例图 5-15 所示，上图一次侧波形，下图二次侧波形，二次侧相位超前一次侧约 30°。

6. 仿真结论

仿真波形的相位差与整点时钟一致，验证了原理接线图为 11 点钟接线。

7. 相关问题

试画出 Yy6、Yd5 仿真原理图，并验证其联结组别。

[实例6]　Buck电路的Simulink仿真

[实例6]　Buck电路的Simulink仿真

1. 仿真研究的意义

在电力电子直流降压变换中，Buck电路是一种典型变换方法。该方法在PWM波中简洁、巧妙地运用二极管、开关管、电容、电感等器件，实现电压降落。用仿真模型分析该电路中器件的电压、电流波形，有助于理解Buck电路的工作原理。

2. 电路参数

Buck电路如实例图6-1所示，L=30mH，C=1mF，U=100V，R=20Ω，信号源f_s=1kHz，占空比D_t=0.5加在V的输入端。

3. 搭建模型

(1) 在菜单下面工具栏里的Simulink按钮，打开Simulink库浏览器，如实例图6-2所示。鼠标点击菜单File－>New－>Model，创建模块仿真文件，然后在新文件菜单中，点击File－>Save As，在弹出菜单文件名中输入“file03”，保存在默认目录中。

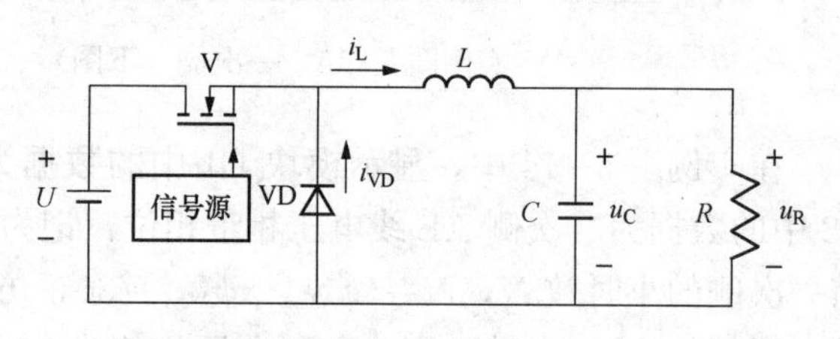

实例图6-1　Buck原理图

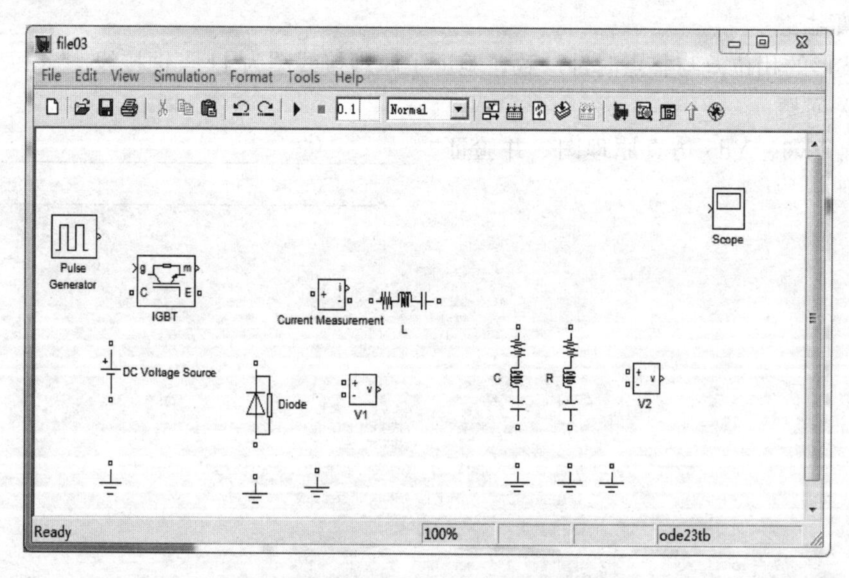

实例图6-2　Buck电路模块摆放

(2) 在Simulink库浏览器中，按实例表6-1指定的位置找到的库中各模块，并用鼠标左键拖拽到file03仿真平台，然后，用鼠标左键点击模块，弹出菜单，选择Format－>Ro-

tate Block 转动模块，结合拖拽，按照实例图 6-2 所示的布局摆放。实例表 6-1 中“修改名”列里，栏目空白的元件保留原名字（Ground 元件拖拽后没名字）；元件有几个名字，则需要拖拽并命几次名字。也可以用复制、粘贴的方式添加元件。

实例表 6-1　　库元件索引

序号	库子目录	模块元件	修改名	说明
1	Simulink/SymPowerSystems/Electrical Sources	DC Voltage Source		直流电压源
2	Simulink /SymPowerSystems/Elements	Series RLC Branch	R，C，L	串联 RLC 支路
3	Simulink/SymPowerSystems/ Measurements	Voltage Measurement	V1，V2	电压测量
4	Simulink /SymPowerSystems/ Measurements	Current Measurement		电流测量
5	Simulink/SymPowerSystems/Power Electronic	IGBT		功率开关管
6	Simulink/SymPowerSystems/Power Electronic	Diode		功率二极管
7	Simulink/SymPowerSystems/Elements	Ground		接地
8	Simulink /Sink	Scope		示波器
9	Simulink /Source	PulseGenerator		脉冲发生器

4. 参数设置

双击实例图 6-2 中各模块，设置其参数，如实例图 6-3～实例图 6-11 所示。其他未列器件不需要设置。其中双击 Scope 打开该模块显示窗口后，用鼠标左键点击工具栏设置按钮 ，打开示波器设置窗口，分别点击 General、Data history 选项，设置如实例图 6-9 和实例图 6-10 所示参数，再点击“OK”按钮，结束设置。

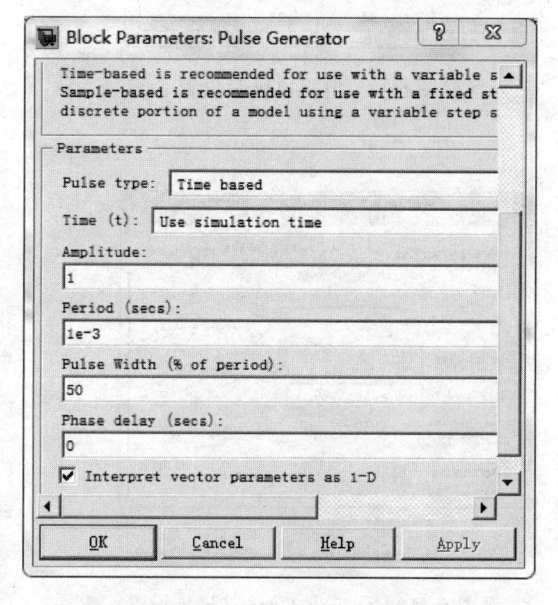

实例图 6-3　脉冲信号发生器设置

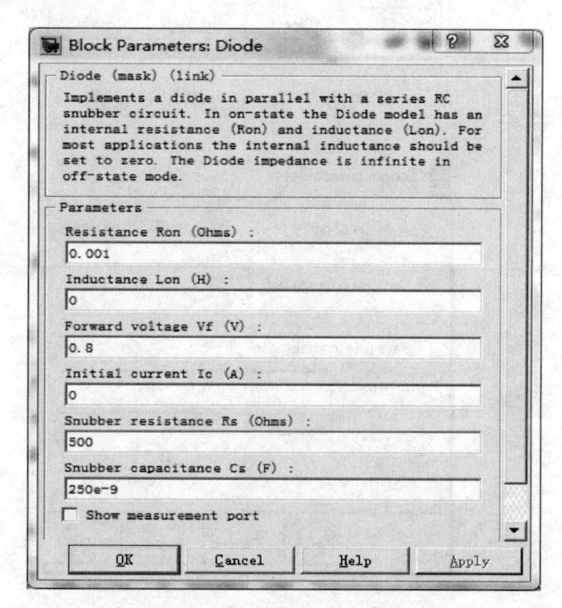

实例图 6-4　功率二极管 Diode 设置

实例图 6-5 功率开关管 IGBT 设置

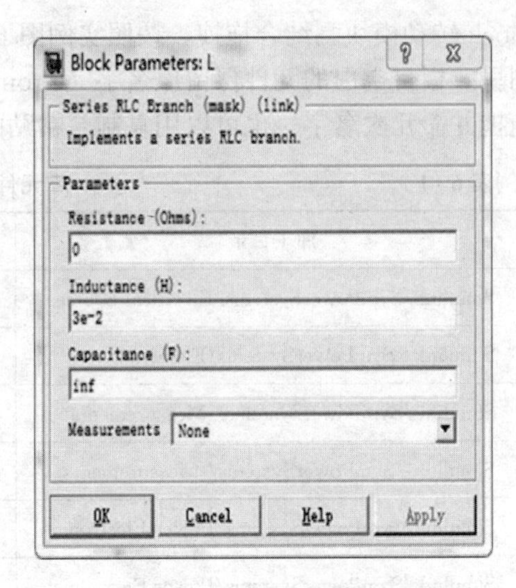

实例图 6-6 电感模块 L 设置

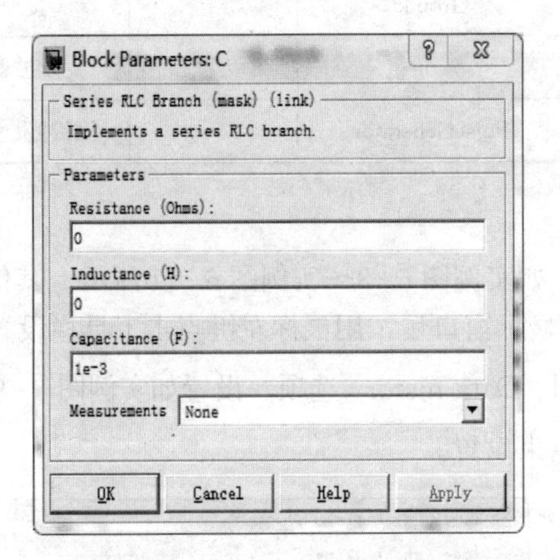

实例图 6-7 电容模块 C 设置

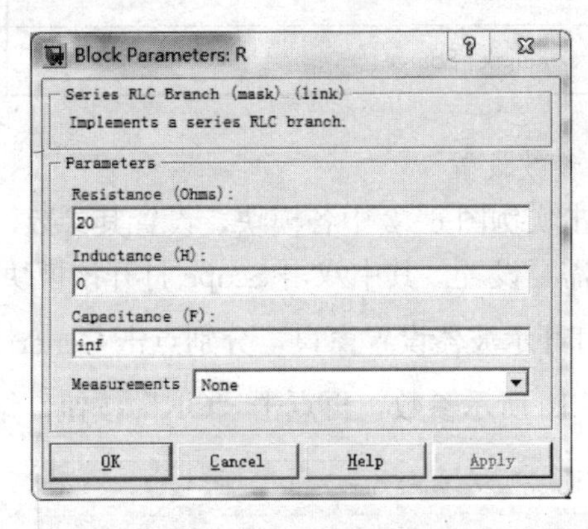

实例图 6-8 电阻模块 R 设置

实例图 6-9 示波器 Date history 选项

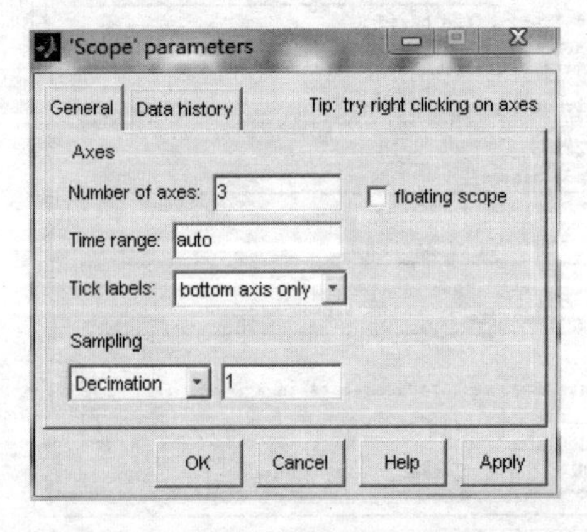

实例图 6-10 示波器 General 选项设置

仿真平台参数设置：打开仿真平台菜单"Simulation－＞Configuration Parameters"，设置起止时间及仿真器Solver，如实例图6-12所示。

设置完成后，按图示连线，用鼠标左键连接各器件，如实例图6-13所示。

5. 仿真结果

鼠标左键点击工具栏运行按钮▶，启动仿真。双击Scope，显示Buck电路中测量点的电压、电流波形，如实例图6-14所示。重新设置脉冲信号发生器占空比为不同的数值（百分数），观察示波器各轴波形及输出电压稳态值大小。

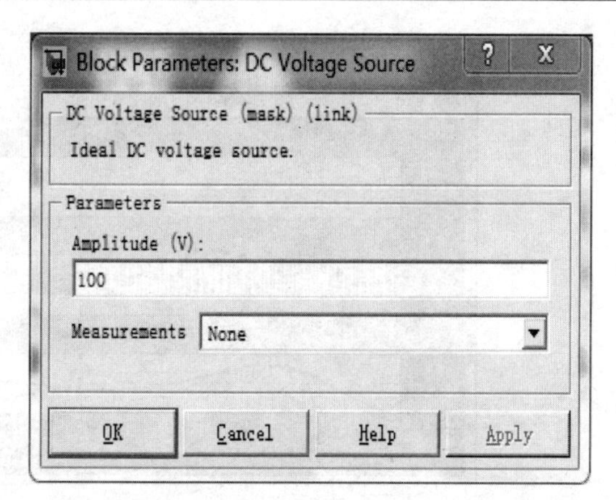

实例图6-11 直流电源压设置

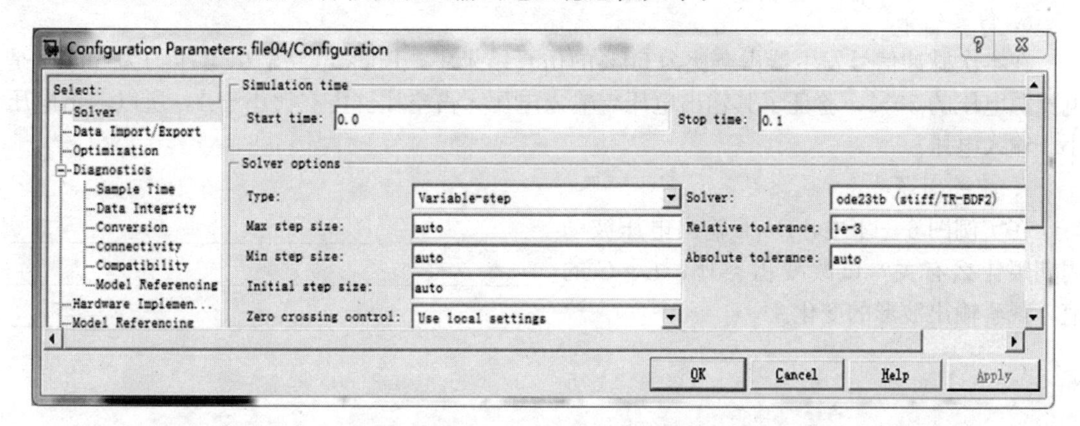

实例图6-12 仿真器参数设置

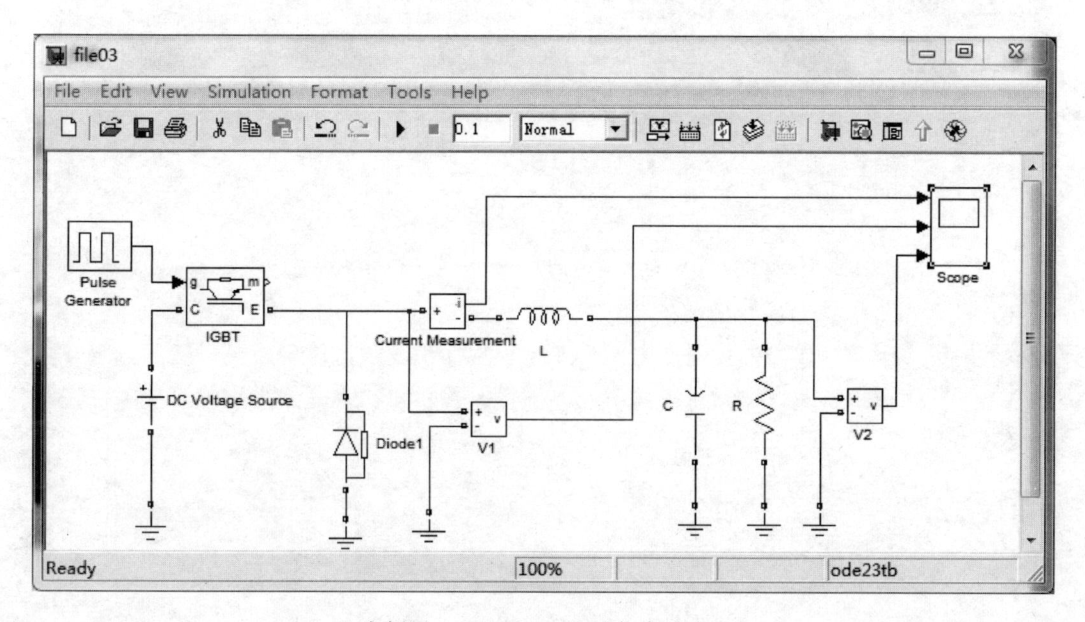

实例图6-13 Buck电路仿真接线图

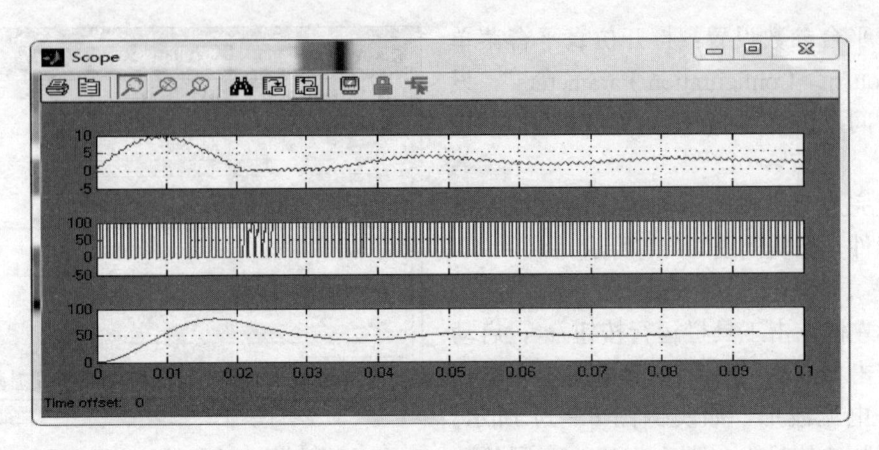

实例图 6 - 14 Buck 电路仿真波形

6. 仿真结论

在本次脉冲信号发生器占空比为50%的仿真结果中，Buck 电路输出电压约为50V，是电压源电压的50%，验证了其输出电压=输入电压×占空比。占空比小于1，所以输出电压小于输入电压。

7. 相关问题

在实例图 6 - 14 中，Buck 输出电压波动周期跟什么有关？试改变占空比，L、C 的值，观察输出波形的变化。

____

____

____

［实例7］ 用MATLAB对RLC串联电路的零状态响应编程计算和仿真

［实例7］ 用MATLAB对RLC串联电路的零状态响应编程计算和仿真

1. 编程仿真意义

本仿真实例，利用Matlab编程语言计算零状态的RLC串联谐振的响应过程，以提供与模块仿真相对照的仿真效果，展现Matlab语言编程在仿真应用中灵活、方便的性能。

2. 电路参数

RLC串联电路如实例图7-1所示，$R=0.1\Omega$，$L=1\text{mH}$，$C=2\text{mF}$，$U_s=10\text{V}$。初始条件为$i_L=0$，$u_C=0\text{V}$。在$t=0$时，S闭合。用Matlab编程计算i_L、u_C函数并画出其波形图。

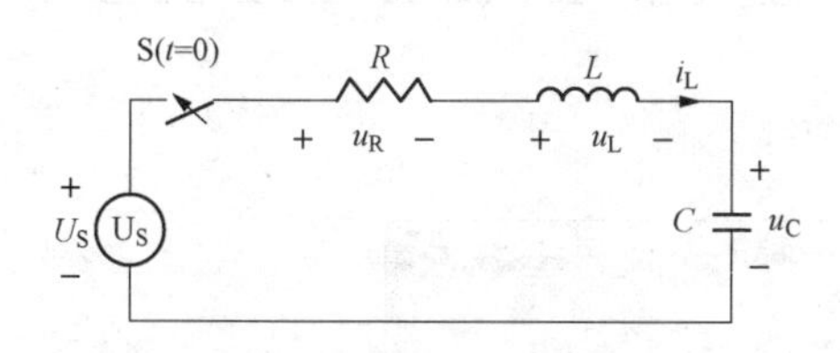

实例图7-1 *RLC*串联电路

3. 分析及编程

（1）数学解析式，根据电路，列写微分方程，得电压方程有

$$U_s = Ri_L + L\frac{\mathrm{d}i_L}{\mathrm{d}t} + u_C$$

电流方程为

$$i_L = C\frac{\mathrm{d}u_C}{\mathrm{d}t}$$

带入数据，得到方程组有

$$\begin{cases} 10 = 0.1i_L + 0.001\dfrac{\mathrm{d}i_L}{\mathrm{d}t} + u_C \\ i_L = 0.002\dfrac{\mathrm{d}u_C}{\mathrm{d}t} \end{cases}$$

初始条件为 $\begin{cases} u_C\,|_{t=0} = 0 \\ i_L\,|_{t=0} = 0 \end{cases}$

（2）程序计算及画图。

```
clc                                  %清除命令窗口命令
clear                                %清除工作空间变量
syms Uc iL;                          %定义电压、电流的符号变量
[Uc,iL] = dsolve('10 = 0.1 * iL + 0.001 * DiL + Uc,iL = 0.002 * DUc','Uc(0) = 0,iL(0) = 0','t');
                                     %把微分方程组和初始变量之代入dsolve函数，以t为自变量。
tt = 0:0.0001:0.05;                  %定义步长为0.0001秒，时间长度0.05秒的数组。
[M,N] = size(tt);
V = zeros(1,N);                      %定义等长一维数组V，初始化为0
I = zeros(1,N);
for mm = 1:N                         %循环体：依次取时间值，计算各时间的对应的Uc和iL值
t = tt(mm);                          %取第mm个时间值
V(mm) = eval(Uc);                    %Uc函数中，t为自变量，计算t时的电压V值
I(mm) = eval(iL);
end                                  %循环体结束
```

```
subplot(2,1,1)                        % 准备画2行一列图形的上图。
plot(tt,V,'b')                        % 画V的响应曲线,蓝色。
legend('Uc波形')                       % 给波形作注释
 % legend(['Uc=',char(Uc),'波形'])
subplot(2,1,2)                        % 准备画2行一列图形的下图。
plot(tt,I,'r')                        % 画I的响应曲线,红色。
legend('iL波形')
 % legend(['iL=',char(iL),'波形'])
Uc
iL
```

4. 仿真结果

电感电流和电容电压波形图如实例图7-2所示，响应函数为

```
Uc =
10+exp(-50*t)*(-10/199*sin(50*199^(1/2)*t)*199^(1/2)-10*cos(50*199^(1/2)*t))
iL =
200/199*exp(-50*t)*sin(50*199^(1/2)*t)*199^(1/2)
```

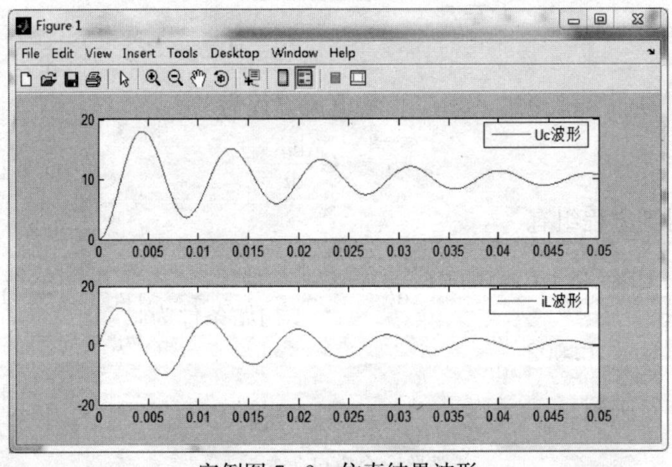

实例图7-2　仿真结果波形

5. 相关问题

电路参数如实例图7-3所示，开关S在$t=0s$闭合。试计算零状态i_L、u_C的响应函数，并画出它们的波形图。

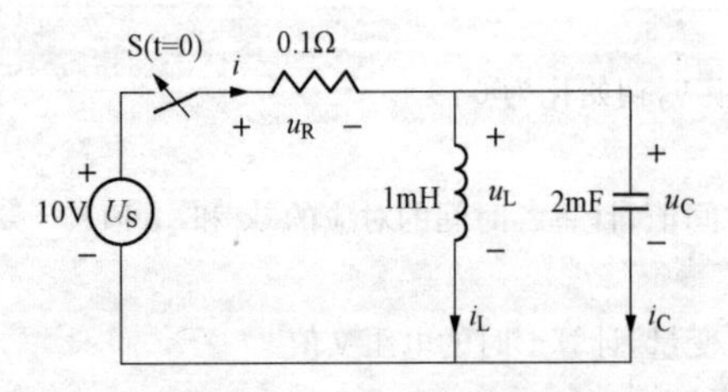

实例图7-3　RLC串并联

［实例 8］ Powergui 在电力系统潮流计算中的应用实例

1. 仿真研究的意义

电力系统潮流计算是研究电力系统计算分析中的一种最基本的计算，针对复杂电力系统中正常和故障条件下稳态运行状态进行分析，并通过给定运行方式下求取各节点电压（幅值和相角）、功率分布和网损等。用以检查系统中各元件是否过负荷、各节点电压是否满足要求、功率分布和分配是否合理以及功率损耗等，通过电力系统潮流计算来定量的分析电力系统规划设计和运行方式的合理性、可靠性和经济性，同时又是进行故障计算、继电保护整定、安全分析的工具，是计算系统动态稳定和静态稳定的基础。

2. 系统参数及模型讲解

Simulink 的 SimPowerSystems 为用户提供了相当丰富的电力系统元器件模型，如发电机模型有简单的同步发电机、标准同步发电机等，变压器、线路、负荷、母线也有不同的模块。在进行潮流计算时，首先要根据原始数据和节点的类型［PQ 节点、PV 节点及平衡节点（$V\theta$）］对模块进行选择，不同的线路参数和模块选择会导致运算结果的差异，甚至会导致仿真模型出错无法正常运行。以 2 机 5 节点为例搭建仿真模型，介绍使用 Powergui 计算简单电力系统潮流的方法，其系统图如实例图 8-1 所示。

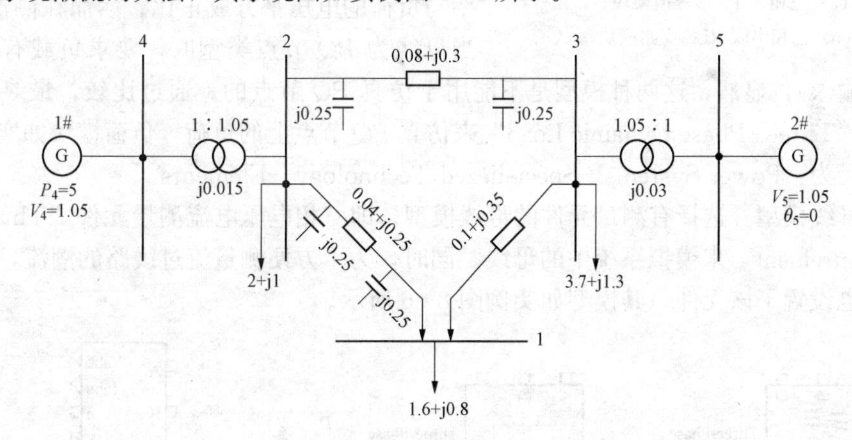

实例图 8-1　2 机 5 节点系统图

（1）发电机模型。在该系统中的两台发电机均选用 p. u. 标准同步电机模块，该模块使用标幺值参数，以转子 dq 轴建立的坐标系为参考，定子绕组为星形联结，其模型如实例图 8-2 所示。路径为：Power Systems—Specialiazed Technology—Machines。

（2）变压器模型。系统中的两台变压器均选用三相两绕组变压器模块“Three-Phase Transformer（Two Windings）”，采用 Y－Y 联结方式，其模型如实例图 8-3 所示。路径为：Power Systems—Specialiazed Technology—Elements。

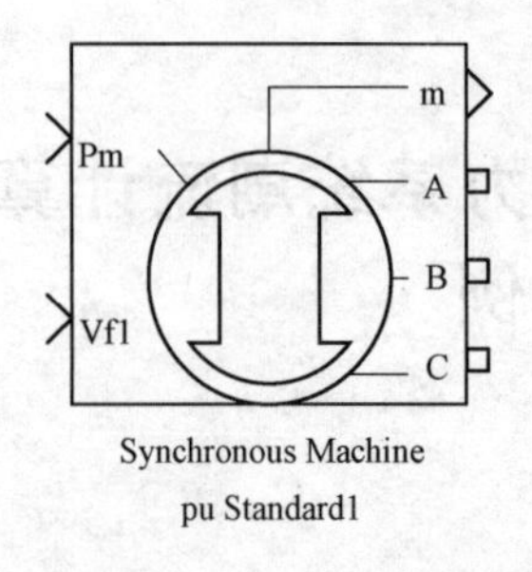

实例图8-2　发电机模型

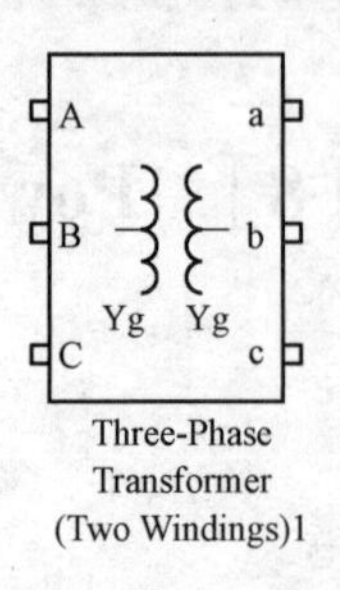

实例图8-3　变压器模型

（3）线路模型。系统中带有对地导纳的线路选用三相“Π”形等值模块“Transmission Line”，没有对地导纳的线路选用三相串联RLC支路模块“Three Phase Series RLC Branch”，其相应的模块如实例图8-4所示。路径为：Power Systems—Specialiazed Technology—Elements。

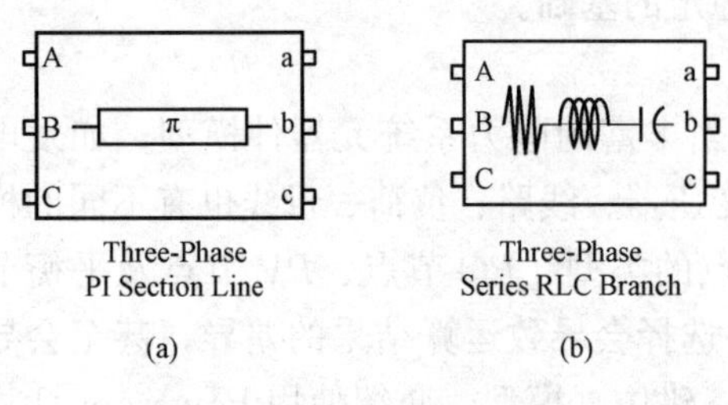

实例图8-4　线路模型
（a）三相“Π”形等值模块；
（b）三相串联RLC支路模块

（4）负荷模型。在SimPowerSystems库中，利用R、L、C的串联或并联组合，提供了两个静态三相负荷模块，即三相RLC并联负荷（Three-Phase Parallel RLC Load）和三相RLC串联负荷（Three-Phase Series RLC Load）。这两种模型是恒阻抗支路模拟负荷，仿真时，在给定的频率下负荷阻抗为常数，负荷吸收的有功功率和无功功率与负荷的电压平方成正比。然而在潮流计算中，当母线为PQ节点类型时，要求负载有恒定功率的输出（输入），显然，这两种模型是不能用于仿真PQ节点的。通过比较，最终选择动态负荷模型“Three-Phase Dynamic Load”来仿真PQ节点上的负荷，负荷模块如实例图8-5所示。路径为：Power Systems—Specialiazed Technology—Elements。

（5）母线模型。选择有测量元件的母线模型，即三相电压电流测量元件“Three-Phase V-I Measurement”来模拟系统中的母线。同时，为了方便测量流过线路的潮流，在线路元件的两端也设置了该元件，其模型如实例图8-6所示。

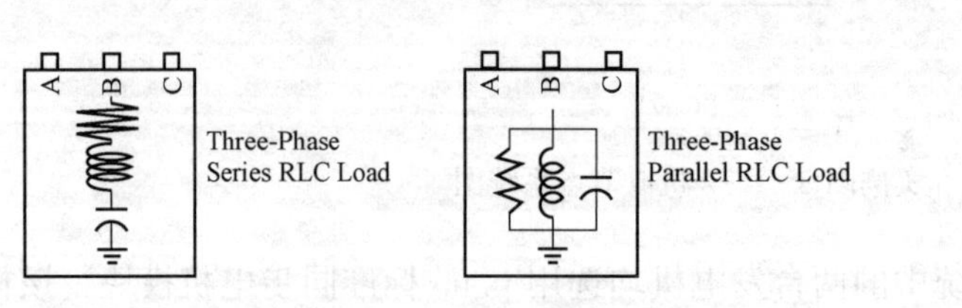

实例图8-5　负荷模型

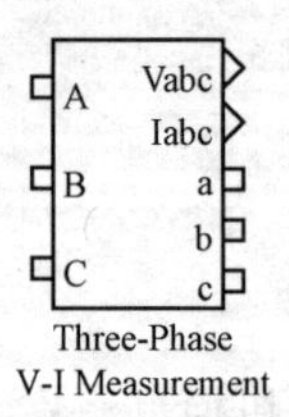

实例图8-6　母线测量模型

3. 仿真模型

选定系统各个元器件模块后，就可以在Simulink下搭建如实例图8-7所示的2机5节点的电力系统模型。

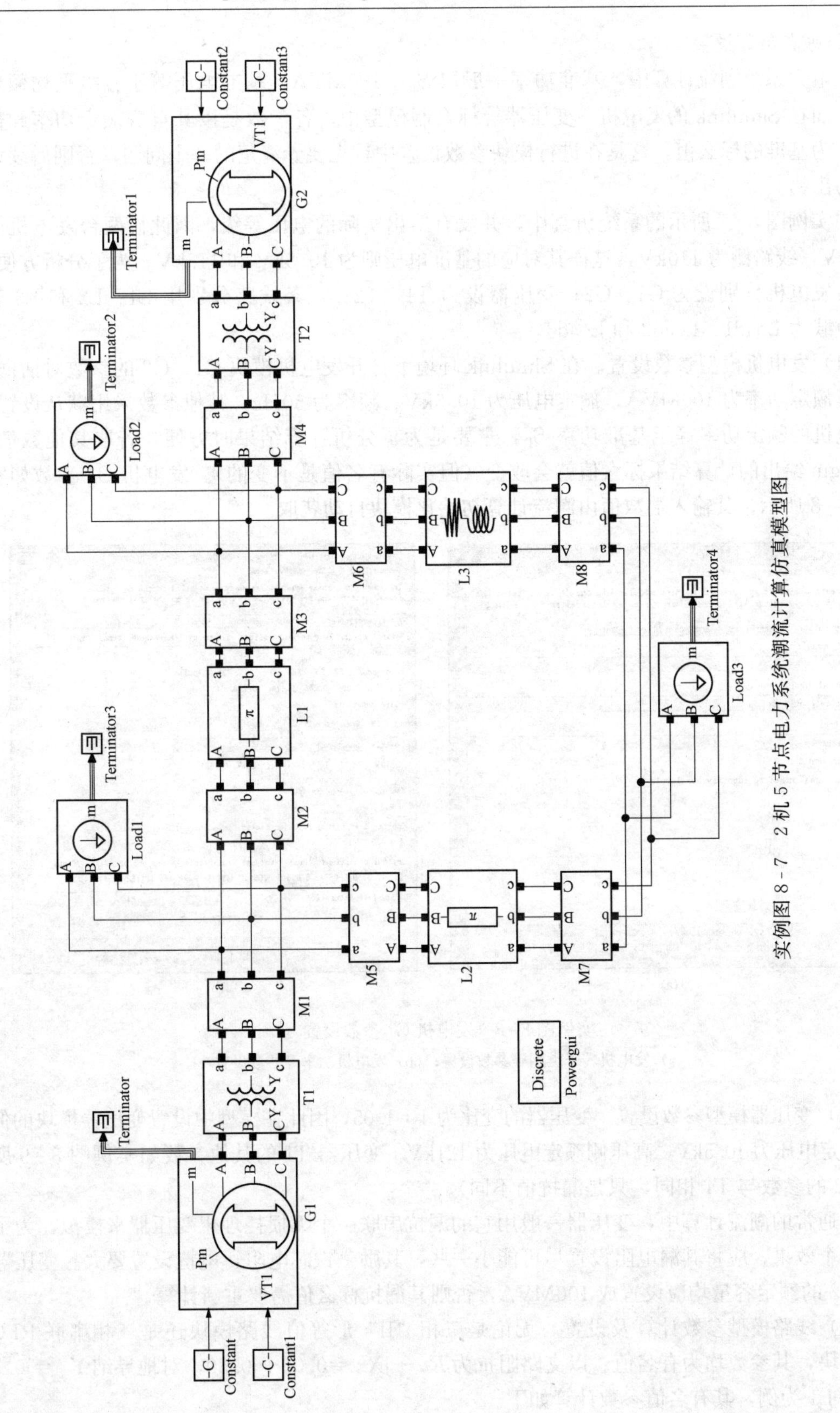

实例图 8－7　2 机 5 节点电力系统潮流计算仿真模型图

4. 仿真参数设置

在电力系统潮流计算中，基准功率一般取 $S_B=100$MVA，基准电压等于各级平均额定电压。而在 Simulink 的发电机、变压器等标幺制模型中，各参数是以其自身额定功率和额定电压为基准的标幺值，这是在进行模块参数设置中首先要弄清楚的一个问题，否则后续设置容易出错。

在实例图 8-7 所示的系统仿真中，并没有给出实际的电压等级，因此设两台发电机侧为 10kV，线路侧为 110kV，这样其对应的基准电压则为 10.5kV 和 115kV。为了分析方便，将两台发电机分别设为 G1、G2；变压器设为 T1、T2；三条线路分别用 L1、L2 和 L3 表示，负载为 Load1、Load2 和 Load3。

（1）发电机模型参数设置。在 Simulink 环境下打开发电机模块 G1、G2 的参数对话框，设置其额定功率为 100MVA，额定电压为 10.5kV、频率为 50Hz，其他参数采用默认设置。取发电机的额定功率等于基准功率 S_B，主要是为了分析计算结果时方便，若取其他数值，Powergui 给出的计算结果标幺值就会改变（但实际有名值是不变的）。发电机 G1 参数如实例图 8-8 所示，其输入端数值由潮流计算初始化模块自动获取。

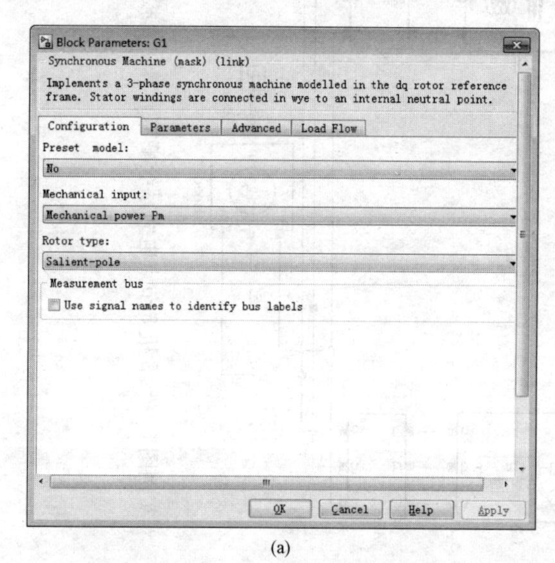

(a)

(b)

实例图 8-8 发电机 G1 参数设置

（a）发电机转子类型等参数设置；（b）发电机功率等参数设置

（2）变压器模型参数设置。变压器的变比为 1∶1.05，因此在模型中设置变压器模块的低压侧额定电压为 10.5kV，高压侧额定电压为 121kV。变压器 T1 的其他参数如实例图 8-9 所示（T2 的参数与 T1 相同，只是漏抗值不同）。

在通常的潮流计算中，变压器一般用它的漏抗串联一个无损耗理想变压器来模拟，为了仿真这个效果，应将其漏电阻设置尽可能小一些，其励磁铁芯电阻，电抗设置要大。变压器 T1、T2 的额定容量均应设置成 100MVA，否则其漏抗标幺值需要重新计算。

（3）线路模型参数计算及设置。无论是三相“Π”形等值线路模块还是三相串联 RLC 支路模块，其参数均为有名值。以支路阻抗为 $R_*+jX_*=0.08+j0.30$，对地导纳 $Y_*=j0.5$ 的线路 L1 为例，其有名值参数计算如下。

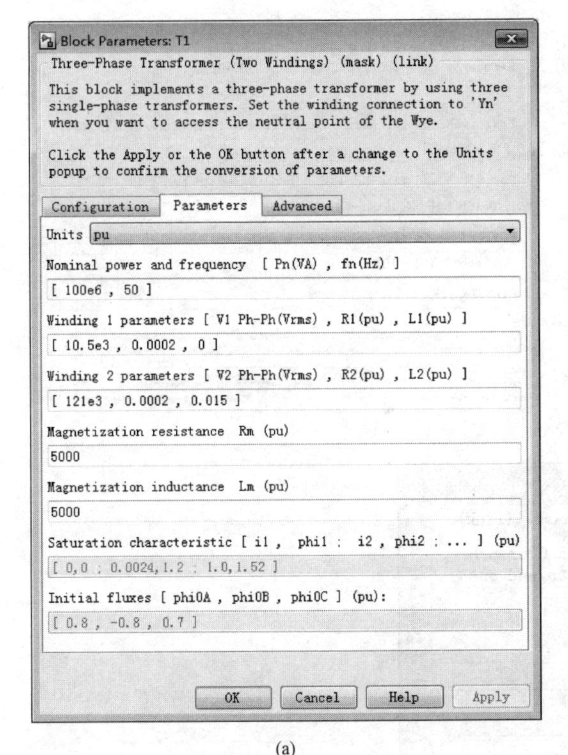

(a)

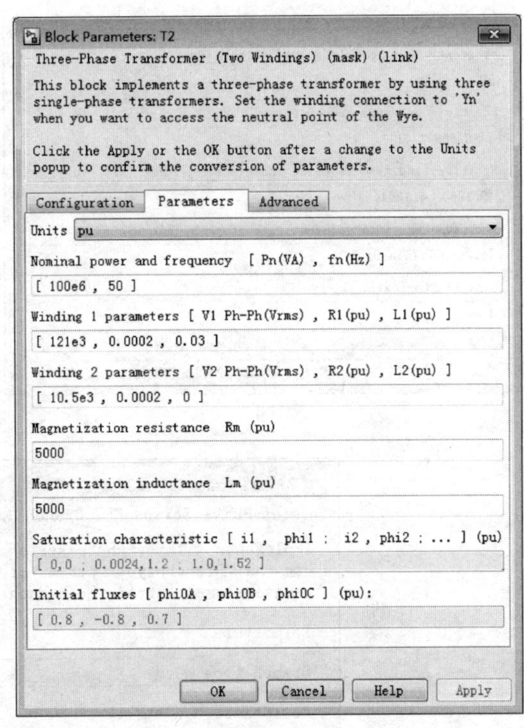

(b)

实例图8-9 变压器参数设置

(a) 变压器T1的参数设置；(b) 变压器T2的参数设置

电阻有名值 $$R = R_* \frac{V_B^2}{S_B} = 0.08 \times \frac{115^2}{100}\Omega = 10.58(\Omega)$$

电感有名值 $$L = \frac{X_* V_B^2}{\omega S_B} = \frac{0.3}{314} \times \frac{115^2}{100}\text{H} = 0.1263(\text{H})$$

电容有名值 $$C = 1\Big/\left(\frac{\omega V_B^2}{Y_* S_B}\right) = 1\Big/\left(\frac{314}{0.5} \times \frac{115^2}{100}\right)\text{F} = 12 \times 10^{-5}(\text{F})$$

线路L2、L3的参数计算过程如L1相同，在此不再赘述。

为了方便，在“Π”形等值线路模块设置时，将线路的长度设置为1km，这样直接输入以上计算结果即可。线路L1-L3的参数设置如实例图8-10所示，模型中的零序参数采用默认值。

(4) 负荷模型参数设置。当动态负荷的终端电压高于设定的最小电压时，负荷的有功功率和无功功率按式(8-1)、式(8-2)变化

$$P(s) = P_0\left(\frac{U}{U_0}\right)^{n_p} \frac{(1 + T_{p1}s)}{(1 + T_{p2}s)} \tag{8-1}$$

$$Q(s) = Q_0\left(\frac{U}{U_0}\right)^{n_q} \frac{(1 + T_{q1}s)}{(1 + T_{q2}s)} \tag{8-2}$$

系统中负荷Load1、Load2和Load3所接母线均为PQ节点，要求负载有恒定功率的输出（输入），因此设置P_0、Q_0为系统给出的有功功率和无功功率值，控制负荷性质的指数n_p、n_q，有功功率、无功功率动态特性的时间常数T_{p1}、T_{p2}、T_{q1}和T_{q2}均设置为0。负荷

Parameters
Frequency used for rlc specification (Hz):
50
Positive- and zero-sequence resistances (Ohms/km) [r1 r0]:
[10.586 1.61]
Positive- and zero-sequence inductances (H/km) [l1 l0]:
[0.1263 4.1264e-3]
Positive- and zero-sequence capacitances (F/km) [c1 c0]:
[1.2e-5 7.751e-9]
Line length (km):
1
OK Cancel Help Apply

(a)

Parameters
Frequency used for rlc specification (Hz):
50
Positive- and zero-sequence resistances (Ohms/km) [r1 r0]:
[5.29 1.61]
Positive- and zero-sequence inductances (H/km) [l1 l0]:
[0.1052946 4.1264e-6]
Positive- and zero-sequence capacitances (F/km) [c1 c0]:
[1.2e-5 7.751e-10]
Line length (km):
1
OK Cancel Help Apply

(b)

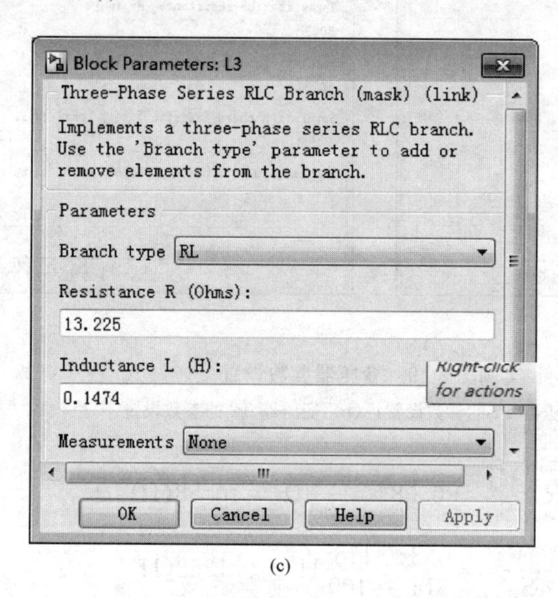

(c)

实例图 8-10 线路参数设置

(a) 线路L1的参数设置；(b) 线路L2的参数设置；(c) 线路L3的参数

Load的参数设置如实例图8-11所示。其中的初始电压（Initial positive sequence voltage），在运行Powergui模块时自动获取。

（5）其他参数设置。在完成以上设置后，就要利用Powergui模块进行节点类型、初始值等参数的设置。

双击Powergui模块图标，在主界面下面打开“潮流计算和电机初始化”窗口。在电机显示栏中选择发电机G2，设置其为平衡节点“Swing bus”，输出线电压设置为11025V（对应的标幺值为1.05），电机A相相电压的相角为0，频率为50Hz；选择发电机G1，设置其为*PV*节点，输出线电压设置为11025V（对应的标幺值为1.05），有功功率为500MW。

Powergui求解器参数设置如实例图8-12所示。

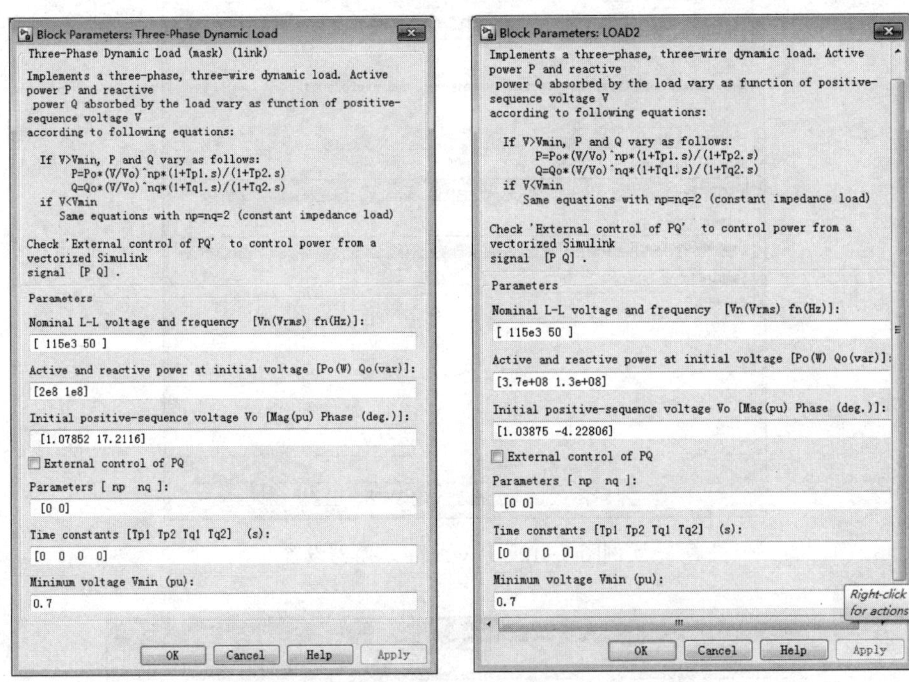

(a) (b)

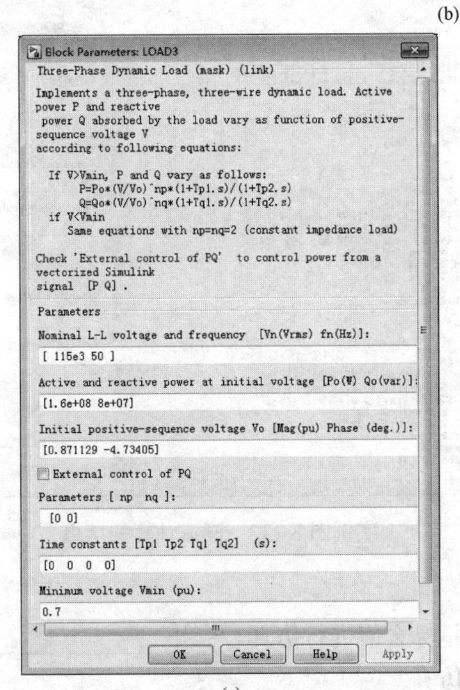

(c)

实例图 8 - 11　负荷 Load1 的参数设置

(a) 负荷 Load1 参数设置；(b) 负荷 Load2 参数设置；(c) 负荷 Load3 参数设置

5. 仿真结果

在完成所有的设置工作之后，在潮流计算窗口中单击“更新潮流”，即可得到整个网络的潮流计算结果，如实例图 8 - 13 所示。

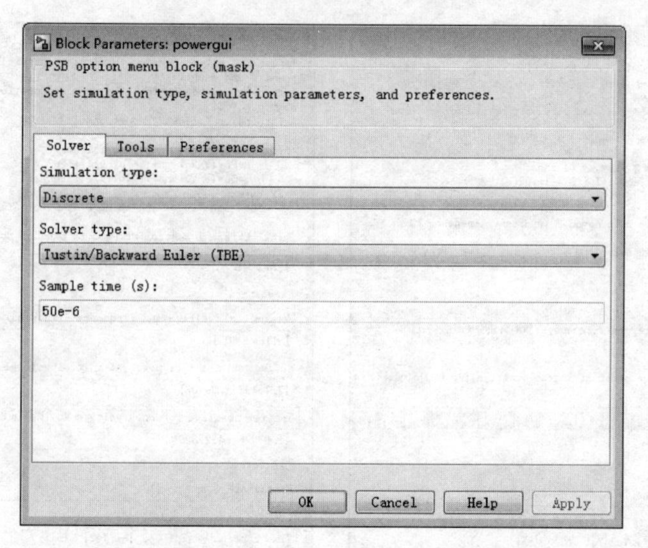

实例图 8 - 12 Powergui 求解器设置

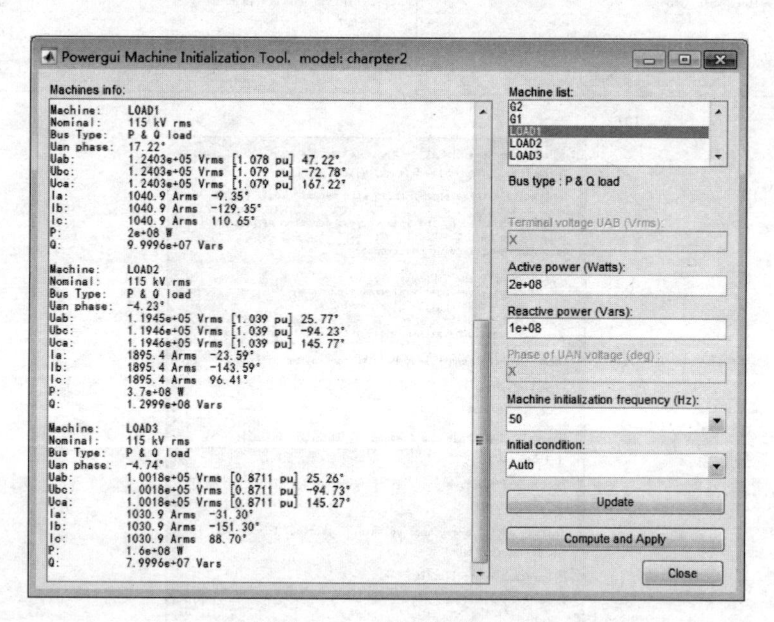

实例图 8 - 13 潮流计算的结果

6. 相关问题

（1）本实例中采用的是标幺值进行仿真，可否采用有名值进行建模仿真？

（2）负荷的性质和大小对潮流计算的影响。

[实例 9] MATLAB/Simulink 在电力系统故障分析中的应用

1. 仿真研究的意义

电力系统故障分析主要是研究电力系统中由于故障引起的电磁暂态过程，搞清楚暂态发生的原因、发展过程及后果，从而为防止电力系统故障、减小故障损失提供必要的理论基础。电力系统可能发生的故障类别比较多，一般可分为简单故障和复合故障。简单故障是指电力系统正常运行时某一处发生短路或断相故障，复合故障是指两个或两个以上简单故障的组合。考虑到三相短路故障是电力系统中危害最严重的故障，本节以简单电路发生三相短路情况来进行仿真，以此分析故障过程中的暂态过程。通过搭建变压器低压母线发生三相短路故障模型，并设置仿真参数后，来模拟短路过程中短路电流的周期分量幅值和冲击电流的大小。

2. 系统参数

变压器低压侧短路系统如实例图 9-1 所示，其中线路 L 的参数为长 50km，$r=0.17\Omega$/km，$x=0.4\Omega$/km。变压器的额定容量 $S_N=20$MVA，$U_k\%=10.5$，短路损耗 $\Delta P_s=135$kW，空载损耗 $\Delta P_0=22$kW，空载电流 $I_0\%=0.8$，变比 $K_T=110/11$，高低压绕组均为Y形接线。假定供电点电压 U_i 为 110kV，保持恒定，当空载运行时在 0.02s 时刻变压器低压母线发生三相短路，搭建仿真系统分析短路电流周期分量和冲击电流大小。

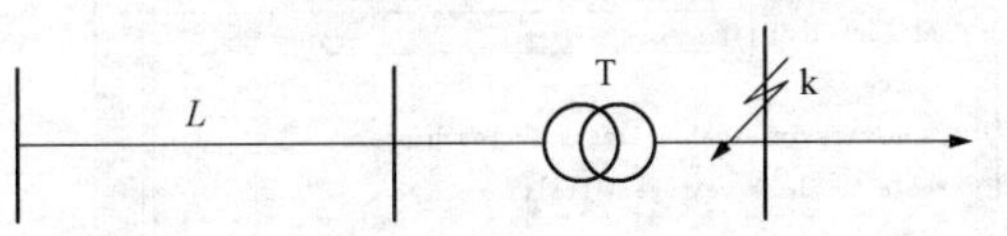

实例图 9-1 变压器低压侧短路系统图

3. 仿真模型

各元件模型及提取路径见实例表 9-1 所示。

实例表 9-1 仿真电路模块的名称及提取路径

模块名	提取路径
无穷大功率电压 10000MVA，110kV	SimPowerSystems/Electrical Source
三相并联 RLC 负荷模块 5MW	SimPowerSystems/Elements
串联 RLC 支路	SimPowerSystems/Elements
双绕组变压器模块	SimPowerSystems/Elements
三相故障模块 Fault	SimPowerSystems/Elements
三相电压电流测量模块	SimPowerSystems/Measurements
示波器 Scope	Simulink/Sinks
电力系统图形用户界面 Powergui	SimPowerSystems/Foudamental Blocks

以此搭建仿真模型如实例图 9-2 所示。

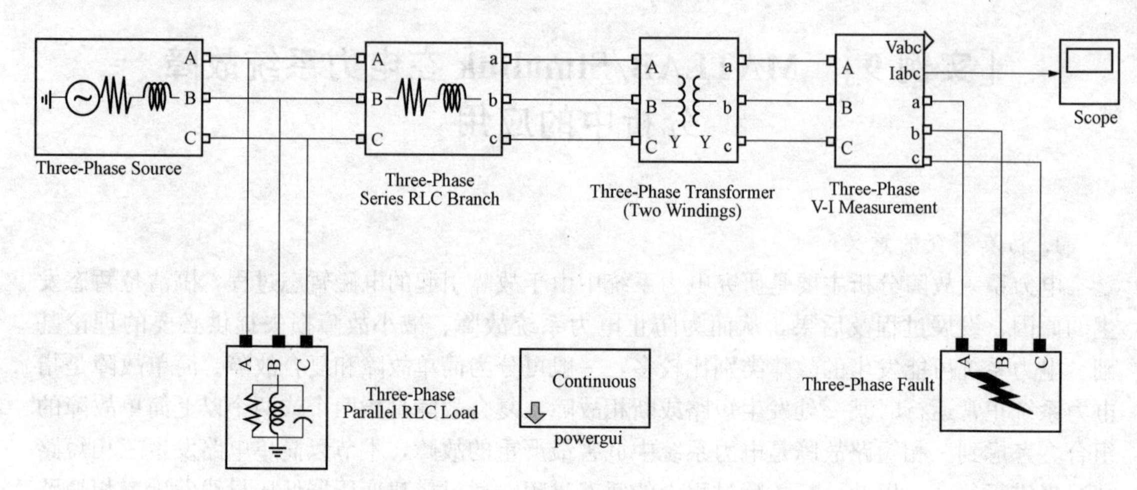

实例图 9-2　变压器低压侧短路仿真模型

4. 仿真参数设置

（1）电源模块参数设置，设置三相电源模块参数如实例图 9-3 所示。

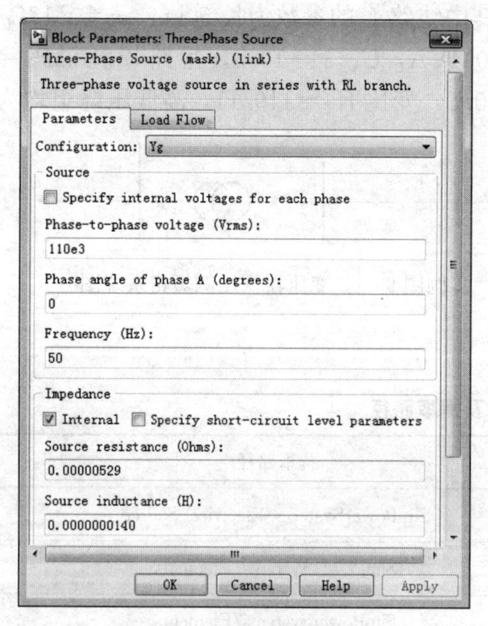

实例图 9-3　电源参数设置

（2）变压器参数设置，变压器 T 采用“Three-Phase Transformer（Two Windings）”，为 Y-Y 联结方式。根据给定的参数，并折算到 110kV 侧的参数如下。

变压器的电阻为

$$R_{\mathrm{T}}=\frac{\Delta P_{s}U_{\mathrm{N}}^{2}}{S_{\mathrm{N}}^{2}}\times 10^{3}=\frac{135\times 110^{2}}{20000^{2}}\times 10^{3}\,\Omega=4.08(\Omega)$$

变压器的电抗为

$$X_{\mathrm{T}}=\frac{U_{\mathrm{k}}\%}{100}\times\frac{U_{\mathrm{N}}^{2}}{S_{\mathrm{N}}}\times 10^{3}=\frac{10.5\times 110^{2}}{100\times 20000}\times 10^{3}\,\Omega=63.53(\Omega)$$

则变压器的漏感为

$$L_{\mathrm{T}}=X_{\mathrm{T}}/(2\pi f)=\frac{63.53}{2\times 3.14\times 50}\mathrm{H}=0.202(\mathrm{H})$$

变压器的励磁电阻为

$$R_{\mathrm{m}}=\frac{U_{\mathrm{N}}^{2}}{\Delta P_{0}}\times 10^{3}=\frac{110^{2}}{22}\times 10^{3}\,\Omega=5.5\times 10^{5}(\Omega)$$

变压器的励磁电抗为

$$X_{\mathrm{m}}=\frac{100U_{\mathrm{N}}^{2}}{I_{0}\%S_{\mathrm{N}}}\times 10^{3}=\frac{100\times 110^{2}}{0.8\times 20000}\times 10^{3}\,\Omega=75625(\Omega)$$

变压器的励磁电感为

$$L_m = X_m/(2\pi f) = \frac{75625}{2\times 3.14\times 50}\text{H} = 240.8(\text{H})$$

如果变压器模块中的参数采用有名值则设置如实例图9-4所示。

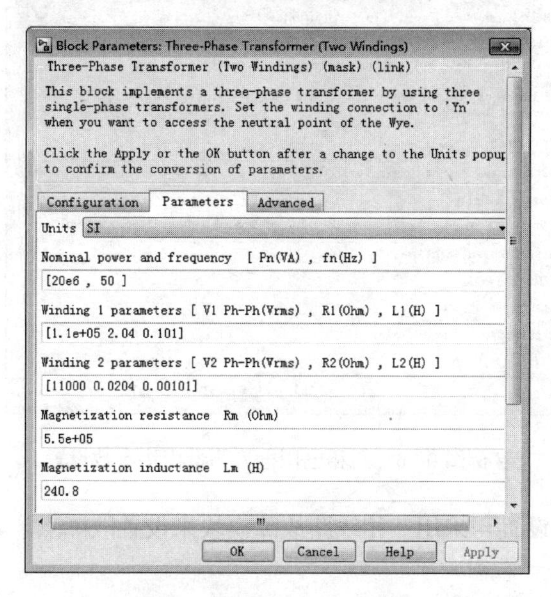
Block Parameters: Three-Phase Transformer (Two Windings)
Three-Phase Transformer (Two Windings) (mask) (link)
This block implements a three-phase transformer by using three single-phase transformers. Set the winding connection to 'Yn' when you want to access the neutral point of the Wye.
Click the Apply or the OK button after a change to the Units popup to confirm the conversion of parameters.
Configuration | Parameters | Advanced
Units: SI
Nominal power and frequency [Pn(VA) , fn(Hz)]
[20e6 , 50]
Winding 1 parameters [V1 Ph-Ph(Vrms) , R1(Ohm) , L1(H)]
[1.1e+05 2.04 0.101]
Winding 2 parameters [V2 Ph-Ph(Vrms) , R2(Ohm) , L2(H)]
[11000 0.0204 0.00101]
Magnetization resistance Rm (Ohm)
5.5e+05
Magnetization inductance Lm (H)
240.8
OK | Cancel | Help | Apply

实例图9-4 变压器参数设置

(3) 输电线路参数设置，输电线路采用的是三相串联RLC模块，根据给定的参数计算可得

$$R_L = r\times l = 0.17\times 50\Omega = 8.5(\Omega)$$

$$X_L = x\times l = 0.4\times 50 = 20(\Omega)$$

$$L_L = X_L/2\pi f = \frac{20}{2\times 3.14\times 50}\text{H} = 0.064(\text{H})$$

输电线路模块的主要参数设置如实例图9-5所示。

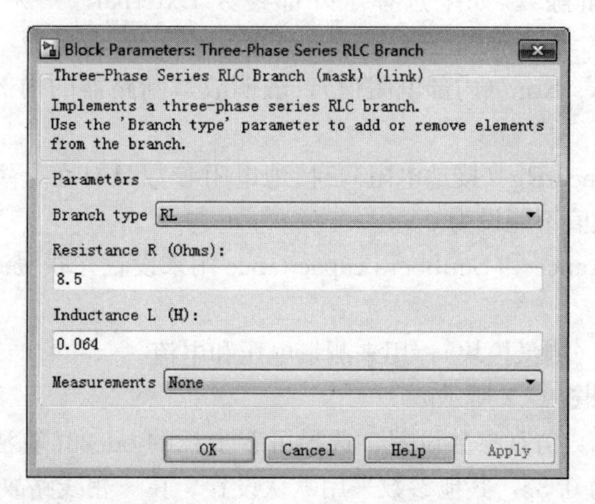
Block Parameters: Three-Phase Series RLC Branch
Three-Phase Series RLC Branch (mask) (link)
Implements a three-phase series RLC branch.
Use the 'Branch type' parameter to add or remove elements from the branch.
Parameters
Branch type: RL
Resistance R (Ohms):
8.5
Inductance L (H):
0.064
Measurements: None
OK | Cancel | Help | Apply

实例图9-5 输电线路参数设置

三相电压电流测量模块“Three-Phase V-I Measurement”将在变压器低压侧测量到的

电压、电流信号转变成 Simulink 信号，相当于电压、电流互感器的作用，其参数设置如实例图 9-6 所示。

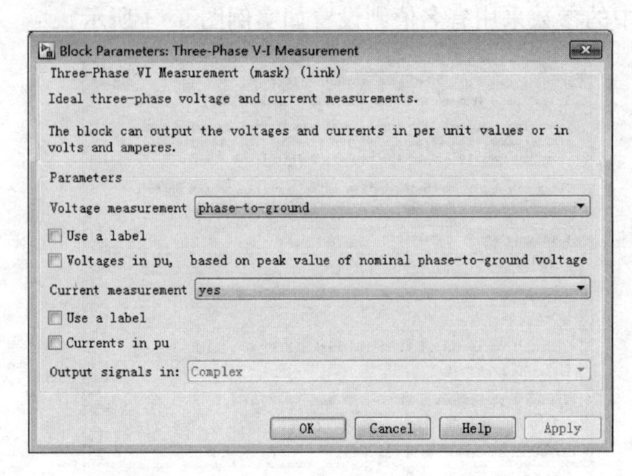

实例图 9-6 三相电压电流测量模块参数设置

（4）三相故障模块设置，采用三相线路故障模块来设置故障点，其参数区域的主要选项说明如下：

1）Initial status（初始状态），故障开关的状态，通常用“1”表示闭合，“0”表示断口，而默认故障断路器的初始状态通常为 0（打开状态），也可以自行设置为系统为故障情况进行仿真。

2）Phase A Fault、Phase B Fault 和 Phase C Fault 用来选择短路故障相，Ground 用来选择短路故障是否为短路接地故障。

3）Switching times（切换时间），可以通过指定开关的切换时间使选定的故障断路器根据初始状态打开或者关闭，例如切换时间设为［0.2 1.0］，默认在初始状态下则表示 0.2s 时选中的故障开关闭合（也就是线路发生故障），当时间为 1.0s 时，选中的故障开关断开（也就是故障解除）。如果选择了外部参数 External，则无法使用切换时间参数设置。

4）Fault resistances Ron（内部电阻值），表明故障断路器的内部电阻，其值不能设置为 0。

5）Ground resistance Rg（接地电阻），接地电阻参数只有在是短路接地故障条件下才可以使用，接地电阻阻值不能设为 0。

6）Snubbers resistance 和 Snubbers capacitance 用来设置并联缓冲电路中的过渡电阻和过渡电容。

7）Measurements（测量模块），用来测量电压和电流。

其参数设置如实例图 9-7 所示。

（5）其他参数设置。仿真参数设置，选择可变步长的 ode23t 算法，仿真起始时间设置为 0s，终止时间设置为 0.3s，其他参数采用默认设置。在三相线路故障模块中设置在 0.02s 时刻变压器低压母线发生三相短路故障。

5. 理论与仿真结果分析

（1）理论分析。为了更好地与仿真的数据相对比，先用理论公式计算发生三相短路故障时的短路电流周期分量幅值和冲击电流的大小。

短路电流周期分量的幅值为

$$I_{\mathrm{m}}=\frac{U_{\mathrm{m}}k_{\mathrm{T}}}{\sqrt{(R_{\mathrm{T}}+R_{\mathrm{L}})^{2}+(X_{\mathrm{T}}+X_{\mathrm{L}})^{2}}}=\frac{\sqrt{2}\times 110/\sqrt{3}\times 10}{\sqrt{(4.08+8.5)^{2}+(63.5+20)^{2}}}=10.63(\mathrm{A})$$

时间常数 T_{a} 为

$$T_{\mathrm{a}}=(L_{\mathrm{T}}+L_{\mathrm{L}})/(R_{\mathrm{T}}+R_{\mathrm{L}})=\frac{0.202+0.064}{4.08+8.5}=0.0211(\mathrm{s})$$

则短路冲击电流为

$$i_{\mathrm{im}}\approx(1+\mathrm{e}^{-0.01/0.0211})I_{\mathrm{m}}=1.6225I_{\mathrm{m}}=17.3(\mathrm{A})$$

(2) 仿真结果。经过仿真分析，得到示波器中采集的电流波形，如实例图 9-8 所示。

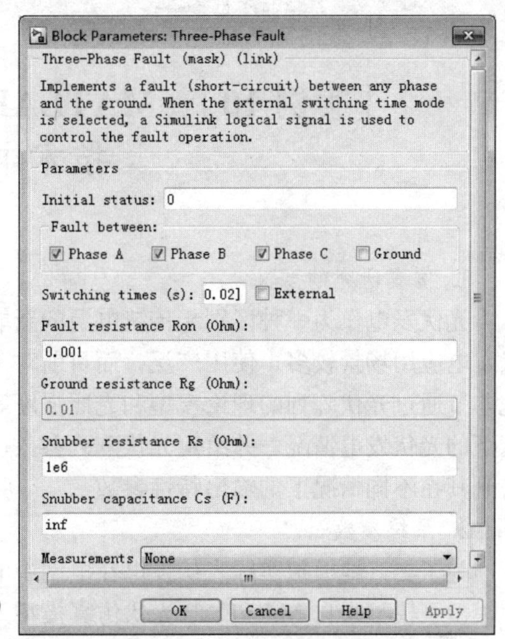

实例图 9-7 三相故障模块参数设置

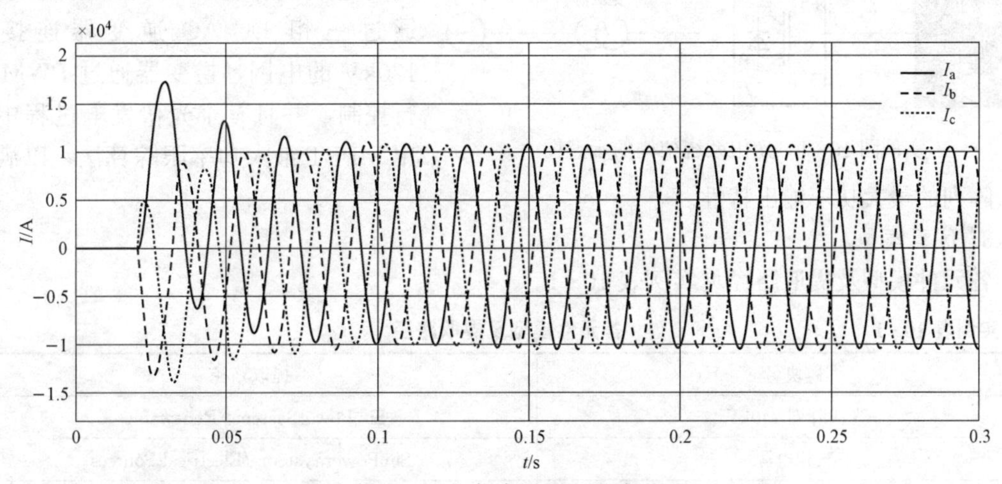

实例图 9-8 仿真后的电流波形图

将示波器中的数据保存到工作空间后进行分析，得到短路电流周期分量的幅值是 10.64kA，冲击电流为 17.31kA，仿真时将电源内阻等参数设置得比较小，这样与理论计算的结果比较接近，如果将内阻设置稍大之后，就会出现比较大的误差。除了采用三相电源模块作为始端电压的提供模块外，也可以采用标准同步电机（SSM）来提供电源。

6. 相关问题

(1) 改变输电线路参数对电力系统故障分析的影响。

(2) 电力系统故障类型对短路电流和短路冲击电流的影响。

[实例 10] MATLAB/Simulink 在光伏发电技术中的应用

1. 仿真研究的意义

光伏发电作为一种区别于传统电源的新能源，是目前普遍使用的清洁能源之一。由于光伏发电应用场景较多，使用广泛，而目前对于电力系统软件中光伏仿真的部分涉及较少，因此本节通过光伏阵列的理论模型和光照强度等参数，搭建光伏发电模型，仿真在不同光照强度下的光伏发电情况，并给定光伏阵列参数、线路和网架参数并通过改变温度和光照条件，得到其在不同情况下的输出特性参数。

2. 系统参数

为了更好地模拟实际光伏发电在电网中的应用，以并网型光伏发电系统为例，建立其系统模型（模型来自 MATLAB 光伏仿真模型库），光伏系统架构的示意图如实例图 10-1 所示，光伏阵列含有 88×7 串光伏组件，共同组成了容量为 250kW 的光伏板，通过三相 DC/AC 逆变器连接到 120kV 的电网，逆变器通过 PWM 进行控制，并且整个光伏发电过程中采用 MPPT 最大功率跟踪算法，以满足光伏阵列的最大功率输出特性。

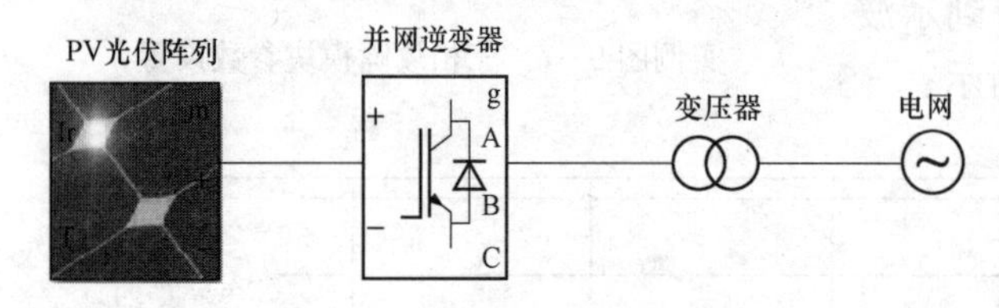

实例图 10-1　光伏系统架构的示意图

3. 仿真模型

各元件模型及提取路径见实例表 10-1。

实例表 10-1　各元件模型及提取路径

模块名	提取路径
光伏阵列 250kW	SimPowerSystems/Renewables
三相电源	SimPowerSystems/Electrical Sources
双绕组变压器模块	SimPowerSystems/Elements
三相 DC/AC 逆变器	SimPowerSystems/Power Electronics
有功、无功负荷	SimPowerSystems/Elements
传输线路	SimPowerSystems/Elements
逆变器控制模块	自定义封装模块
MPPT 程序	自定义语句
三相电压电流测量模块	SimPowerSystems/Measurements
示波器 Scope	Simulink/Sinks
电力系统图形用户界面 Powergui	SimPowerSystems/Foudamental Blocks

以此搭建光伏发电系统仿真模型如实例图 10-2 所示。

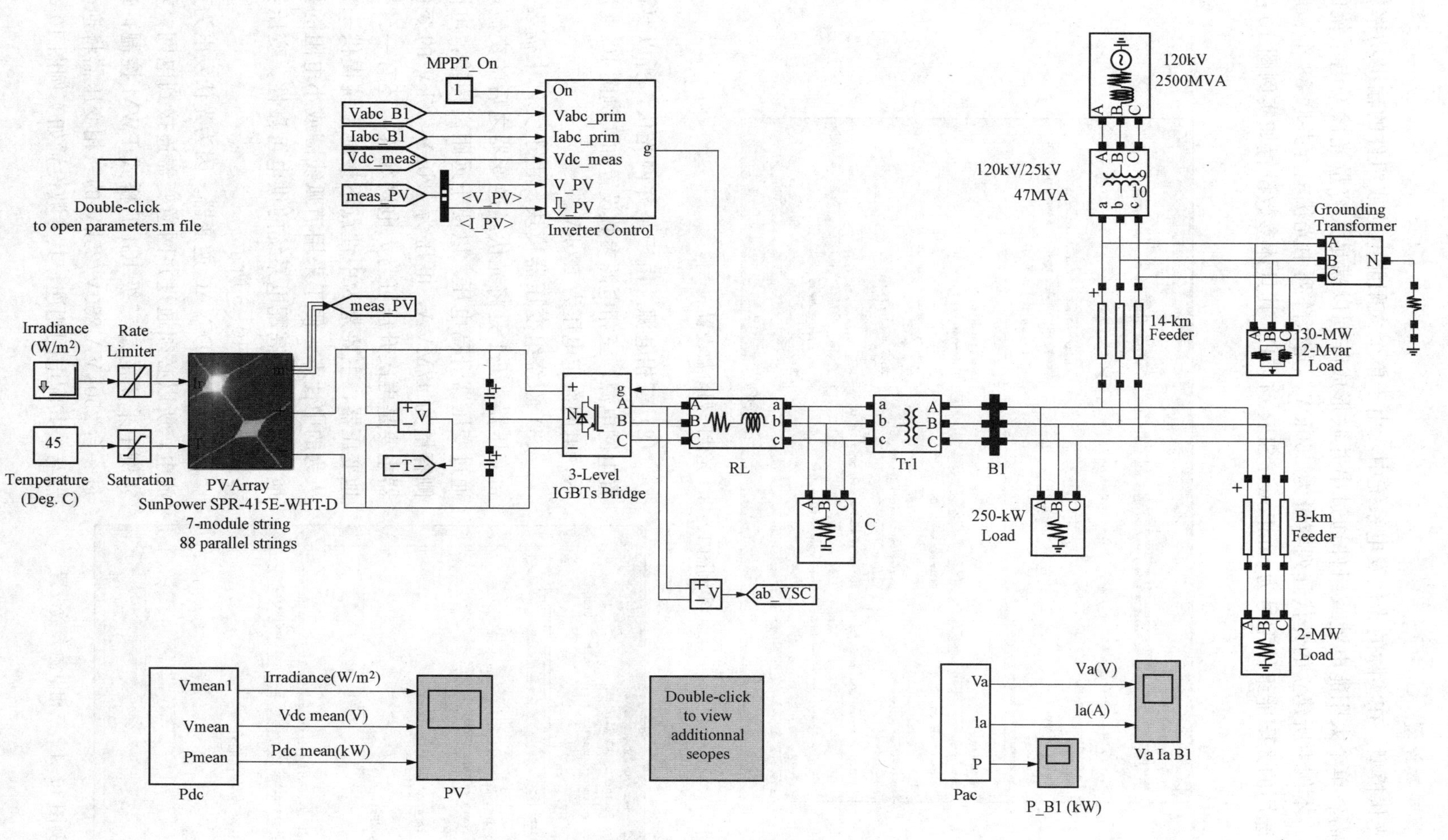

实例图 10-2　光伏发电系统仿真模型

4. 仿真参数设置

（1）光伏模型。在实际的光伏发电系统中，由于单个太阳能电池或组件的输出功率较小，因此需将单个太阳能电池或组件通过串并联形成阵列以满足大容量光伏发电系统的发电需求。本例中所建立的光伏阵列容量为250kW，光伏阵列中光伏电池并联88个、串联7串，选用的太阳能组件型号为SunPower SPR-415E。其具体参数设置如实例图10-3所示。

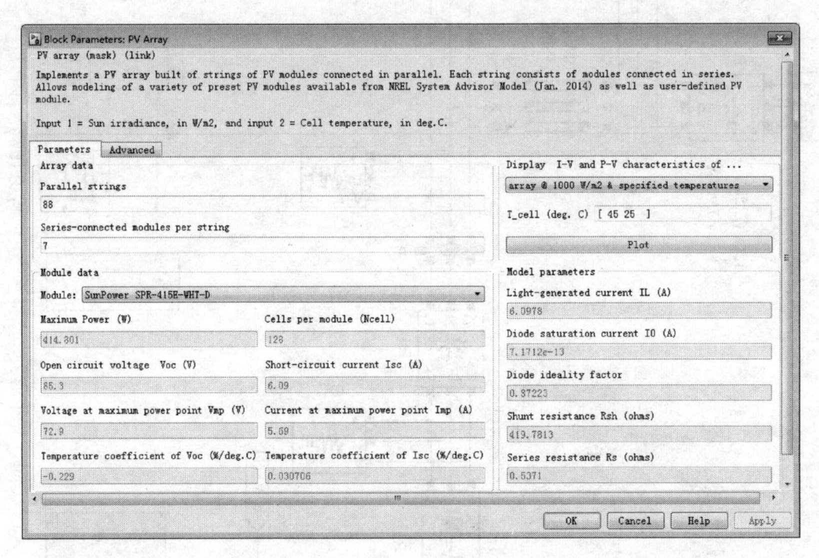

实例图10-3 光伏阵列参数设置

（2）三相电源。由于是并网光伏，所以要设置电网电源，三相电源参数设置如实例图10-4所示，电网额定电压为120kV。

（3）双绕组变压器模块。由于实例中需要3台变压器，Tr1是将光伏经逆变器之后的交流电通过变压器升高电压，以便于远距离传输，电网侧容量为47MVA，电压为120kV/25kV的变压器主要是再次升压可与大电网相连，还有一台接地变压器，主要是为中性点不接地系统提供一个人为的中性点，便于采用消弧线圈或小电阻的接地方式，以提高配电系统的供电可靠性。变压器参数如实例图10-5所示。

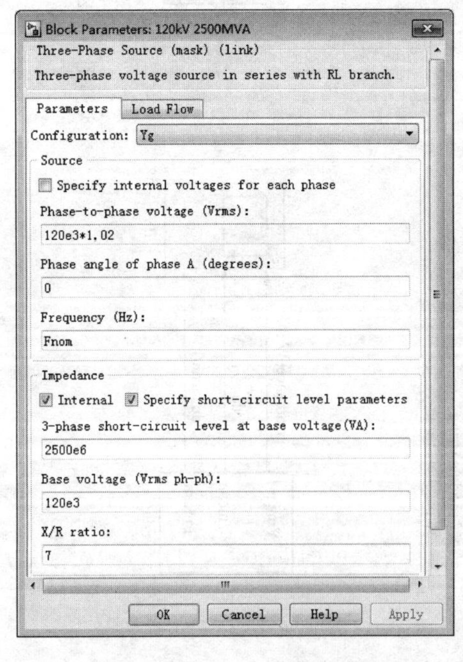

实例图10-4 三相电源参数设置

（4）三相DC/AC逆变器。因为光伏发电为直流电，所以必须通过并网逆变器连接到电网，本实例中采用的是三级IGBT桥式PWM控制，通过一台250kVA 250V/25kV的三相变压器将逆变器与公共配电网相连，其参数设置如实例图10-6所示。

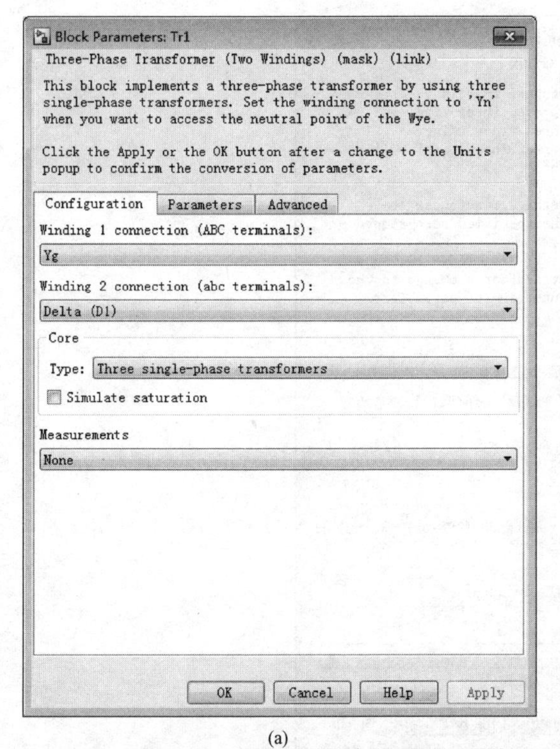

(a)

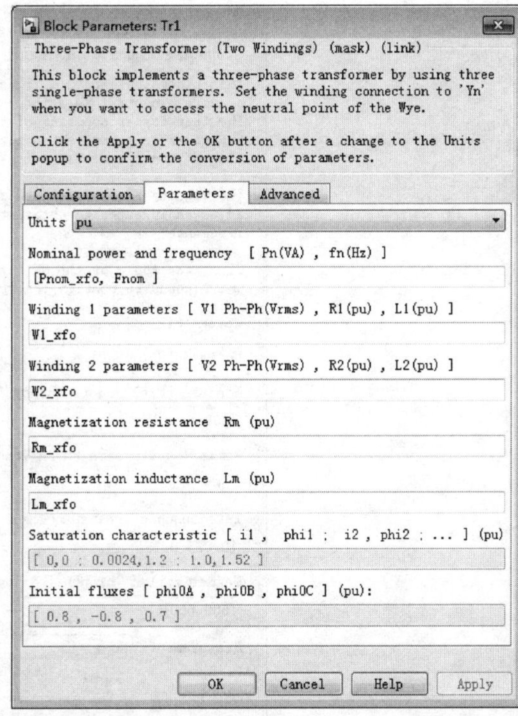

(b)

(c)

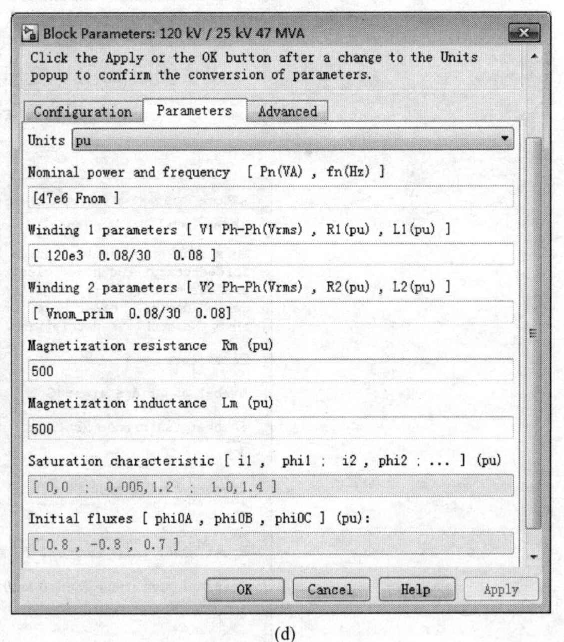

(d)

实例图 10 - 5 变压器参数设置（一）

（a）变压器 Tr1 连接方式设置；（b）变压器 Tr1 参数设置；

（c）电网侧变压器连接方式设置；（d）电网侧变压器参数设置

Block Parameters: Grounding Transformer

Grounding Transformer (mask) (link)

This block implements a transformer that is used to provide a neutral in a three-phase, three-wire system. The transformer consists of three two-winding transformers connected in zig zag. The nominal voltage of each of the six windings is Vn/3.

The winding resistances and leakage reactances are adjusted in order to obtain the specified zero-sequence impedance.

Click the Apply or the OK button after a change to the Units popup to confirm the conversion of parameters.

Parameters

Units pu

Nominal power and frequency [Pn(VA) fn(Hz)]

[100e6 Fnom]

Nominal voltage Vn Ph-Ph(Vrms)

Vnom_prim

Zero-sequence resistance and reactance [Ro(pu) Xo(pu)]

[0.025 0.75]

Magnetization branch [Rm(pu) Xm(pu)]

[500 500]

Measurements None

OK　Cancel　Help　Apply

(e)

实例图 10 - 5　变压器参数设置（二）

（e）接地变压器参数设置

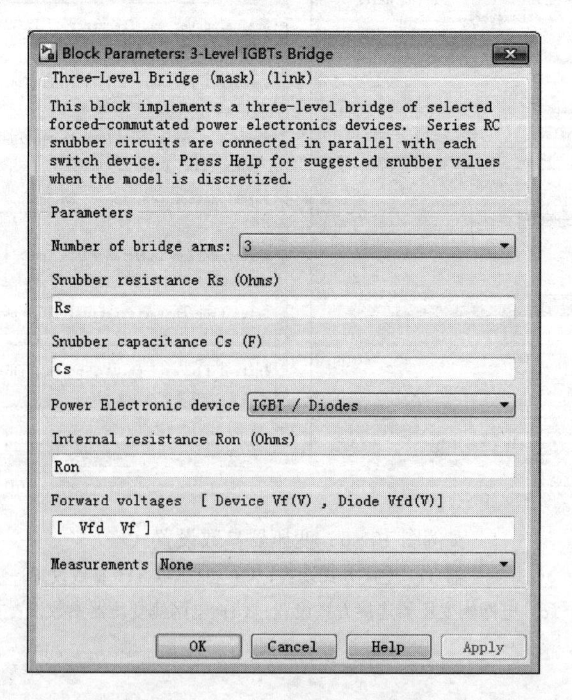

实例图 10 - 6　三相逆变器参数设置

（5）有功、无功负荷。系统中有三个负荷，所以需要分别设置其参数，如实例图 10 - 7 所示。

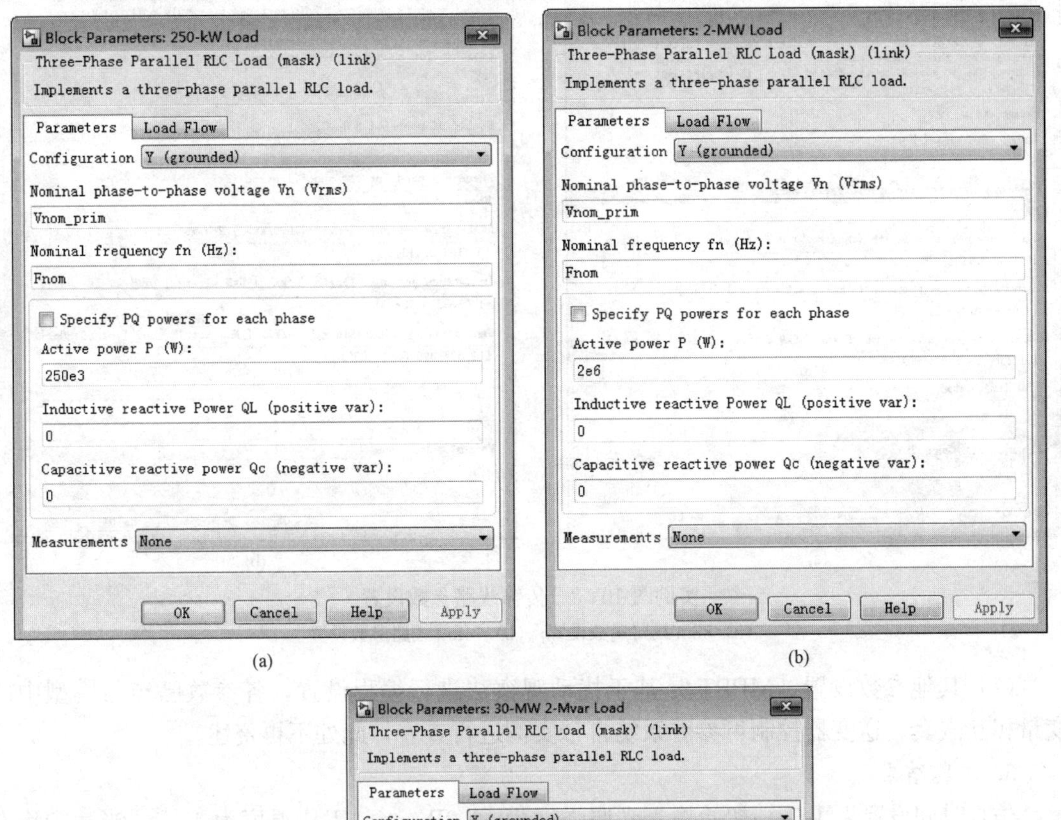

(a)　　(b)

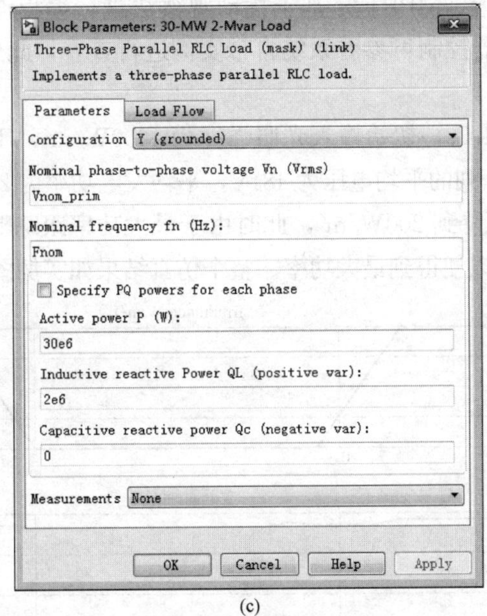

(c)

实例图 10 - 7　负荷参数设置

(a) 负荷 1 参数设置；(b) 负荷 2 参数设置；(c) 负荷 3 参数设置

（6）传输线路。系统中有 2 段远距离传输线路，因此对其等效参数进行设置，如实例图 10 - 8 所示。

Block Parameters: 8-km Feeder
Distributed Parameters Line (mask) (link)
Implements a N-phases distributed parameter line model. The rlc parameters are specified by [NxN] matrices.
To model a two-, three-, or a six-phase symmetrical line you can either specify complete [NxN] matrices or simply enter sequence parameters vectors: the positive and zero sequence parameters for a two-phase or three-phase transposed line, plus the mutual zero-sequence for a six-phase transposed line (2 coupled 3-phase lines).
Parameters
Number of phases [N]:
3
Frequency used for rlc specification (Hz):
Fnom
Resistance per unit length (Ohms/km) [NxN matrix] or [r1 r0 r0m]:
[0.1153 0.413]
Inductance per unit length (H/km) [NxN matrix] or [l1 l0 l0m]:
[1.05e-3 3.32e-3]
Capacitance per unit length (F/km) [NxN matrix] or [c1 c0 c0m]:
[11.33e-009 5.01e-009]
Line length (km):
8
Measurements None
OK Cancel Help Apply

(a)

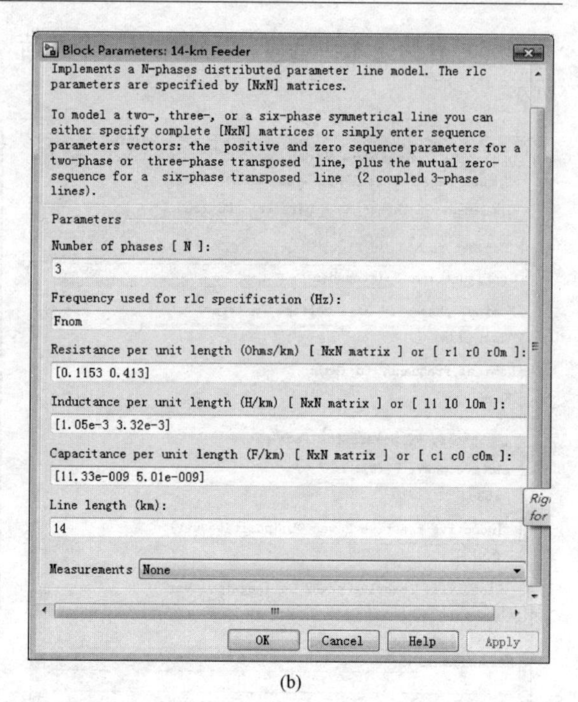

(b)

实例图 10-8 传输线路参数设置

(a) 8km线路参数设置；(b) 14km线路参数设置

（7）其他参数设置。MPPT是基于扰动观察法进行编程设置，各参数已经与模型中的变量相互嵌套，逆变器控制可参看系统自带实例进行查看，此处不再赘述。

5. 仿真结果

仿真时间设置为1.5s，初始输入光照强度为1000W/m²，工作温度为45℃，当达到稳态（t=0.5s），得到PV阵列的平均电压为481V，平均发电功率为236kW。当t=0.3s时，光照强度从1000W/m²迅速下降到200W/m²，此时由于最大功率跟踪MPPT的作用，控制系统将基准电压降低到464V，以便得到最大功率。整个仿真结果如实例图10-9、实例图10-10所示。

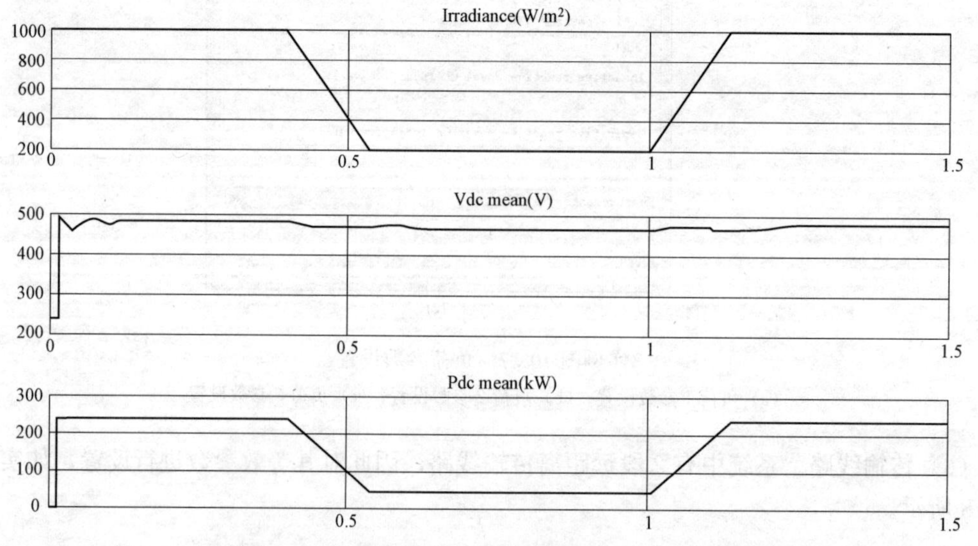

实例图 10-9 光伏发电电压和功率随时间的仿真结果图

实例图 10-9 表明了随着光照强度的变化，光伏阵列的平均电压和功率值都会随之而变化，而 MPPT 最大功率追踪可以实时的跟踪光照强度的变化，以便调节基准电压，达到输出功率最大的目的。

实例图 10-10 表明了光伏阵列输出电压和电流随着光照强度的变化而变化，当光照强度下降时，电流迅速下降，而电压则处于缓慢变化波动，电流直接反映出光照强度的变化过程，最为直观。

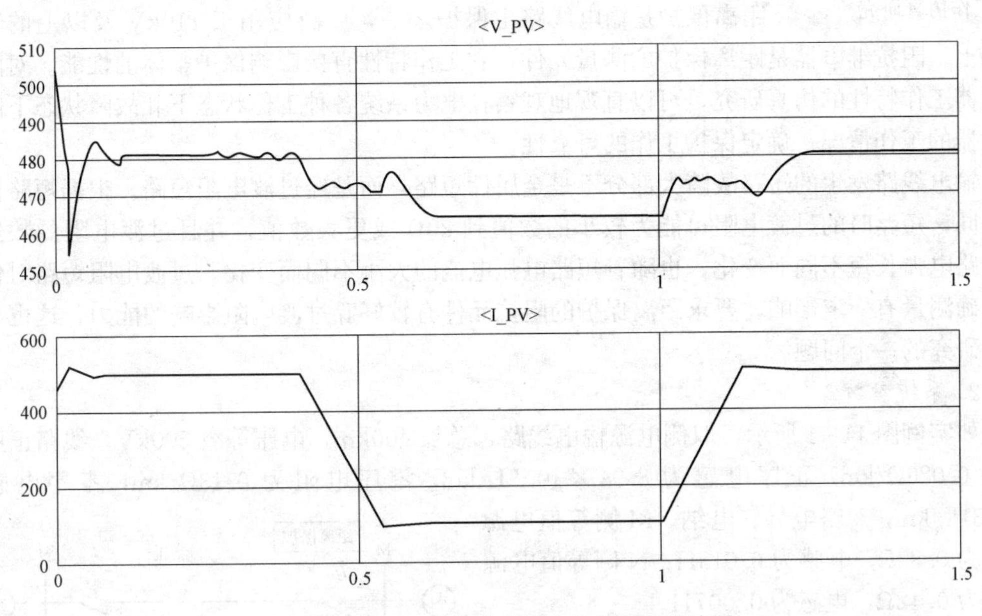

实例图 10-10　光伏阵列输出电压和电流波形

6. 相关问题

(1) 太阳能组件型号对光伏发电功率的影响。

(2) 温度和光照强度剧烈变化情况下对光伏发电效率波动的影响。

[实例 11] 比相式阻抗继电器工作仿真研究

[实例 11] 比相式阻抗继电器工作仿真研究

1. 仿真研究的意义

距离保护是输电线路主保护之一，广泛应用于 110kV 及以上的输电线路上。阻抗继电器是距离保护的测量元件，它工作特性直接影响保护整体的性能。对阻抗继电器工作特性的仿真研究，可以直观地观察在电力系统各种工作状态下和故障状态下阻抗继电器的工作情况，确定保护工作的可靠性。

输电线路发生的短路故障大部分不是金属性短路，而是经过渡电阻短路。根据短路情况的不同，短路时的过渡电阻可能为较小的数值到 20Ω 或更大数值，并且过渡电阻的数值随着短路电弧长短不同而变化，也随着短路电弧电流的大小不同而变化。过渡电阻短路对保护的正确测量有一定影响，要求距离保护的阻抗元件有较好躲过渡电阻影响的能力，这也是仿真要研究的一个问题。

2. 系统参数

如实例图 11-1 所示，双侧电源输电线路，总长 400km，电压等级 500kV，线路正序电阻为 0.026Ω/km，正序电感为 8.94×10^{-4} L/km，零序电阻为 0.13Ω/km，零序电感为 0.0031L/km，忽略电导、电纳。M 侧等值电源内阻为 0.82Ω，电感为 0.013H；N 侧等值电源内阻为 0.42Ω，电感为 0.007H。

在 M 侧安装反应输电线路相间短路的距离保护，以方向阻抗继电器为保护的测量元件，采用 0°接线方式。

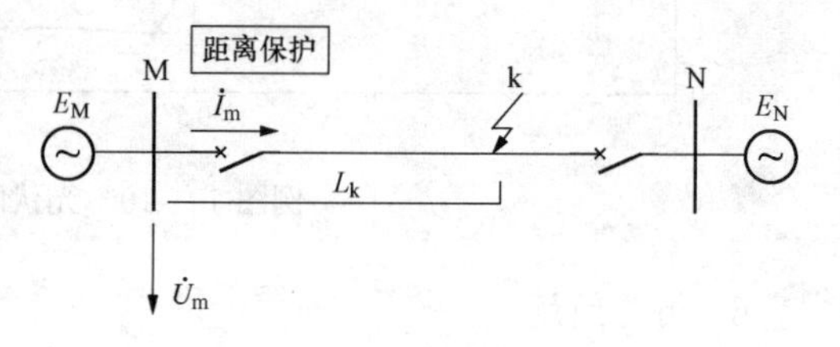

实例图 11-1 被保护输电线路

3. 仿真模型

建立系统仿真模型如实例图 11-2 所示。

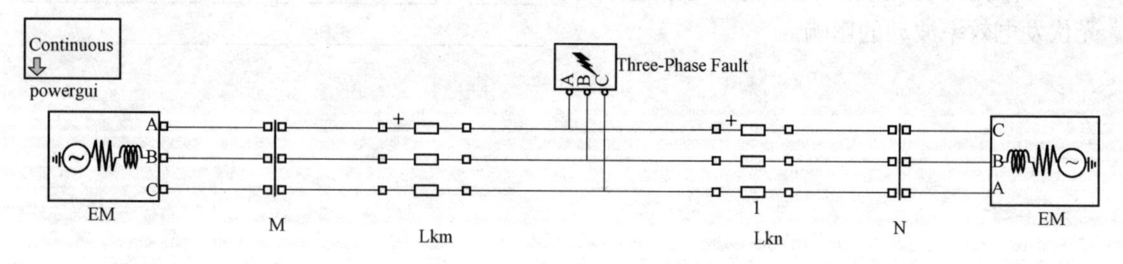

实例图 11-2 系统仿真模型

建立保护测量元件接线系统如实例图 11-3 所示，将三相电压、电流引入保护。

保护的测量元件采用方向阻抗继电器，为简化仿真，设保护用电压互感器和电流互感器的变比均为 1，即继电器的动作阻抗为保护的一次动作阻抗，如果要确定保护的二次动作阻抗值则要考虑电压互感器和电流互感器的实际变比。

根据阻抗继电器的构成原理，先形成比相电压 $\dot{U}_C$ 和 $\dot{U}_D$

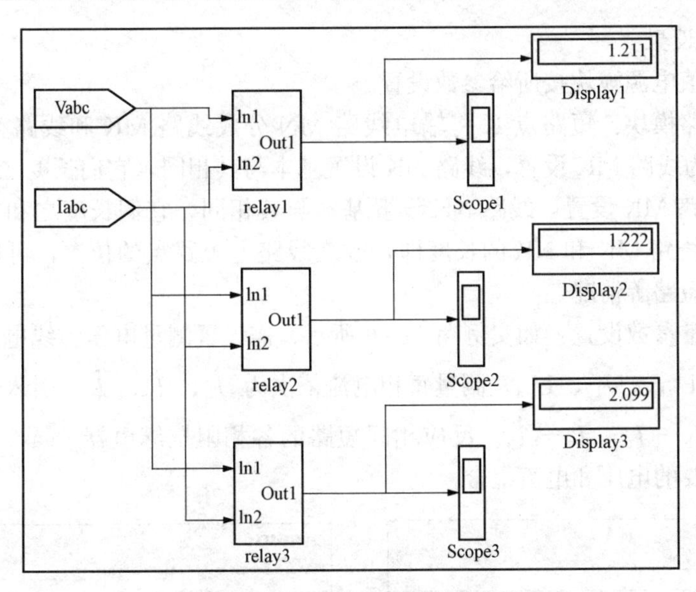

实例图 11-3　保护测量元件接线

$$\begin{cases}\dot{U}_{C}=K_{I}\dot{I}_{m}-K_{U}\dot{U}_{m}\\ \dot{U}_{D}=K_{U}\dot{U}_{m}\end{cases}\tag{11-1}$$

式中：$\dot{I}_{m}$和 $\dot{U}_{m}$为按 0°接线引入继电器的电流和电压；K_{I} 和 K_{U} 分别被电抗变换器和电压变换器的变换系数，K_{I} 为有复阻抗量纲，而 $Z_{set}=\dfrac{K_{I}}{K_{U}}$，仿真模块中设置 $K_{U}=1$，则保护的整定阻抗 $Z_{set}=K_{I}$ 即方向阻抗继电器模块中的电流回路增益系数。

方向阻抗继电器动作方程为

$$-90°\leqslant\arg\frac{\dot{U}_{C}}{\dot{U}_{D}}\leqslant 90°\tag{11-2}$$

即

$$-90°\leqslant\arg\frac{K_{I}\dot{I}_{m}-K_{U}\dot{U}_{m}}{K_{U}\dot{U}_{m}}\leqslant 90°\tag{11-3}$$

按动作方程构成方向阻抗继电器如实例图 11-4 所示。

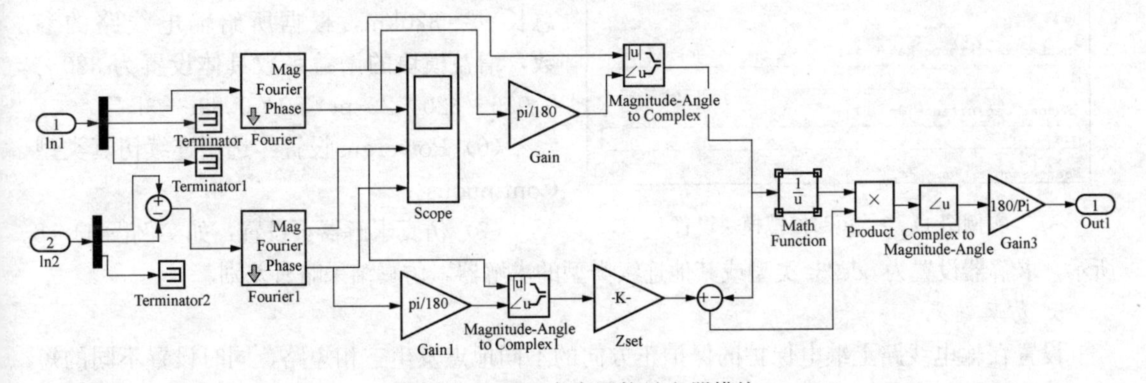

实例图 11-4　方向阻抗继电器模块

4. 仿真参数设置

(1) 双侧等值电源模块按所给参数设置。

(2) 输电线路模块：短路点 K 将输电线路 MN 分成线路 MK 和线路 NK，分别设置。如实例图 11-5 为线路 MK 设置，线路 NK 设置基本与其相同，它们长度之和等于线路总长度为 400km；线路 MK 设置，线路 NK 设置基本与其相同，它们长度之和等于线路总长度为 400km；改变线路 MK 和 NK 的长度即是改变线路上短路点的位置，可以模拟保护区内短路和保护区外短路等情况。

(3) 母线测量参数设置：如实例图 11-6 所示，需设置测量电压为线电压，这样引入保护的电压依次为 $\dot{U}_{ab}$、$\dot{U}_{bc}$、$\dot{U}_{ca}$，测量每相电流依次为 $\dot{I}_a$、$\dot{I}_b$、$\dot{I}_c$，引入保护后再分别组合为 $\dot{I}_a-\dot{I}_b$、$\dot{I}_b-\dot{I}_c$、$\dot{I}_c-\dot{I}_a$。反应相间短路的各相阻抗继电器 relay1～relay3 按 0°接线，采用各自需要的电压和电流组合。

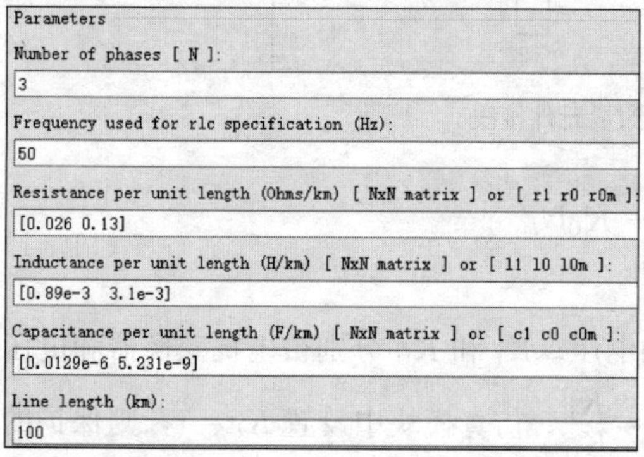

Parameters
Number of phases [N]:
3
Frequency used for rlc specification (Hz):
50
Resistance per unit length (Ohms/km) [NxN matrix] or [r1 r0 r0m]:
[0.026 0.13]
Inductance per unit length (H/km) [NxN matrix] or [l1 l0 l0m]:
[0.89e-3 3.1e-3]
Capacitance per unit length (F/km) [NxN matrix] or [c1 c0 c0m]:
[0.0129e-6 5.231e-9]
Line length (km):
100

实例图 11-5 线路 MK 参数设置

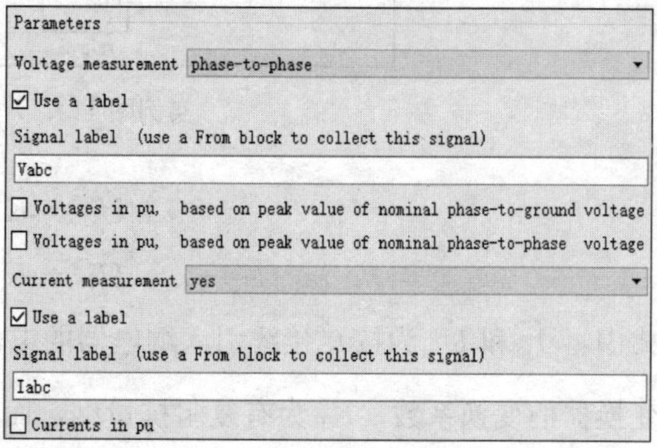

Parameters
Voltage measurement phase-to-phase
☑ Use a label
Signal label (use a From block to collect this signal)
Vabc
☐ Voltages in pu, based on peak value of nominal phase-to-ground voltage
☐ Voltages in pu, based on peak value of nominal phase-to-phase voltage
Current measurement yes
☑ Use a label
Signal label (use a From block to collect this signal)
Iabc
☐ Currents in pu

实例图 11-6 母线测量参数设置

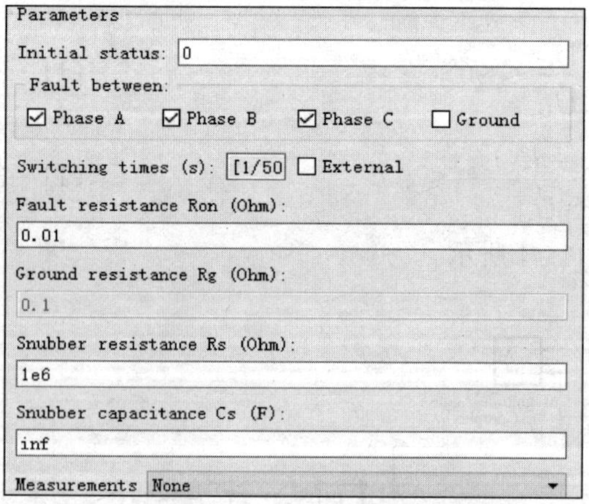

Parameters
Initial status: 0
Fault between:
☑ Phase A ☑ Phase B ☑ Phase C ☐ Ground
Switching times (s): [1/50 ☐ External
Fault resistance Ron (Ohm):
0.01
Ground resistance Rg (Ohm):
0.1
Snubber resistance Rs (Ohm):
1e6
Snubber capacitance Cs (F):
inf
Measurements None

实例图 11-7 短路模拟模块设置

(4) 短路模拟模块设置：如实例图 11-7 所示设置短路开始时间、过渡电阻大小等。

(5) 阻抗元件的整定阻抗设置：在继电器模块的增益模块（Zset）中增益系数的设置系数 Gain 即可设置距离保护的保护范围，例如设置保护范围线路长度 0.8 * 400（线路总长）＝320km，根据所给输电线路的参数，增益模块的增益系数具体设置为 320 * 0.026＋320 * 2 * pi * 50 * 0.89e－3i。

(6) Powergui 设置：选用连续仿真类型 Continuous。

(7) 仿真求解器页设置：如实例图 11-8 所示，求解器设置为 ode23t 类型或其他连续类型的求解器，仿真结果略有差别。

5. 仿真结果

设置在输电线路上继电保护的保护正方向的不同地点发生三相短路，同时设置不同的短路过渡阻抗，仿真并记录保护测量元件方向阻抗继电器的测量，在仿真开始后约 0.12s 后有稳定输出，结果见实例表 11-1。表中仅记录继电器 relay1 输出的测量数值，该数值为式

(11-2) 中电压相量 U_C 超前 U_D 的角度，单位为°。继电器 relay2 和 relay3 输出与 relay1 略有不同。

★ Commonly Used Parameters ≡ All Parameters

Select: Solver / Data Import/Export / Optimization / Diagnostics / Hardware Implementation / Model Referencing / Simulation Target / Code Generation / Simscape

Simulation time — Start time: 0.0 Stop time: 10*0.02

Solver options — Type: Variable-step Solver: ode23t (mod. stiff/Trapezoidal)

▸ Additional options

实例图 11-8 仿真求解器页设置

实例表 11-1 被保护线路上三相短路情况下比相式方向阻抗元件输出结果（°）

过渡电阻	短路点位置（km）						
（Ω）	1	5	100	200	300	305	310
0.01	43.5	0.35	0.04	1.2	14.9	32.1	129
1	71.9	35.7	3.72	6.96	67.4	85.0	102.4
5	85.4	73.9	19.9	29.7	99.75	104.2	104.8
10	90.6	84.7	37.9	54.5	114.2	117.1	111.2
20	98.3	95.1	67.5	89.8	132.5	134.5	124.1

可见，保护测量元件能反应本线路在保护范围内的三相相间短路，但测量结果受短路点过渡电阻的影响，表中带阴影的数据部分，测量结果在继电器的动作方程对应的动作条件之外。在保护出口短路或保护范围末端短路情况下，保护测量结果受影响较大，在线路的其他位置短路不受过渡电阻的影响或影响较小。

6. 相关问题

（1）仿真类型由 Continue 改变为类型 phasor，能否正确完成该模型的仿真。

（2）如何改变模型结构，进行保护反方向短路的仿真。

[实例 12] 电力系统静态稳定性仿真研究

[实例 12] 电力系统静态稳定性仿真研究

1. 仿真研究的意义

电力系统的静态稳定性是指电力系统和发电机在正常运行的情况下，在不断地经受某种较小的扰动之后，能够自动恢复到原来运行状态的能力，其恢复能力的大小用静稳储备系数 K_p 来衡量，用静稳极限功率与实际功率的差值除以实际功率来计算 K_p，正常运行情况下 K_p 不应小于 15%～20%。电力系统的静态稳定性中考虑存在的较小扰动，如个别电动机接入或切除，加负荷或减负荷以及发电机的输入功率改变等情况。采用 MATLAB/Simulink 对电力系统的静态稳定性研究，可以直观观察电力系统受到小扰动后系统的静态稳定性和确定静稳储备系数。

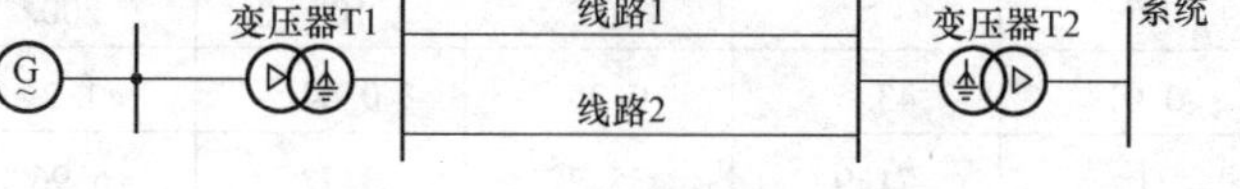

实例图 12 - 1 单机无穷大系统图

2. 系统参数

如实例图 12 - 1 所示为单机无穷大系统。

发电机参数：$S_{GN}=352.5\text{MVA}$，$P_{GN}=300\text{MW}$，$U_{CN}=10.5\text{kV}$，$x_d=1$，$x'_d=0.25$，$x''_d=0.252$，$x_q=0.6$，$X''_q=0.243$，$x_l=0.18$，$T'_d=1.01$，$T''_d=0.053$，$T''_{q0}=0.1$，$R_s=0.0028$，$H_{(s)}=4\text{s}$，$T_{JN}=8\text{s}$，负序电抗 $X_2=0.2$。

变压器 T1 参数：$S_{TN1}=360\text{MVA}$，$U_{ST1}\%=14\%$，$k_{T1}=10.5/242$。

变压器 T2 参数：$S_{TN2}=360\text{MVA}$，$U_{ST2}\%=14\%$，$k_{T2}=220/121$。

线路 1、2 参数：$l=250\text{km}$，$U_N=220\text{kV}$，$x_L=0.41\Omega/\text{km}$。

运行条件：$U_0=115\text{kV}$，发电机供给系统有功功率 $P_0=250\text{MW}$。

母线负载：发电机出口负载 5MW，系统侧母线负载 5MW。

3. 仿真模型

建立单机无穷大系统静态稳定性仿真模型如实例图 12 - 2 所示，建立同步发电机的励磁系统仿真模型如实例图 12 - 3 所示。

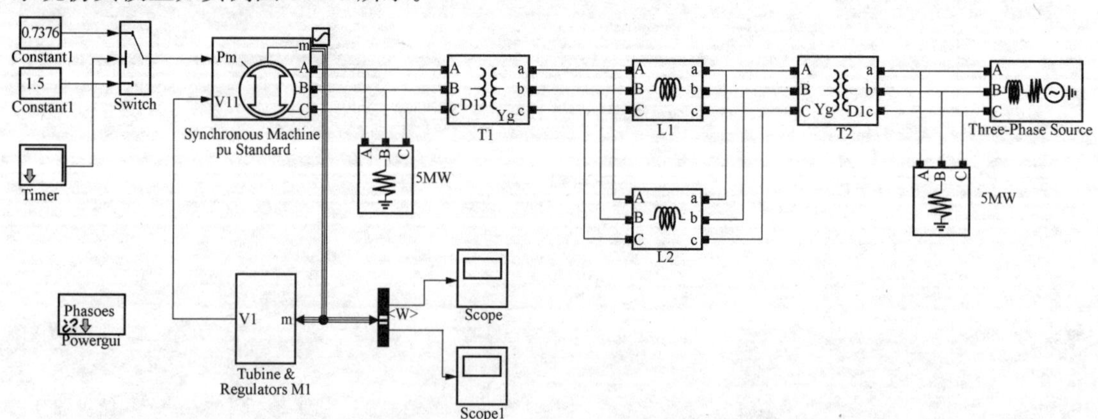

实例图 12 - 2 单机无穷大系统静态稳定性仿真模型

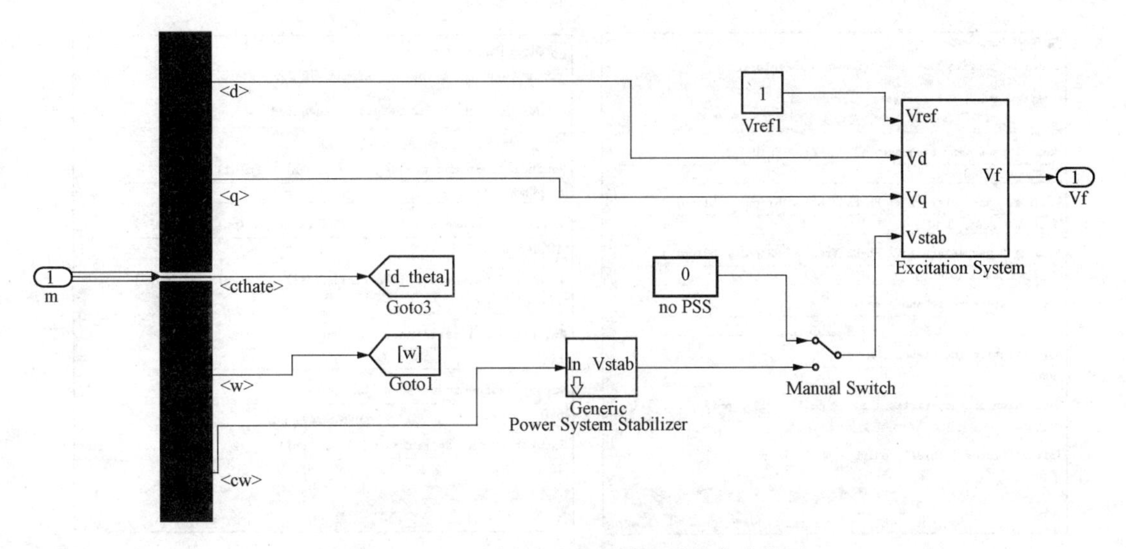

实例图 12-3　同步发电机的励磁系统仿真模型

4. 仿真参数设置

（1）同步发电机参数 configuration 设置页如实例图 12-4 所示。

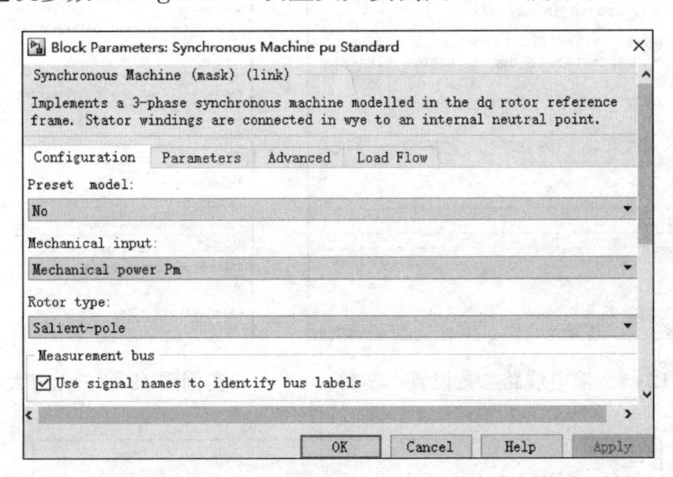

实例图 12-4　同步发电机参数 configuration 设置

（2）Parameter 页：参照所给的发电机参数设置。

（3）Load Flow 页：设置 Generator Type 为 PV 型，无功功率设为“0”。

（4）变压器参数设置按实例图 12-5 所示设置。

（5）输电线路参数设置按实例图 12-6 所示设置。

（6）负载参数设置按给定参数设置。

（7）无穷大系统参数设置按实例图 12-7 所示设置。

（8）同步发电机励磁调节系统参数设置按实例图 12-8 所示设置。

（9）同步发电机输入机械功率变化仿真。用时间模块、开关模块来控制发电机输入机械功率 P_m的变化，用于模拟系统的小干扰信号。P_m额定值为 0.74p.u.，用时间模块来控制切换 P_m为受到干扰信号时刻，P_m切换到不同的数值代表叠加了干扰量后的数值。

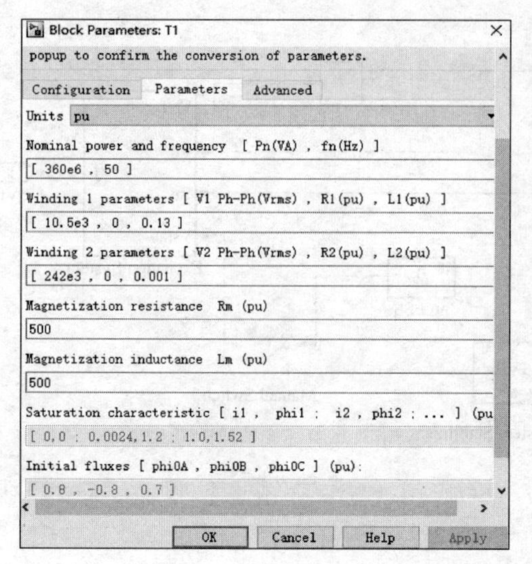

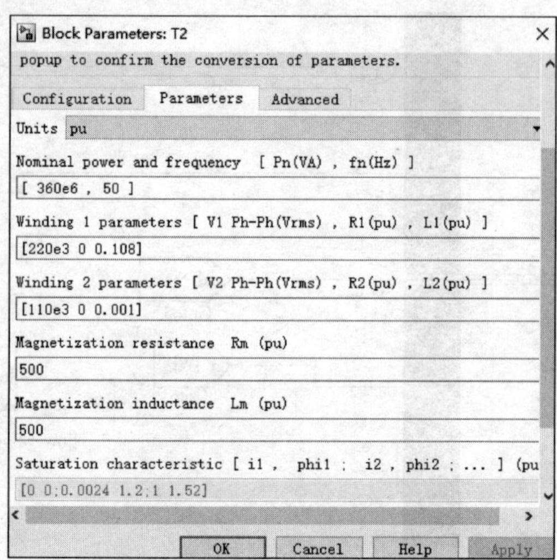

实例图 12 - 5　变压器 T1 和 T2 的参数设置

Block Parameters: L1

Three-Phase Series RLC Branch (mask) (link)

Implements a three-phase series RLC branch.
Use the 'Branch type' parameter to add or remove elements from the branch.

Parameters

Branch type L

Inductance L (H):

250*0.41/(2*pi*50)

Measurements None

OK　Cancel　Help　Apply

实例图 12 - 6　输电线路参数设置

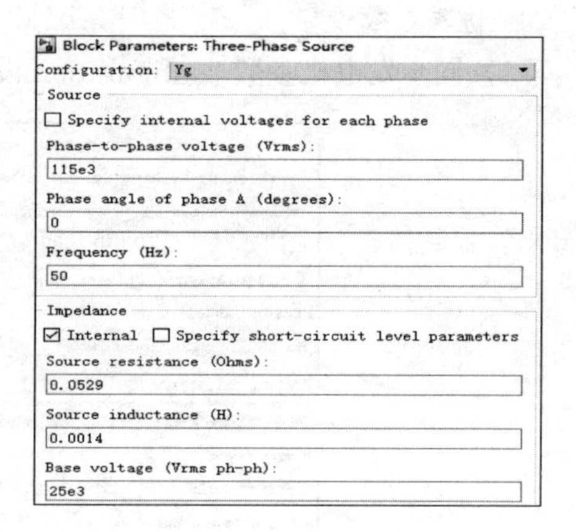

实例图 12 - 7　无穷大系统参数设置

Parameters

Low-pass filter time constant Tr(s):

20e-3

Regulator gain and time constant [Ka() Ta(s)]:

[5.7857, 0.05]

Exciter [Ke() Te(s)]:

[0.01, 0.2]

Transient gain reduction [Tb(s) Tc(s)]:

[0, 0]

Damping filter gain and time constant [Kf() Tf(s)]:

[0.04, 0.05]

Regulator output limits and gain [Efmin, Efmax (pu), Kp()]:

[0, 5, 0]

Initial values of terminal voltage and field voltage [Vt0 (pu) Vf0(pu)]:

[1, 1.88324]

实例图 12 - 8　同步发电机励磁调节系统参数设置

(10) 仿真求解器设置：在仿真模型的模型结构参数设置页设置求解器类型为 ode23tb。

(11) Powergui 参数设置：

1) 在 Solver 页设置仿真类型 Simulation Type 为 Phasor，Phasor frequence 为 50Hz。

2) 在 Tools 页的 Initial 选项设置为 To Steady - State，Machine Initialization 选项设置如实例图 12 - 9 所示。

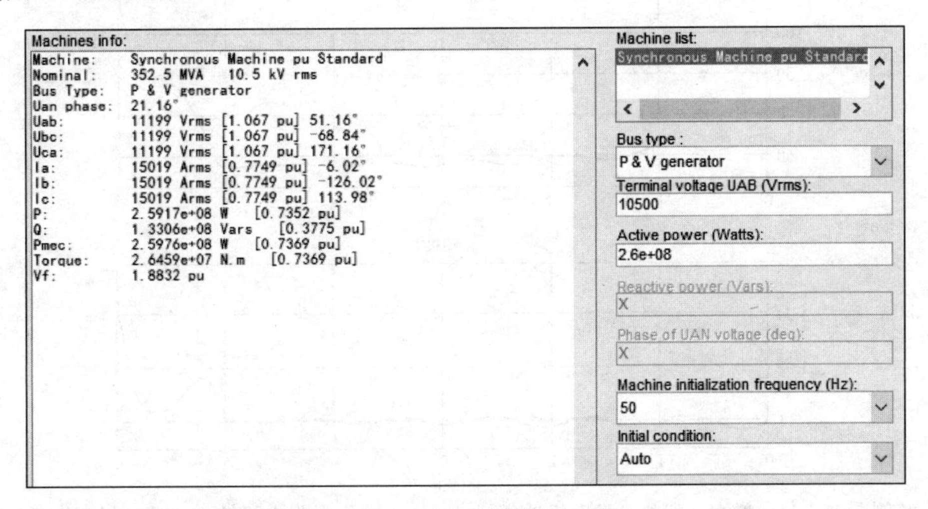

实例图 12 - 9 发电机初始值设置

5. 仿真结果

(1) 在仿真开始后 20s 时加入干扰量，使 P_m 由额定值 0.74p.u. 变化到 1.56p.u.，仿真结束时间为 50s，仿真结果中发电机功角 d - theta (deg) 和发电机转速 ω 随时间变化情况如实例图 12 - 10 所示，系统保持静态稳定。

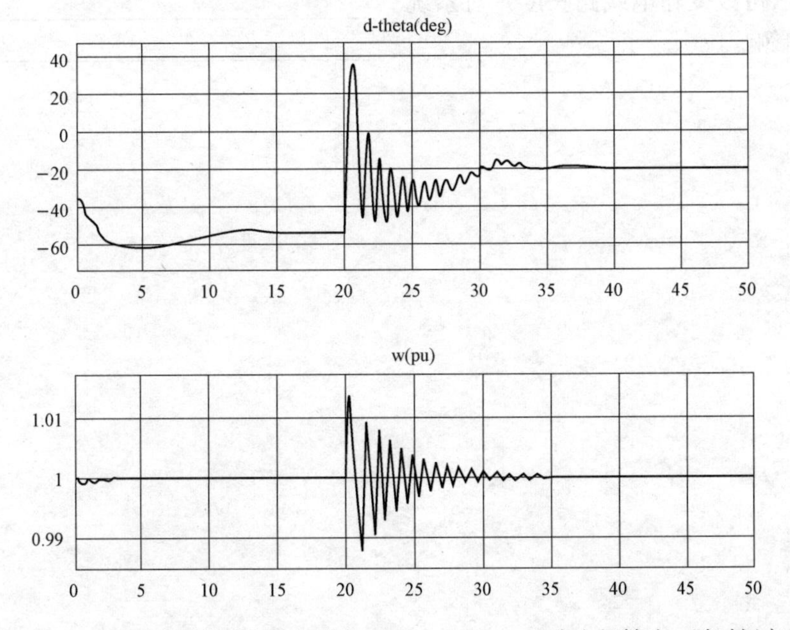

实例图 12 - 10 受到小干扰后发电机功角 d - theta (deg) 和发电机转速 ω 随时间变化情况

（2）在仿真开始后5s时加入干扰量，使 P_m 由额定值0.74p.u.变化为1.8p.u.，仿真结束时间为6s，仿真结果如实例图12-11所示，系统失去静态稳定。系统的静稳极限对应的 P_m 约为1.785p.u.。

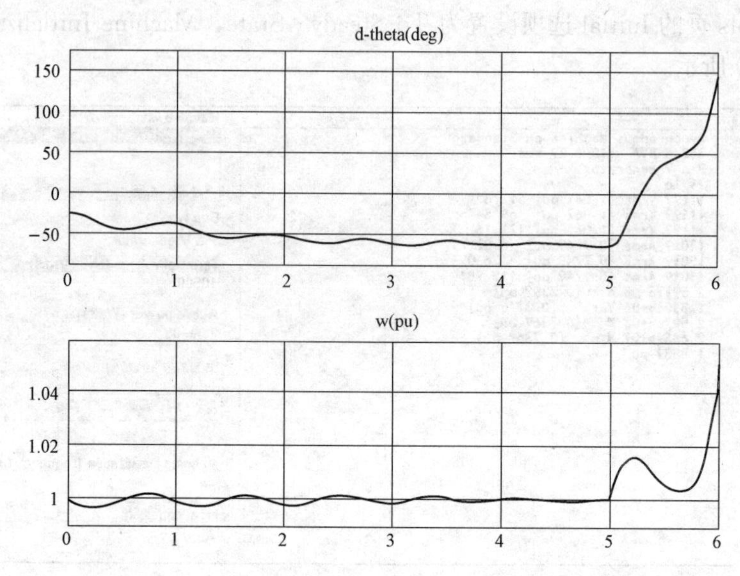

实例图12-11 增大干扰量，发电机功角d-theta（deg）和发电机转速ω随时间变化情况

6. 相关问题

（1）仿真研究改变发电机励磁调节器综合放大系数对系统的静稳极限影响。

（2）仿真研究改变发电机与无穷大系统的电气距离（可改变输电线路长度）对系统的静稳极限影响。

［实例 13］ 变压器带制动特性差动保护工作编程及仿真研究

［实例 13］ 变压器带制动特性差动保护工作编程及仿真研究

1. 编程及仿真研究的意义

电力系统的变压器差动保护，也称变压器纵差动保护，是变压器的主保护之一，用于反应其保护范围内相间短路等严重故障。变压器差动保护的基本原理是根据差动电流的大小判断变压器是否发生保护区内的短路故障，带制动特性差动保护是灵敏度较高的一种差动保护，普遍应用于保护容量较大的变压器。带制动特性的变压器差动保护的整定和灵敏度校验是一项重要工作，本例通过搭建保护模型，对差动保护的制动特性进行编程，确定合适的保护整定值，选取不同的制动电流，对不同短路点故障进行仿真，并且分析系统在不同的运行方式下保护的工作情况，研究差动保护范围内相间短路情况下保护具有的灵敏度。

2. 系统参数

如实例图 13 - 1 所示的电力系统：

系统Ⅰ等值电源为电压 115kV，等值内阻 0.52Ω，等值电感 10.6×10^{-3}H。

系统Ⅱ等值电源为电压 10.5kV，等值内阻 0.8929Ω，等值电感 16.58×10^{-3}H。

线路 AB 为等值感抗 40Ω，电阻等参数忽略。

线路 CD 为等值感抗 0.8Ω，电阻等参数忽略。

双绕组变压器 T 为 Y_0/Y 接线，容量 20MVA，一次绕组额定定压 110kV，一次绕组额定电压 10.5kV。

母线 D 处接并联阻抗负载 20MW、感性无功 1000var。

变压器配置带制动特性差动保护。

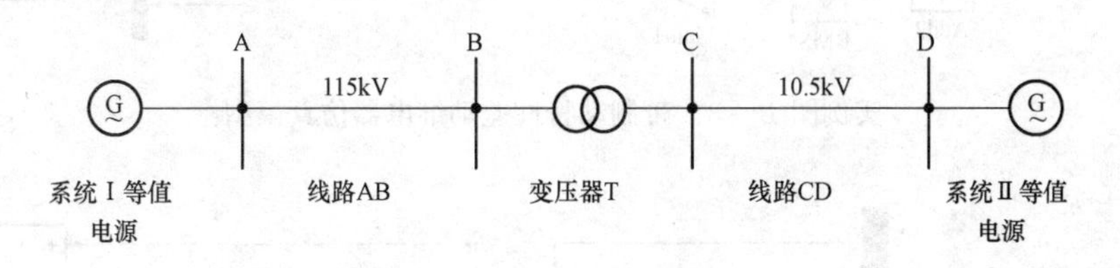

实例图 13 - 1 电力系统图

3. 系统仿真模型

（1）一次系统电路模型。按实例图 13 - 2 所示搭建系统仿真模型。变压器高、低压两侧母线用 Three - Phase V - I Measurement 代替，Three - Phase Fault 模块接在 Three - Phase V - I Measurement1 和 Three - Phase V - I Measurement 之间的部分用于模拟变压器差动保护范围内短路故障（变压器引线及绝缘套管处短路）；Three - Phase Fault 模块接在系统的其他位置，模拟变压器差动保护范围外短路故障。

（2）带制动特性差动继电器仿真模型。带制动特性差动继电器仿真模型如实例图 13 - 3 所示，由于测量电流是经过 Three - Phase V - I Measurement 模块获得，它是理想的电流、

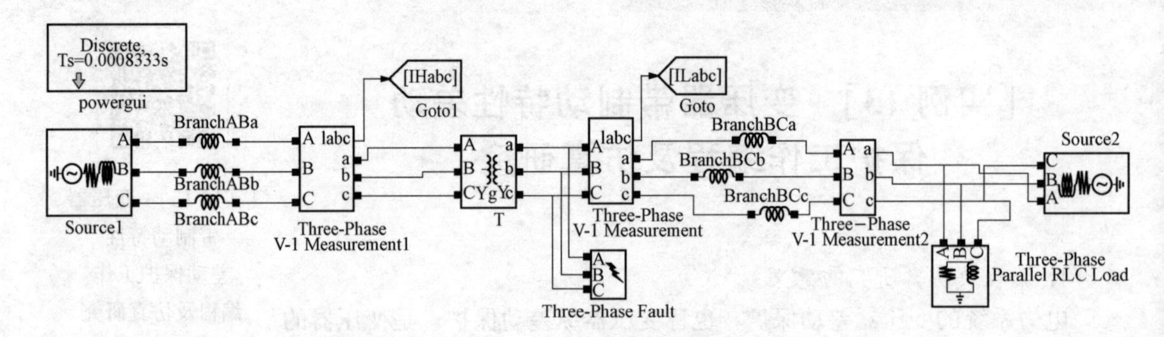

实例图 13-2　系统仿真模型

电压测量模块，不能完全代替实际的互感器，为了使仿真效果接近实际，将测量的电流经过电流滤波子系统处理，电流滤波子系统处理的输出为两路处理过的电流，分别为变压器高压侧的测量电流 I_H 和变压器低压侧的测量电流 I_L，将 I_H 和 I_L 按要求合成为差动电流 I_r（由 RMS1 模块输出）和制动电流 I_{res}（由 Selector 模块输出）。电流滤波子系统如实例图 13-4 所示，主要作用是滤去电流中的衰减的非周期分量部分。在该模块中还考虑了用增益系数代表电流互感器变比使正常运行情况下电流互感器二次电流大约为 1A。

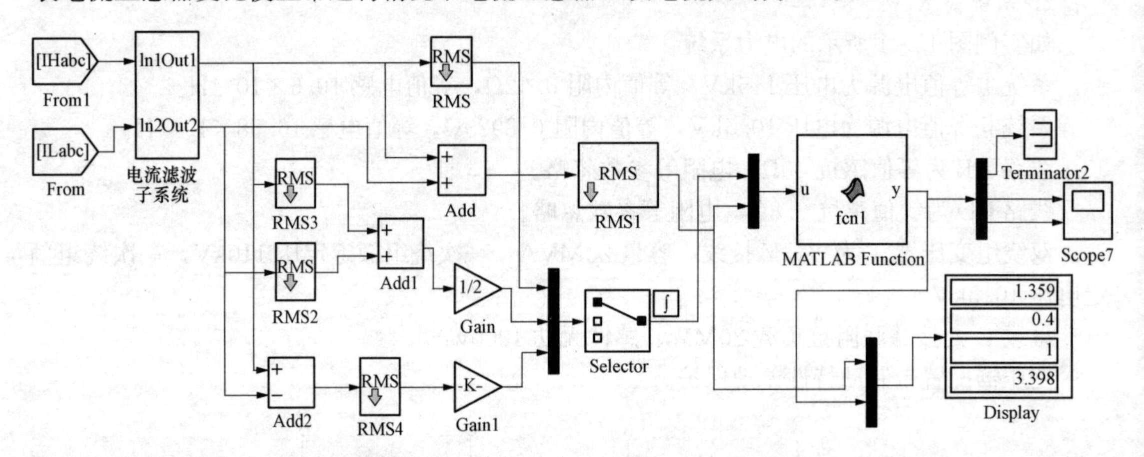

实例图 13-3　带制动特性差动继电器仿真模型

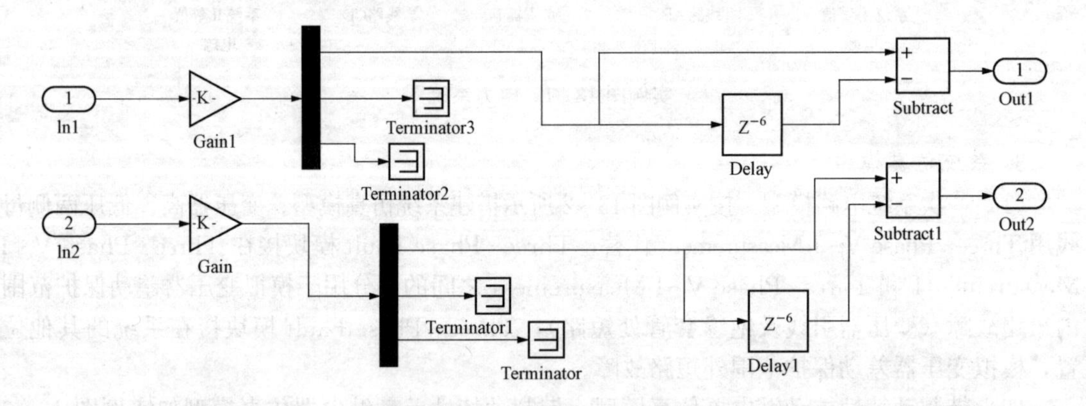

实例图 13-4　电流滤波子系统

（3）MATLAB Function模块。MATLAB Function模块需要专门编程，用于仿真差动保护的具有制动特性的工作特性。Fcn1可以根据输入量 I_r 和 I_{res}（构成相量u）的关系判断发生的故障是差动保护的保护区内故障还是保护区外故障，Fcn1输出相量y表示对故障的判断结果和给出保护区内短路时保护动作的灵敏系数 K_{sen} 的大小。

MATLAB Function模块的编程如下（其中设置了保护制动特性的拐点、制动特性的斜率 k 等参数）。

```
function y = fcn1(u)
y = [0 0 0];
Iresg = 0.9;                        %设置制动特性拐点处横坐标
Iresgmax = 7.63;                    %7.63为事先计算出的保护区外短路的最大穿越电流
                                    %将其作为最大制动电流

k = 0.7;                            %设置制动特性斜率
if u(1)> = 0&&u(1)<Iresg
    y(1) = 0.4;                     %设置制动特性中的最小整定电流 Iset.min
elseif u(1)> = Iresg&& u(1)<Iresgmax
    y(1) = 1 + k * (u(1) - Iresg);  % 对应当前制动值的继电器动作电流 Iop
else
    y(1) = 5.6;                     % 5.6为最大整定电流 Iset.max
end

    if u(2)> = y(1)                 % y(2)为引入的差动电流
        y(2) = 1;                   % 输出保护动作命令
        y(3) = u(2)/y(1)            % 输出保护动作灵敏度系数
    else y(2) = 0;
    end
end
```

（4）制动量的选取。本例如实例图13-3所示，利用Selector模块分别选取了不同的制动量。

1）$I_{res}=I_H$，即取变压器高压侧电流互感器二次电流为制动量。

2）$I_{res}=\frac{1}{2}(I_H+I_L)$，即平均电流制动。

3）$I_{res}=\frac{1}{2}|\dot{I}_H-\dot{I}_L|$，即复式制动。

4）$I_{res}=I_L$，即取变压器低压侧电流互感器二次电流为制动量。

4. 主要仿真参数设置

（1）电流滤波子系统参数设置。

1）Gain1系数设置为1/(20e6/(sqrt(3) * 115e3))。

2）Gain系数设置为1/(20e6/(sqrt(3) * 10.5e3))。

延时模块Delay和Delay1设置如实例图13-5所示，因为实例中每工频周期采样24次，根据滤波器参数设置的要求，Delay length设置为6，用于滤除电流的非周期分量。

（2）powergui 设置。如实例图 13-6 所示，采用离散仿真模式，采样时间为 0.02/24s。

实例图 13-5　电流滤波子系统的延时模块设置

实例图 13-6　powergui 设置

（3）Three-Phase fault 模块设置，三相短路故障开始时间为 0.1s。

（4）MATLAB Function 模块的编程中的设定。电流互感器二次额定电流为 1A，制动特性拐点电流 $I_{res.g}=0.9I_N=0.9A$，在 MATLAB Function 模块的编程确定，保护范围外部短路最大穿越电流按变压器低压母线处短路考虑，电流数值为（折算到电流互感器二次）7.63A，因此 $I_{res.g.max}=7.63$。制动特性斜率 k 取值为 0.7。编程应获得如实例图 13-7 所示的差动继电器制动特性，I_{op} 为继电器动作电流，I_{res} 为继电器制动电流。

5. 仿真结果

如实例图 13-3 中 display 模块输出一组数据，第一行数据代表当前情况下（故障或正常运行）差动继电器的差动电流 I_r；第二行数据为当前情况下（故障或正常运行）差动继电器的动作电流 I_{op}；第三行数据为保护动作情况，数字“0”代表保护不输出动作信号，数字“1”代表保护输出动作信号；第四行数据为保护动作灵敏度 $k_{sen}=\dfrac{I_r}{I_{op}}$。

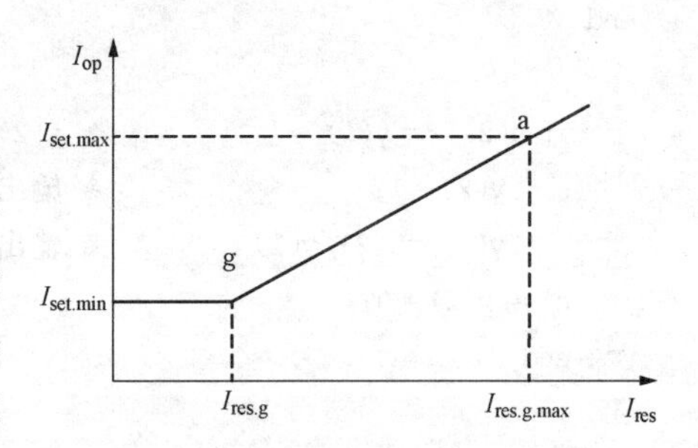

实例图 13-7　差动继电器制动特性

保护区内短路分别选取短路点为 k_1 点（变压器 T 高压绕组至高压母线处）和 k_2 点（变压器 T 低压绕组至低压母线处）。在系统的多种运行方式下，保护区内三相短路时，保护灵敏度都符合要求，数据如实例表 13-1～实例表 13-3，理论上能跳闸切除故障；保护区外短路和线路正常运行情况下，保护均输出为“0”，保护不动作。

实例表 13-1　双侧电源都投入情况下，保护区内故障时保护的灵敏度

短路点	第一种制动 $I_{res}=I_H$	第二种制动 $I_{res}=\frac{1}{2}\lvert\dot{I}_H-\dot{I}_L\rvert$	第三种制动 $I_{res}=\frac{1}{2}\lvert\dot{I}_H-\dot{I}_L\rvert$
K1	6.78	6.78	6.78
K2	1.57	2.55	2.58

实例表 13-2　　电源Ⅰ单独投入情况下，保护区内故障时保护的灵敏度

短路点	第一种制动	第二种制动	第三种制动
K1	6.58	6.58	6.58
K2	1.34	2.51	1.84

实例表 13-3　　电源Ⅱ单独投入情况下，保护区内故障时保护的灵敏度

短路点	第一种制动	第二种制动	第三种制动
K1	2.87	2.87	2.87
K2	3.40	3.40	1.30

6. 相关问题

（1）如何通过测量模块获取要测量的电流供继电保护装置使用？测量模块能否完全代替电流互感器？

（2）如何使用 MATLAB Function 模块构成继电器的动作特性并应用该特性？

［实例 14］ 异步电机的直接转矩控制仿真

1. 直接转矩控制

不同于矢量控制，直接转矩控制不是通过控制电流、磁链等量间接控制转矩，而是把转矩直接作为被控量控制，应用空间矢量的分析方法，以定子磁场定向方式，对定子磁链和电磁转矩进行直接控制。

直接转矩控制不需要复杂的坐标变换，而是直接在电机定子坐标上计算磁链的模和转矩的大小，并通过磁链和转矩的直接跟踪实现 PWM 脉宽调制和系统的高动态性能。

2. 异步电机的直接转矩控制

异步电机的直接转矩控制框图如实例图 14 - 1 所示。

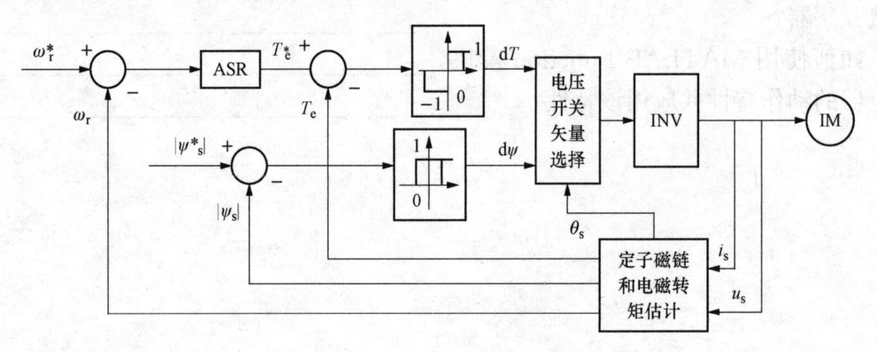

实例图 14 - 1　异步电机的直接转矩控制框图

实例图 14 - 2 为异步电机的直接转矩控制仿真模型。

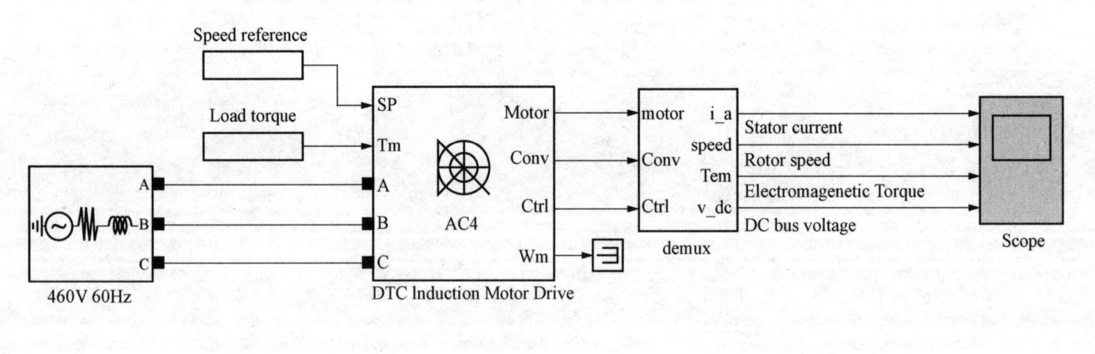

实例图 14 - 2　异步电机的直接转矩控制仿真模型

实例图 14 - 2 中包含了转速指令、负载转矩和电源模块和直接转矩控制异步电机传动系统模块。

转速指令在 0～1s 时为 5000r/min，1s 后为 0r/min；负载转矩最初为 0Nm，在 0.5s 时突变为−792Nm；三相交流电源的线电压为 460V，频率为 60Hz。

直接转矩控制异步电机传动系统模块（DTC Induction Motor Drive）的参数设置界面如实例图 14-3 所示。在该对话框中可以对电机参数、变流器主电路参数和矢量控制参数进行设置，也可设置二极管整流器、三相逆变器、直流电容以及直流侧制动斩波器的各项参数。

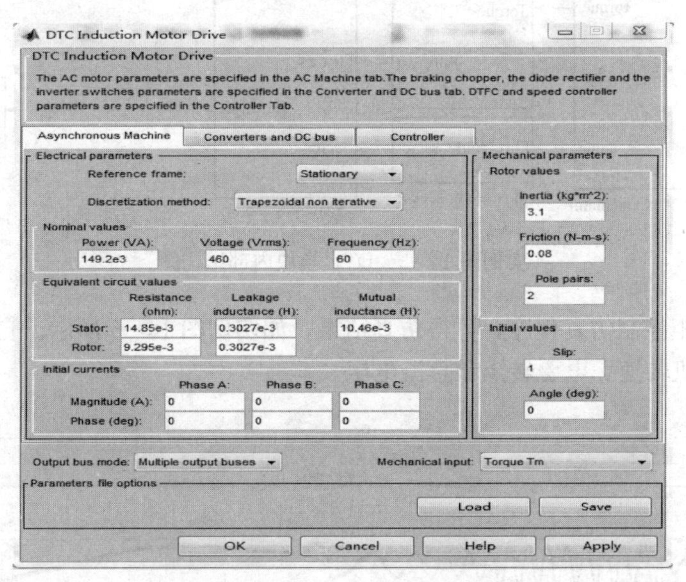

实例图 14-3 直接转矩控制异步电机传动系统模块的参数设置界面

直接转矩控制参数的设置，可设定加减速曲线斜率、速度环 PI 参数、转矩和定子磁链幅值滞环宽度等。

直接转矩控制异步电机传动系统模块内部结构如实例图 14-4 所示，DTC 模块为直接转矩控制模块。该模块内部结构如实例图 14-5 所示。其中“Torque & Flux calculator”为转矩和定子磁链估计模块。

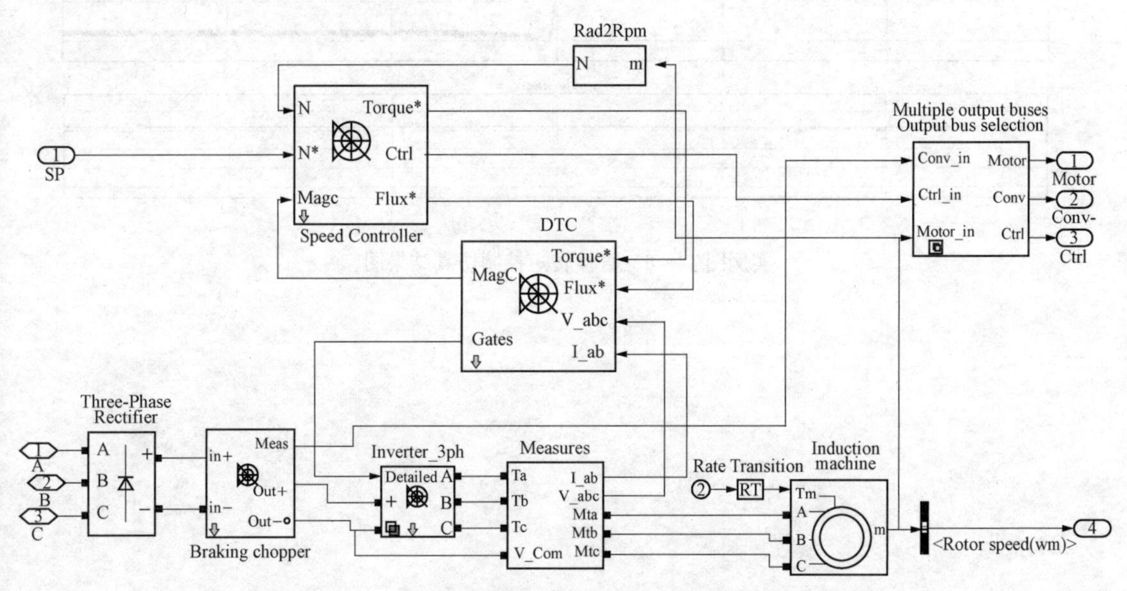

实例图 14-4 直接转矩控制异步电机传动系统模块内部结构图

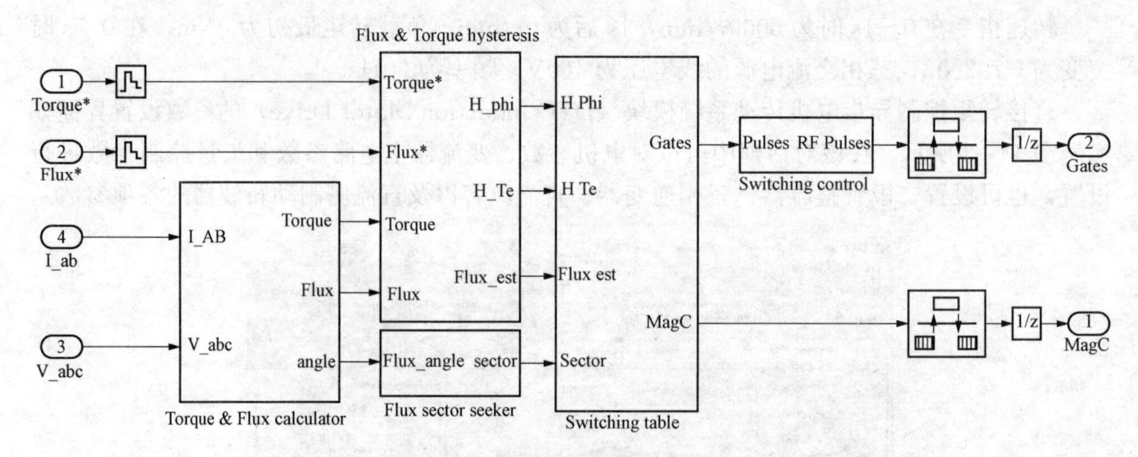

实例图 14-5 DTC 模块内部结构图

运行直接转矩控制仿真程序，可得仿真结果，如实例图 14-6 所示。自上至下分别为定子 a 相电流、电机转速、电磁转矩和直流电压。

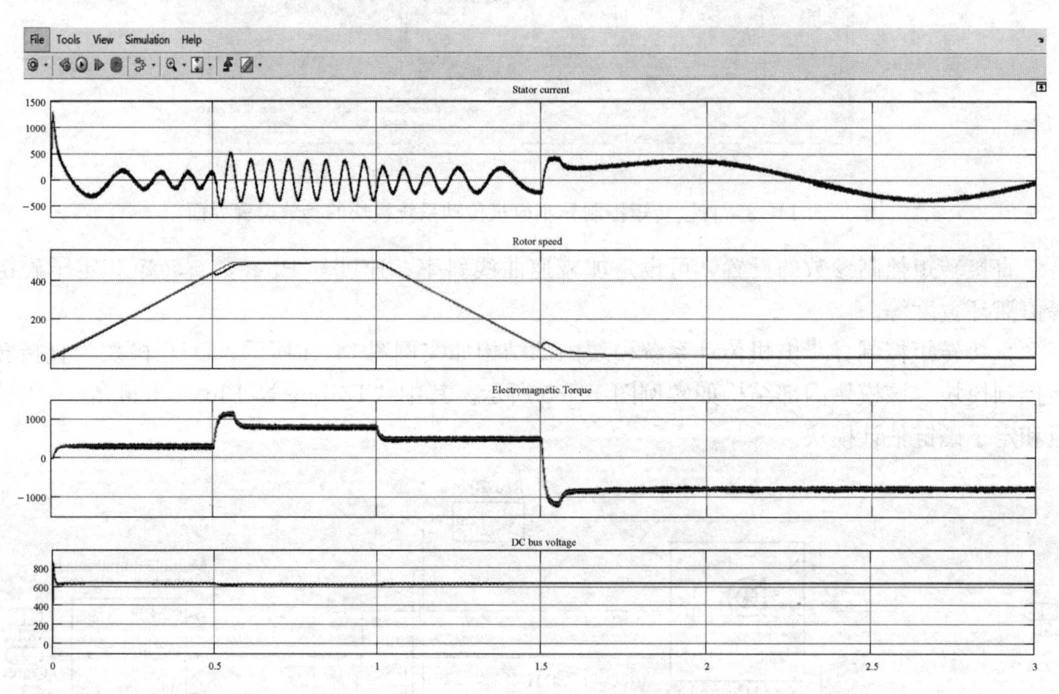

实例图 14-6 直接转矩控制仿真结果图

[实例 15] 永磁同步电机矢量控制仿真

1. 永磁同步电机

永磁同步电机是由永磁体励磁产生同步旋转磁场的同步电机，永磁体作为转子产生旋转磁场，三相定子绕组在旋转磁场作用下通过电枢反应，感应三相对称电流。

当转子将动能转化为电能时，永磁同步电机作为发电机使用；当定子侧通入三相对称电流，永磁同步电机也可以作为电动机使用。

2. 矢量控制

电机的动态数学模型是一个高阶、非线性、强耦合的多变量系统，依据矢量控制理论来解决交流电机转矩控制问题。

将电机的定子电流矢量分解为产生磁场的电流分量（励磁电流）和产生转矩的电流分量（转矩电流），并对其加以控制，同时，控制两分量间的幅值和相位，即控制定子电流矢量，这种控制方式称为矢量控制。

3. 永磁同步电机矢量控制仿真

永磁电机的矢量控制框图如实例图 15 - 1 所示。

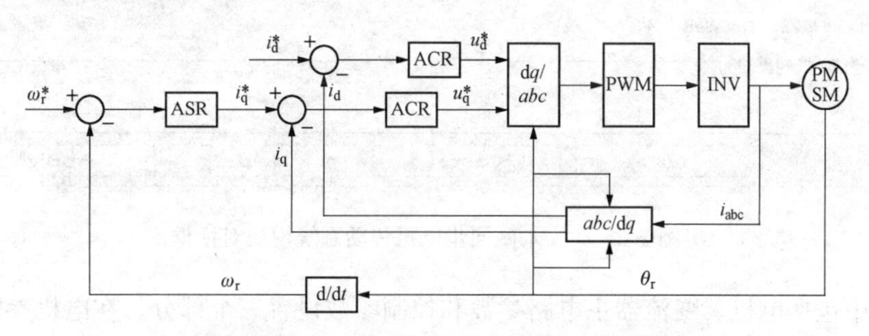

实例图 15 - 1 永磁同步电机的矢量控制框图

永磁同步电机矢量控制仿真模型如实例图 15 - 2 所示。

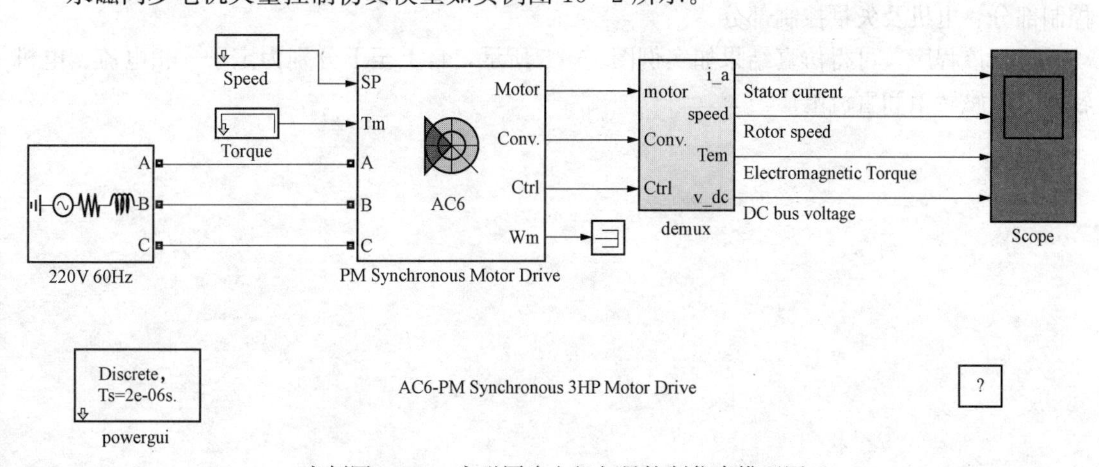

实例图 15 - 2 永磁同步电机矢量控制仿真模型图

图中的“PM Synchronous Motor Drive”模块为封装好的永磁同步电机传动系统模块，双击可打开如实例图15-3所示的对话框。

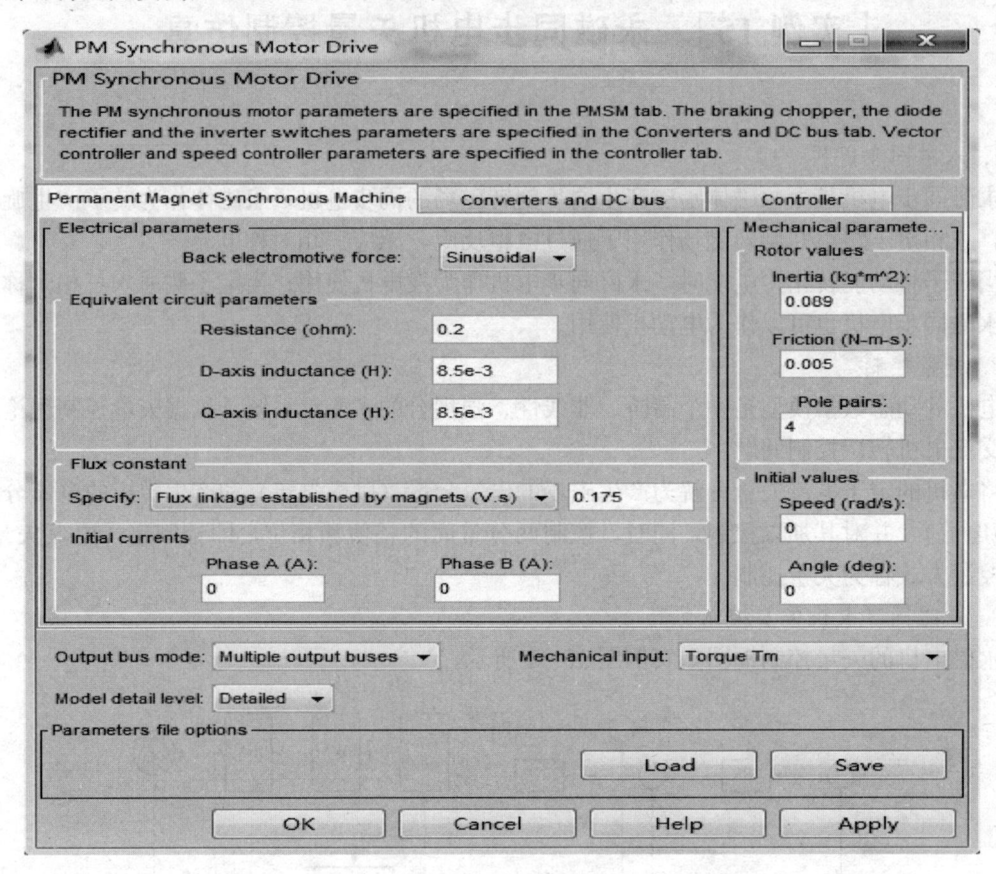

实例图15-3 永磁同步电机传动系统模块对话框

对话框中包括电机、变流器主电路参数和控制参数设置三个部分。在电机参数设置对话框中，可以对定子电阻、定子dq轴自感、转子磁链、转动惯量等参数进行设置。

永磁同步电机传动系统模块的内部结构如实例图15-4所示，包括变流器主电路及速度控制部分、电机及矢量控制部分。

运行该程序，可得仿真结果如实例图15-5所示，自上至下分别为定子a相电流、电机转速、电磁转矩和直流电压。

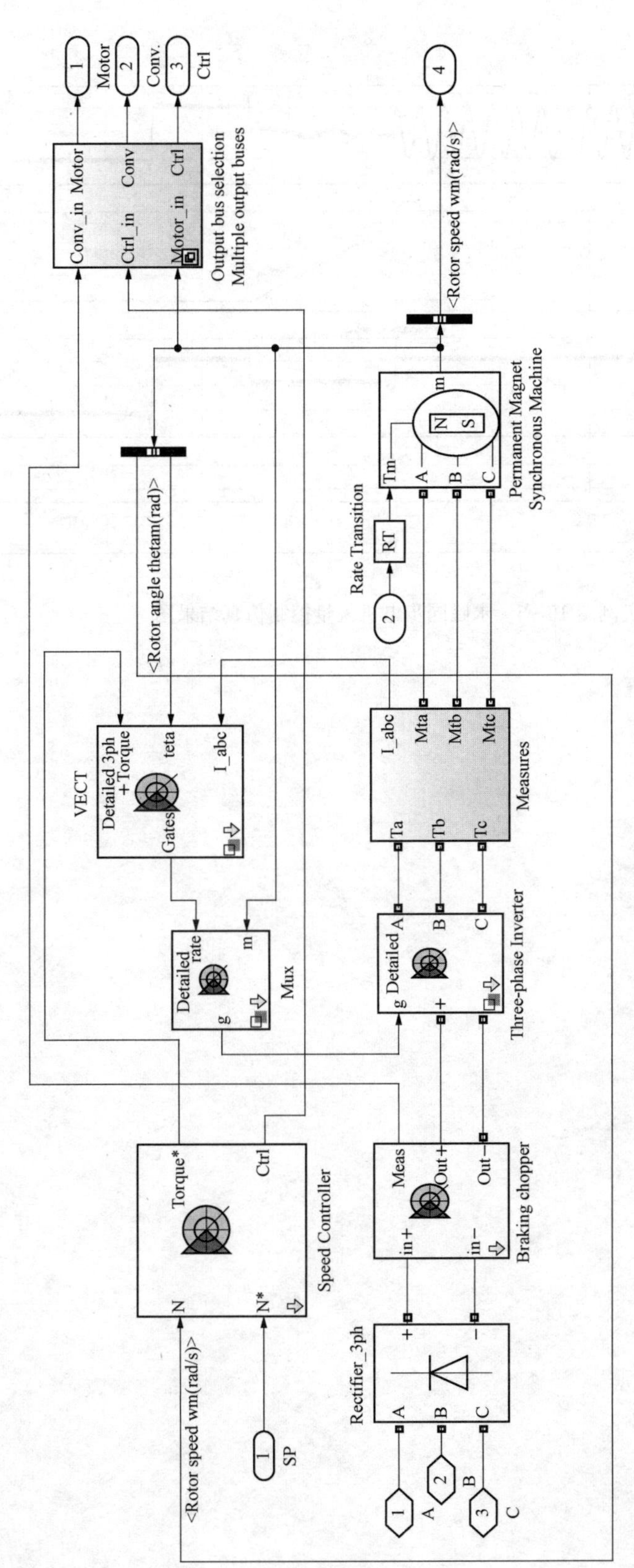

实例图 15-4　永磁同步电机传动系统模块的内部结构图

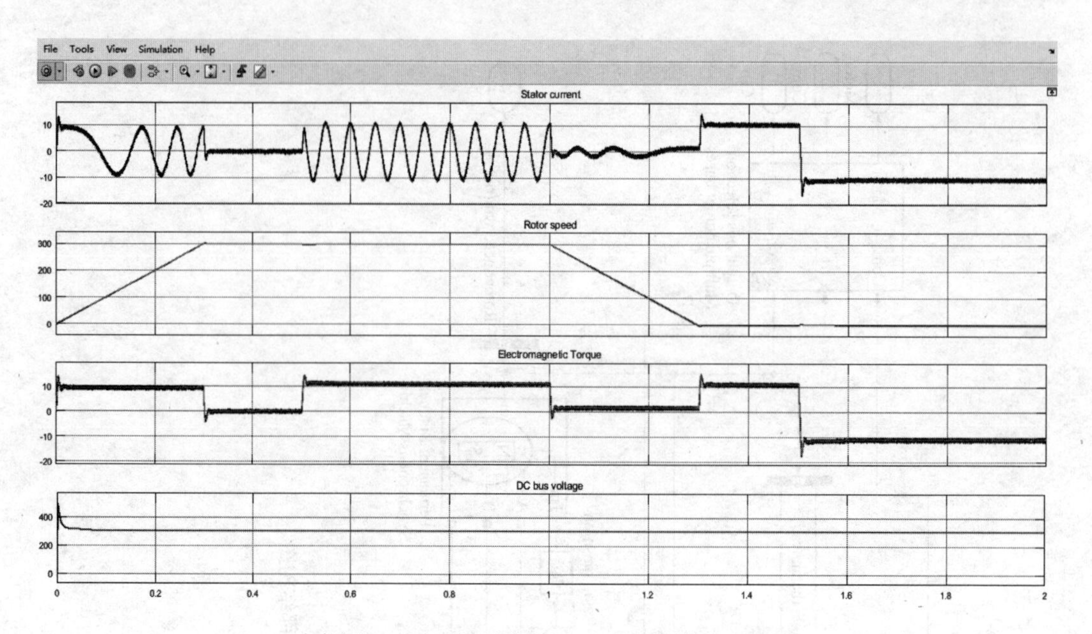

实例图 15-5 永磁同步电机矢量控制仿真结果图

[实例16] 直流无刷电动机控制仿真

1. 无刷直流电动机

无刷直流电动机是指一种用电子换向的小功率直流电动机，又称无换向器电动机。无刷直流电动机在结构上相当于一台反装式的直流电动机，它的电枢放置在定子上，转子为永磁体。电枢绕组为多相绕组，一般为三相，可接成星形或三角形。各相绕组分别与电子换向器电路中的晶体管开关连接。

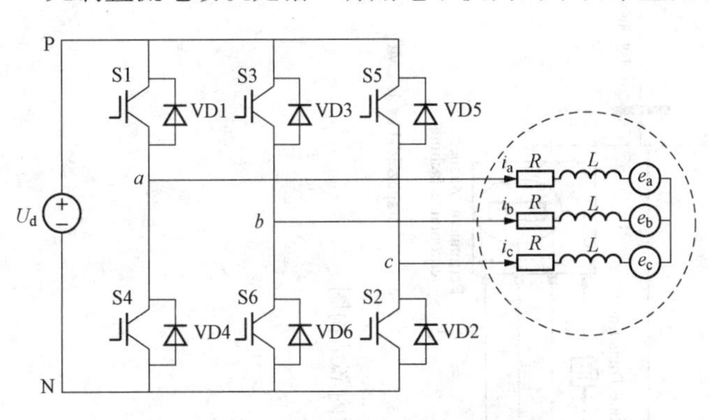

实例图16-1　无刷直流电动机系统示意图

2. 无刷直流电动机控制仿真

无刷直流电动机系统示意图如实例图16-1所示。

无刷直流电动机控制系统仿真模型如实例图16-2所示。

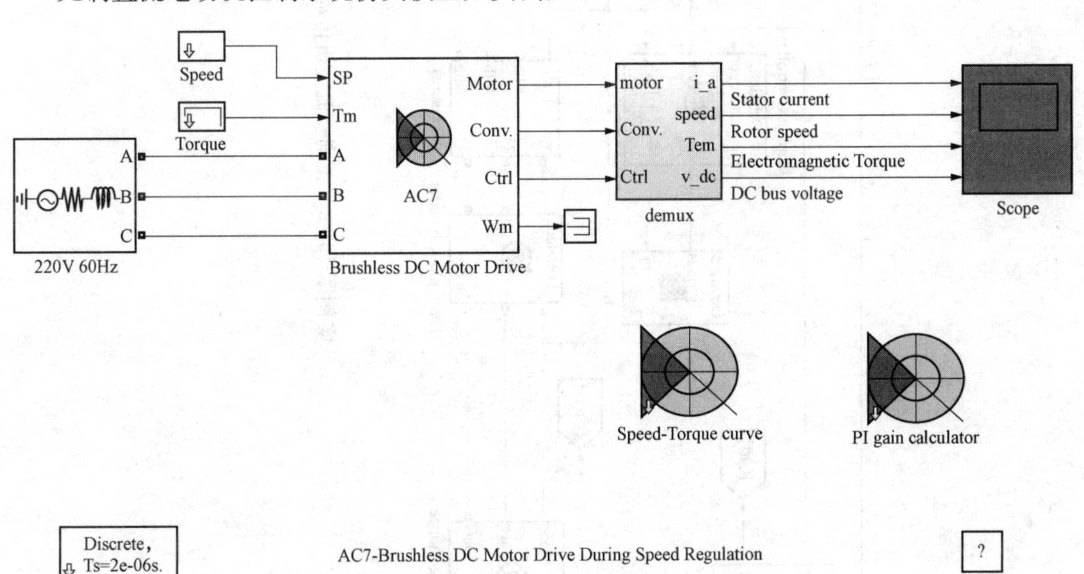

实例图16-2　无刷直流电动机控制系统仿真模型

实例图16-2中的“Brushless DC Motor Drive”模块为封装好的无刷直流电机传动系统模块。无刷直流电动机传动系统模块的内部结构如实例图16-3所示。

实例图16-3中右下角为无刷直流电动机模型。双击可打开如实例图16-4所示的对话框。首先要在“Configuration”中选择反电势为“Trapezoidal”，即梯形波模式，则该模块

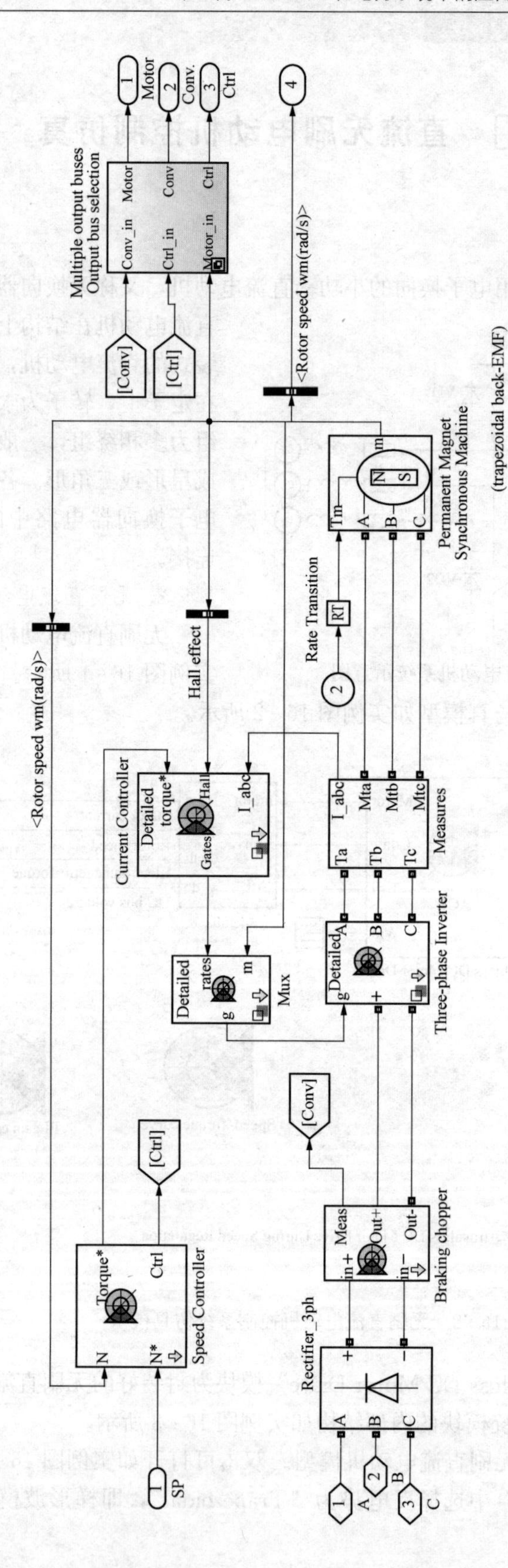

实例图16-3 无刷直流电机传动系统的内部结构图

为无刷直流电动机。

在“Parameters”中可以设置定子电阻、定子电感、转子磁链、梯形波感应电动势平顶区域的电角度、转动惯量等无刷直流电机参数。

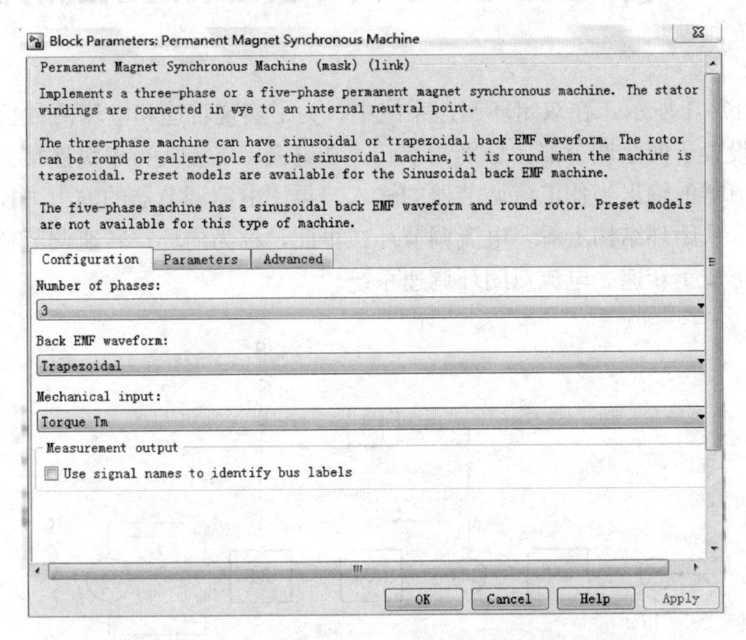

实例图 16 - 4 无刷直流电机模块参数设置对话框

运行该程序，可得到无刷值流电动机仿真波形图，如实例图 16 - 5 所示。

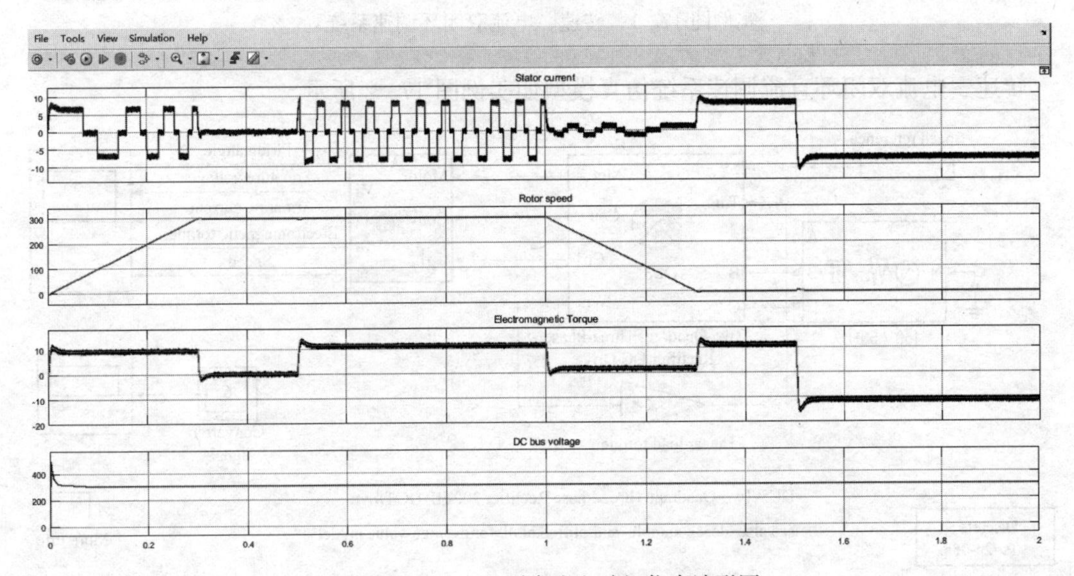

实例图 16 - 5 无刷直流电动机仿真波形图

[实例17] 直流电机双闭环直流调速系统的仿真

如实例图17-1所示，在双闭环调速系统中，为了实现转速和电流两种负反馈分别起作用，在系统中设置了两个调节器，分别调节转速和电流，二者实行串级连接。

把转速调节器的输出当作电流调节器的输入，再用电流调节器的输出去控制晶闸管整流器的触发装置。从闭环结构上看，电流调节环在里面，称为内环；转速调节环在外面，称为外环。这样就形成了转速、电流双闭环调速系统。

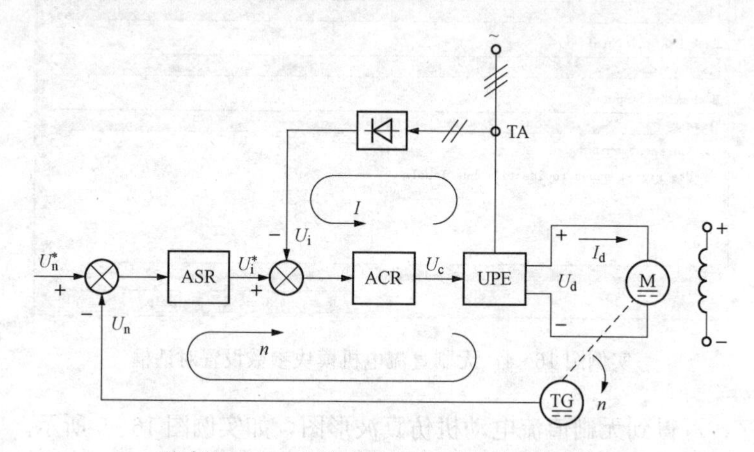

实例图17-1 转速、电流双闭环调速系统

转速、电流双闭环直流调速系统仿真模型如实例图17-2所示。

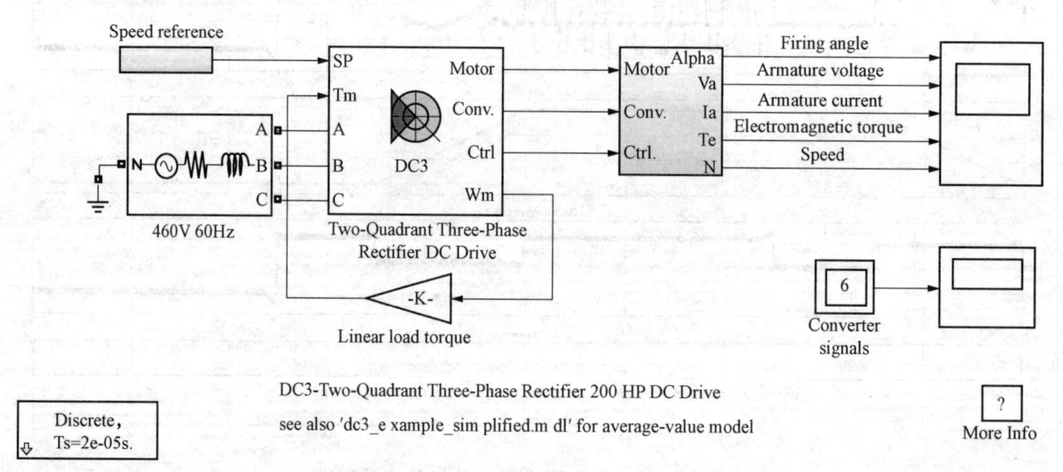

实例图17-2 转速、电流双闭环直流调速系统仿真模型

双击“Two-Quadrant Three-Phase Rectifier DC Drive”模块，可打开如实例图17-3

所示的对话框，在此对话框中可以对电机参数、变流器主电路参数和控制参数进行设置。

将控制参数对话框中的调节类型由转矩调节（Torque regulation）改为转速调节(Speed regulation)。在控制参数对话框中可以设置转速调节器、电流调节器和触发单元的参数进行设置。

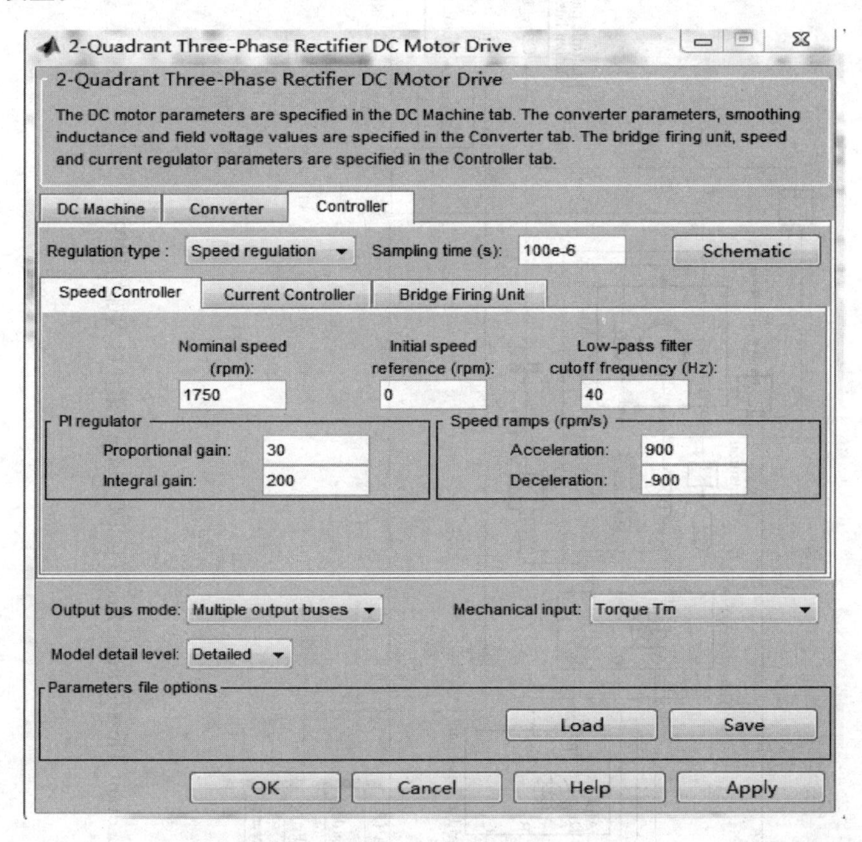

实例图 17 - 3 直流调速系统对话框

“Two - Quadrant Three - Phase Rectifier DC Drive” 模块的内部结构如实例图 17 - 4 所示。其中的 “Regulation switch” 模块为速度调节和转矩调节两种控制方式的选择器。其上方的 “Current controller” 为电流控制器。

运行该仿真示例，可得到转速、电流双闭环直流调速系统仿真波形图，如实例图 17 - 5 所示。

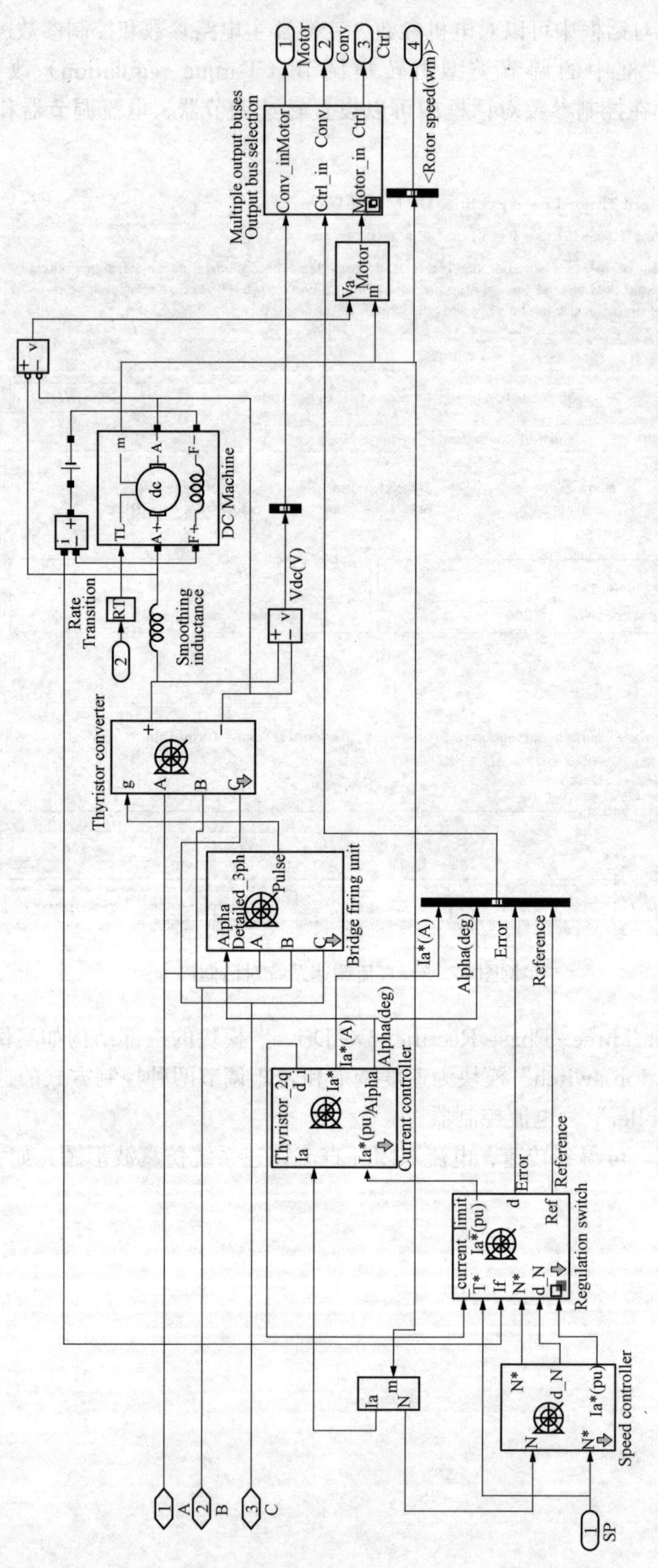

实例图 17-4 “Two-Quadrant Three-phase Rectifier DC Drive” 模块的内部结构图

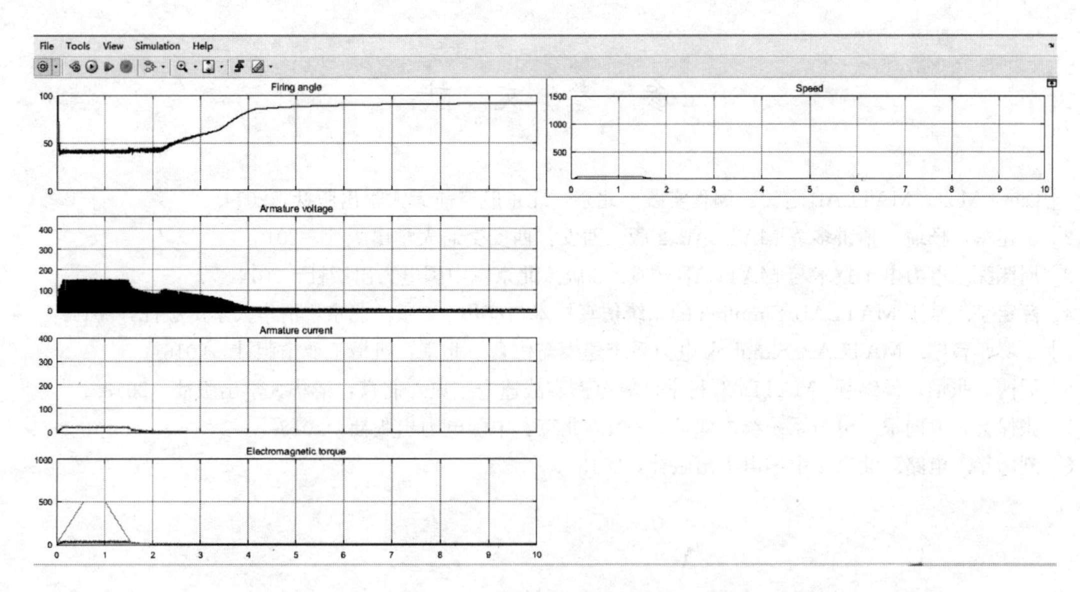

实例图 17 - 5　转速、电流双闭环直流调速系统仿真波形图

参考文献

[1] Cleve Moler. MATLAB之父：编程实践. 北京：北京航空航天大学出版社，2014.
[2] 罗建军，杨琦. 精讲多练MATLAB. 2版. 西安：西安交通大学出版社，2010.
[3] 周渊深. 电力电子技术与MATLAB仿真. 2版. 北京：中国电力出版社，2014.
[4] 薛定宇. 基于MATLAB/Simulink的系统仿真技术与应用. 2版. 北京：清华大学出版社，2011.
[5] 于群，曹娜. MATLAB/Simulink电力系统建模与仿真. 北京：机械工业出版社，2016.
[6] 周博，张惟，侯纲领. MATLAB科学计算范例实战速查宝典. 北京：清华大学出版社，2013.
[7] 张保会，尹向根. 电力系统继电保护. 2版. 北京：中国电力出版社，2018.
[8] 刘耀年. 电路. 北京：中国电力出版社，2013.